高等院校计算机应用系列教材

局域网组网实用教程

U0224076

刘　建　陈小康　刘明春　主　编

代天成　张　笑　赵　杰　熊诗颜　副主编

清华大学出版社

北　京

内 容 简 介

本书基于编者多年的局域网组网课程教学经验以及在实际组网项目中的工程经验编写而成，坚持实用技术和工程实践相结合的原则，注重能力和技能的培养，所举的例子都来自编者的组网项目，有很强的针对性和实用性。

本书比较全面地介绍了局域网技术与组网工程的主要内容，全书共 7 章，具体内容包括：局域网基础知识、局域网的网络设备、交换技术与配置、路由技术与配置、服务器的配置、网络管理与维护、综合项目实训。本书图文并茂，内容新颖、翔实，理论和实践紧密结合，能反映当前局域网组网技术的发展水平。

本书可作为高等院校网络工程、计算机、电子信息及相关专业局域网组网课程教材，也可供从事相关专业的教学、科研及工程技术人员参考。

图书在版编目(CIP)数据

局域网组网实用教程 / 刘建，陈小康，刘明春主编. —北京：清华大学出版社，2024.2
高等院校计算机应用系列教材
ISBN 978-7-302-65430-8

Ⅰ. ①局… Ⅱ. ①刘… ②陈… ③刘… Ⅲ. ①局域网－组网技术－高等学校－教材
Ⅳ. ①TP393.1

中国国家版本馆 CIP 数据核字(2024)第 043322 号

责任编辑：刘金喜
封面设计：高娟妮
版式设计：妙思品位
责任校对：成凤进
责任印制：刘海龙

出版发行：清华大学出版社
  网　　　址：https://www.tup.com.cn，https://www.wqxuetang.com
  地　　　址：北京清华大学学研大厦 A 座　　　　邮　　编：100084
  社 总 机：010-83470000　　　　　　　　　　　邮　　购：010-62786544
  投稿与读者服务：010-62776969，c-service@tup.tsinghua.edu.cn
  质 量 反 馈：010-62772015，zhiliang@tup.tsinghua.edu.cn
印 装 者：小森印刷霸州有限公司
经　　销：全国新华书店
开　　本：185mm×260mm　　　印　　张：15.75　　　字　　数：364 千字
版　　次：2024 年 4 月第 1 版　　　印　　次：2024 年 4 月第 1 次印刷
定　　价：68.00 元

产品编号：099371-01

前　言

计算机网络是计算机技术与通信技术相互渗透、密切结合的产物，已成为现代社会中传递信息的重要工具，渗透于各行各业，为人们提供了极大的便利。局域网是计算机网络的最简形式，同时也是一切计算机网络的基础。只有组建高效、稳定、安全和易维护的局域网，用户才能够利用这个平台方便地进行资源共享、批量数据传输、即时通信。

当今，局域网发展势头迅猛，技术日新月异，某些技术指标甚至远超用户实际需求。因此，组建局域网络时，必须针对用户需求，遴选主流技术和设备，设计合理的解决方案、简洁高效的操作步骤。本书编者皆为一线教师和网络工程师，能将教学经验、工程经验相互融合，因此本书具有更加鲜明的实用特色。

本书的编写指导思想是理论知识适度、够用，从应用角度出发，以设备、服务配置为中心，讲述局域网技术和组建局域网的工程知识；重在操作能力的培养，立足于培养社会所需、有实干能力的应用型人才。

本书比较全面地介绍了局域网技术与组网工程的主要内容，全书共 7 章，各章内容如下：

第 1 章介绍计算机网络基础知识、局域网体系结构以及 IP 地址相关知识。

第 2 章介绍局域网组建中常用的设备，包括双绞线、同轴电缆、光纤、网卡、交换机、路由器等。

第 3 章详细介绍局域网组建过程中交换机的应用及具体配置方法和配置技巧。

第 4 章详细介绍局域网组建过程中路由器的应用及具体配置方法和配置技巧。

第 5 章以 Windows Server 2016 为基础平台，介绍 DNS 服务器、DHCP 服务器、FTP 服务器和邮件服务器等各种常用网络服务器的配置方法和技巧。

第 6 章介绍在网络管理中经常用到的网络管理及网络监控软件，常用的 ping、ipconfig、netstat 等命令的使用方法以及网络常见故障的类别和排除方法。

第 7 章以案例方式介绍企业网络建设项目、多区域 OSPF 网络建设项目和校园网建设项目。

本书可作为高等院校网络工程、计算机、电子信息及相关专业局域网组网课程教材，也可供从事相关专业的教学、科研、工程技术人员参考。

本书由刘建、陈小康、刘明春任主编，代天成、张笑、赵杰、熊诗颜任副主编，由刘建、吴春容、赵杰对全书进行校对、统稿、审核。在编写过程中，得到了四川大学、电子科技大学、成都理工大学、成都信息工程大学、西南石油大学和四川师范大学相关专家、教授的大力支持和帮助，成都文理学院信息工程学院胡念青和陈坚教授提出了很多宝贵的意见和建议，在此一并表示衷心感谢。同时还要感谢清华大学出版社的大力支持。

由于编者水平有限，书中难免存在不妥和疏漏之处，敬请各位专家及读者批评指正。

本书PPT教学课件和习题答案可通过扫描下方二维码下载。

服务邮箱：476371891@qq.com。

教学资源下载

编写组

2023 年 5 月

目　　录

第 1 章

局域网基础知识

本章重点介绍以下内容：

● 计算机网络基础知识；

● 局域网；

● 局域网体系结构；

● IP 地址。

综观 IT 发展史，可以看出数字技术出现过两次发展浪潮。第一次是以处理和存储技术为中心，以处理器和存储器的发展为核心动力，并由此产生了计算机工业，特别是 PC 工业，从而促使计算机得以迅速普及和应用。数字技术发展的第二次浪潮是以传输技术为中心，以网络发展为核心动力。随着通信技术的发展，人们开始寻求将计算机利用通信线路连接在一起以实现数据交换和资源共享的方法，并由此拉开了互联网的序幕。

1.1 计算机网络基础知识

1.1.1 计算机网络概述

计算机网络是计算机技术和通信技术结合的产物，二者缺一不可。其核心支撑是微电子技术和光纤通信技术。为什么这样讲呢？大家知道，随着计算机技术的发展，计算机数据处理元件由最初的电子真空管历经晶体管、集成电路、大规模集成电路以及超大规模集成电路，其数据处理能力达到了一个前所未有的高度。而通信技术尤其是光纤通信技术(始于二十世纪八十年代中叶)的发展，使得信息的传输率也呈几何级数增长，从早期的每秒几兆位到如今干线上的每秒 10Gb，加之同步数字光纤通信技术(SDH)和波分复用技术(WDM)的推进，通信领域的发展前景也不可限量。正是这两项核心技术的支撑，成就了互联网这一人类技术文明史上最伟大的创造发明。

计算机网络这一概念可从不同的角度加以描述，概括地说，计算机网络可以被阐述和理解为：

(1) 将地理上分散的、具备独立功能的计算机通过通信设施及线路互连在一起，在一定的网络协议(软件)的支持与管理下，用以实现数据通信与资源共享的信息系统。

(2) 计算机技术与通信技术相结合以实现远程通信与资源共享的信息系统。

(3) 在网络协议(软件)的控制和管理下，由多台计算机主机、终端、通信设备和线路组成的计算机复合系统。

1.1.2 计算机网络发展历程

现代意义上的计算机网络诞生于美国。1969 年美国国防部研制的 ARPANET，采用"接口报文处理机"将四台独立的计算机主机互连在一起，实现数据的转发。这一网络雏形尽管只连接了四个节点且结构简单，但已蕴含了现代计算机网络的几个基本而核心的要素，即：多机独立对等、资源子网与通信子网分离、分组交换与分层协议控制等。

网络技术早期的发展是各自为政、互不相通的，较为典型的代表是 1974 年英国剑桥大学研制的剑桥环网(Token Ring)和 1975 年美国 Xerox 公司推出的实验性以太网(Ethernet)，上述两种网络都是只适用于短距离、区域性通信的所谓计算机局域网(LAN)。1976 年，适用于远程通信的公用分组交换协议——X.25 协议问世。另外，业界也相继提出了不同的网络系统内部的所谓体系结构，这是对网络内部组网方案和通信流程的一种总体定义和规范，可使诸厂商生产的各类计算机和网络设备按照相应的软、硬件配置要求而方便地互连和通信，其中最有代表性的是美国 IBM 公司提出的 SNA(系统网络体系结构)和 DEC 公司提出的 DNA(数字网络体系结构)。

但正是由于计算机网络早期研制的这种各自为政、互不相通的格局，使采用不同的体系结构、内部协议和组网方式的网络之间难以互联通信，这样计算机的联网与通信便只能局限在单一的区域性小型网络范围内，无法扩展，每一个网络都变成了一个"网络孤岛"，内部可以通信，但其间则难以联通。为此，国际标准化组织(ISO)在 1978 年提出了"开放系统互联/参考模型(OSI/RM)"，意在打破这一疆界和制约，形成一个更大范围的网络互联。尽管今天主流的、基于 TCP/IP 协议的互联网并未严格按照此模型组网，而是有所改进和变化(如增加了网际层即 IP 层，削弱了表示层和会话层)，但这一模型对于网络技术的发展、整合与标准化以及真正意义上互联网的产生都起到了非同寻常的作用。

而在计算机网络技术发展历程中，最具里程碑意义的是 1983 年问世的 TCP/IP 协议。在这一协议框架中，首次引入了"网际层"的概念，即在一个个具体的物理网络之间(或者之上)，架构一个 IP 层，利用它来屏蔽这些物理网络之间的差异，以此实现异种网络之间的互联。计算机网络发展至今，TCP/IP 协议意义非凡、功不可没，它已经演变为 Internet 事实上的工业标准。这一协议集的产生，客观地面对了计算机网络本身的复杂性和差异性，它允许各种物理网络之间存在巨大的差异性，无论它们是局域网还是广域网甚至只是一条点到点的数据链路，也无论它们内部的组网方式及采用何种具体的通信协议，只要这些网络都支持 TCP/IP 协议并在一定的多协议转换设备(如边界路由器)的支持下，即可实现网络互联。由此可见，我们平常所说的 Internet 并不是一个纯粹而单一的网络，而是一个由若干个地处不同空间位置、内部结构也可能完全不同的多个网络互联而成的网络，它实际上是一个网间网、网际网、网中网或者说网联网，如图 1-1 所示(R 为路由器)。

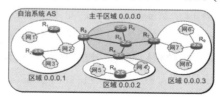

图 1-1　网络互联

1986 年美国 Cisco 公司的第一台支持多协议的路由器问世，为真正意义上的网络互联提供了硬件支持。而 1989 年欧洲高能物理研究所的科研人员提出了一种被称为 HTML 的超文本标记语言，用以组织各种计算机多媒体信息，并置于网上传播，这就是大家今天所熟悉的网页，并由此产生了基于超文本传输协议(HTTP)的万维网(world wide web，WWW)网络通信模型。

大家知道，计算机网络最初的应用主要集中在邮件通信和文件传输，范围和领域相对专业和局限，而 WWW 网络的出现使计算机网络技术得到真正的普及和推广并开始走向千家万户。网页成为网络中最为核心的信息载体，人们将现实世界中各种形式的信息以网页的形式组织在一起并置于大型的 Web 服务器主机上，用户只需要一个简单的浏览器软件即可检索、访问和下载它们，并获得形式新颖、丰富多彩的各类网络通信服务，如网上信息发布和浏览、网上购物、网上信息查询、网上事务处理、网上考试、网上聊天、网上看电影听音乐以及更为复杂的电子商务、电子政务、网络教育等。人们也正是通过这些网络应用，才开始接触网络、了解网络并喜欢上网络，最终变得离不开网络。计算机网络成了继报纸、广播和电视以外的名副其实的第四媒体(所谓的 i midea)，其在信息整合能力、传播速度高效快捷及跨地域、消除时空局限方面的特性和优势是传统媒体无法比拟的，它正在日益深刻地影响和改变着人们的日常生活以及人类社会的方方面面。

未来计算机网络的发展潜力巨大，前景将无比辉煌，粗略归纳，大致涉及以下几个方面：

(1) 一个目标，即全球信息高速公路(GII)的建设和发展。

(2) 两个支撑，即微电子技术与光电通信技术的发展，以进一步提高信息的处理能力和传输能力。

(3) 三个融合，即将现存的计算机网、电话网和广播电视网整合到一起，实现真正意义上的三网合一。

(4) 四个热点，即多媒体(计算机网络能够处理和传播的信息形式)、宽带(网络信息的传播速度)、移动通信(无线上网)与网络安全(信息保密与安全)。

综上所述，计算机网络技术从 1969 年诞生至今已有五十余年历史，其发展速度、应用范围以及对人类社会生活的影响力等方面在人类科技史上堪称之最。纵观其整个发展历程，大致经历了 4 个阶段，包括：联机终端系统阶段、通信子网和资源子网阶段、采用程序化标准体系结构阶段、宽带综合业务数据或信息高速公路阶段。从技术发展的角度可以分为：1969 年—1983 年：研发阶段；1983 年—1994年：使用、推广阶段；1994 年至今：商用化与全面提升、普及阶段，并从单一、封闭的网络发展成为今天全球范围的网络互联。计算机网络技术发展的标志事件如图 1-2 所示。

1969 年: ARPANET
1970 年: UNIX 操作系统(美国 Bell 公司)
1972 年: 以太网(Ethernet,美国 Xerox 公司)
1972 年: 通过 ARP ANET 成功传输首封电子邮件
1974 年: SNA 体系结构(IBM 公司)
1976 年: X.25 协议 (广域网分组交换协议)
1978 年: ISO-OSI/RM 模型
1983 年: TCP/IP 协议
1986 年: 首台 Cisco 多协议路由器
1989 年: WWW 与 HTML (欧洲高能物理研究所)
1993 年: 首个网络浏览工具软件 Mosaic
1995 年: 跨平台网络程序语言 Java

图 1-2　计算机网络技术发展的标志事件

1.1.3 计算机网络的功能

计算机网络的主要功能如下。

(1) 数据传输功能：计算机网络使用初期的主要用途之一就是在分散的计算机之间实现无差错的数据传输。计算机网络能够实现资源共享的前提条件，就是在源计算机与目标计算机之间完成数据交换任务。

(2) 资源共享功能：计算机网络建立的最初目的就是实现对分散的计算机系统的资源共享，以此提高各种设备的利用率，减少重复劳动，进而实现分布式计算的目标。

(3) 分布式处理功能：通过计算机网络，我们可以将一个任务分配到不同地理位置的多台计算机上协同完成，以此实现均衡负荷，提高系统的利用率。

(4) 网络综合服务功能：计算机网络能够对文字、声音、图像、数字、视频等多种信息进行传输、收集和处理。利用计算机网络，可以在信息化社会实现对各种经济信息、科技情报和咨询服务的信息处理。综合信息服务和通信服务是计算机网络的基本服务功能，人们可以用以实现文件传输、电子邮件、电子商务、远程访问等。

1.1.4 计算机网络的组成

从广义上看，计算机网络由资源子网和通信子网构成，如图 1-3 所示。其中，资源子网由主机、终端和终端控制器组成，其目标是使用户共享网络的各种软、硬件及数据资源，提供网络访问和分布式数据处理功能；而通信子网由各种传输介质、通信设备和相应的网络协议组成，它为网络提供数据传输、交换和控制能力，实现了联网计算机之间的数据通信功能。

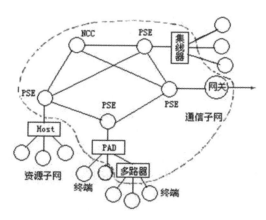

图 1-3　网络结构图

具体地说，计算机网络是由计算机主机和通信中转部件组成的；同时由于网络通信的实现主体是电脑这类智能化设备，后者要能按要求完成预定的通信功能和通信任务，还必须配备一定的软件加以控制，如网络通信软件、网络管理软件、协议控制软件等，因此一个正常完整的网络系统应由以下部件构成。

1. 硬件(hardware)

(1) 端系统(end system，ES)：即计算机主机(host)，包括客户机、服务器主机、网络工作站等，它们是网络通信的主体，是信息的发源地，也是真正面向用户(人)和应用，用以实现网络通信任务的终端设备。

(2) 中间系统(intermediate system，IS)：通过适当的转发和寻址策略，为源主机传递和转发数据报文至目的主机，如网络交换机、路由器、网关等设备，它们与 ES 一道共同构成网络中的节点(node)设备。

(3) 接口设备：如 NIC、Modem 等，作为计算机与网络的接口。

(4) 传输介质：双绞线、同轴电缆、光导纤维、无线电和卫星链路等。

2. 软件

计算机网络中的软件包括以下 4 部分。

(1) 计算机网络操作系统(NOS)。

(2) 网络通信协议软件。

(3) 网络管理软件(如网络接入、认证、监控、计费等软件)。

(4) 交换路由控制软件(IOS)以及各种网络应用软件。

1.1.5　计算机网络的分类

计算机网络根据不同的标准可以分为不同的类别，常见的分类方式有如下四种。

1. 从网络的覆盖范围进行分类

从网络的覆盖范围进行分类，计算机网络可以分为局域网、广域网和城域网。

(1) 局域网

局域网是在局部区域范围内将计算机、外设和通信设备通过高速通信线路互连起来的网络系统。常见于一栋大楼、一个校园或一个企业内。

局域网所覆盖的区域范围较小，一般为几米至几公里，但其传输速率较高。

局域网在计算机数量配置上没有太多的限制，少的可以只有两台，多的可达上千台。常见的局域网有以太网、令牌环网等。

局域网是最常见、应用最为广泛的一种网络，其主要特点是覆盖范围小，用户数量少，配置灵活，速度快，误码率低。

(2) 广域网

广域网也称远程网，所覆盖的地理范围可从几十平方公里到几千平方公里，它一般是将不同城市或不同国家之间的局域网互联起来。

广域网是由终端设备、节点交换设备和传送设备组成的，设备之间通常是通过租用电话线或用专线连接的。

(3) 城域网

城域网的覆盖范围在局域网和广域网之间，一般来说，是将一个城市范围内的计算机互连，这种网络的连接距离约为 10~100 公里。

城域网在地理范围上可以说是局域网的延伸，连接的计算机数量比局域网多。

2. 从网络的交换方式进行分类

从网络的交换方式进行分类，计算机网络可以分为电路交换网、报文交换网、分组交换网和信元交换网。

(1) 电路交换网

电路交换与传统的电话转接相似，就是在两台计算机相互通信时，使用一条实际的物理链路，在通信过程中自始至终使用这条线路进行信息传输，直至传输完毕。

(2) 报文交换网

报文交换网的原理有点类似于电报，转接交换机将接收的信息予以存储，当所需要的线路空闲时，再将该信息转发出去。这样就可以充分利用线路的空闲，减少"拥塞"，但是由于不能及时发送，会增加延时。

(3) 分组交换网

通常一个报文包含的数据量较大，转接交换机需要有较大容量的存储设备，而且需要的线路空间时间也较长，实时性差。因此，相关组织又提出分组交换的概念，即把每个报文分成有限长度的小分组，发送和交换均以分组为单位，接收端把收到的分组再拼装成一个完整的报文。

(4) 信元交换网

随着线路质量和速度的提高，新的交换设备和网络技术的出现，以及人们对视频、语音等多媒体信息传输的需求，在分组交换的基础上又发展了信元交换。

信元交换是异步传输模式中采用的交换方式。

3. 从网络的使用用途进行分类

从网络的使用用途进行分类，计算机网络可分为公用网和专用网。

(1) 公用网

公用网也称为公众网或公共网，是指由国家的电信公司出资建造的大型网络，一般都由国家政府电信部门管理和控制，网络内的传输和转接装置可供任何部门和单位使用。公用网属于国家基础设施。

(2) 专用网

专用网是指一个政府部门或一个公司组建经营的，仅供本部门或单位使用，不向本单位外的人提供服务的网络。

4. 从网络的连接范围进行分类

从网络的连接范围进行分类，计算机网络可以分为互联网、内联网和外联网。

(1) 互联网

互联网是指将各种网络连接起来形成的一个大系统，在该系统中，任何一个用户都可以使用网络的线路或资源。

(2) 内联网

内联网是基于互联网的 TCP/IP 协议、使用 WWW 工具、采用防止入侵的安全措施、为企业内部服务，并有链接互联网功能的企业内部网络。

内联网是根据企业内部的需求设置的，它的规模和功能是根据企业经营和发展的需求而确定的。可以说，内联网是比互联网更小的版本。

(3) 外联网

外联网是指基于互联网的安全专用网络，其目的在于利用互联网把企业和其贸易伙伴的内联网安全地互联起来，在企业和其贸易伙伴之间共享信息资源。

1.2　认识局域网

1.2.1　局域网的定义与特点

1. 局域网的定义

局域网(local area network，LAN)是指在某一区域内由多台计算机互联而成的计算机组，又称为局部区域网络，覆盖范围常在几公里以内，计算机局域网被广泛应用于连接校园、工厂以及机关的个人计算机或工作站，以利于在个人计算机或工作站之间共享资源(如打印机)和进行数据通信。局域网只有和局域网或者广域网互联，进一步扩大应用范围，才能更好地发挥其共享资源的作用。

2. 局域网的特点

(1) 局域网仅工作在有限的地理范围内，采用单一的传输介质。

(2) 数据传输速率快，传统的 LAN 传输速率为 10~100Mb/s(Mb/s 是数据传输速率的单位，表示每秒传输的比特数)，新的 LAN 传输速率较高，每秒可达到数百 Mb。

(3) 由于数据传输距离短，所以传输延迟低(几十 ms)且误码率低。

(4) 局域网组网方便、实用、灵活，是目前计算机网络中最活跃的一个分支。

1.2.2　局域网的常用拓扑结构

计算机网络拓扑研究的是由构成计算机网络的通信线路和节点计算机所表现出的拓扑关系。它反映出计算机网络中各实体之间的结构关系。局域网在网络拓扑结构上主要采用了总线型、星状和环状结构。

1. 总线型拓扑结构

总线型拓扑结构采用单根传输线作为传输介质，所有的站点都通过相应的硬件接口直接连接到传输介质(或总线)上。任何一个站点发送的信号都可以沿着介质传播，而且能被其他所有站点接收，如图 1-4 所示。

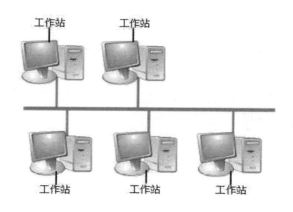

图 1-4　总线型拓扑结构

总线型拓扑结构具有结构简单、易于实现、易于扩展和可靠性较好的特点。单台计算机联网和下网都比较容易，而且对其他计算机影响不大，缺点是数据传输的最大等待时间不确定。应用于对传输效率要求不太高和网络负担不太重的场合，如办公用的网络。

2. 星状拓扑结构

星状拓扑结构由通过点到点链路连接到中央节点的各节点组成。星状网络中有一个唯一的转发节点(中央节点)，每台计算机都通过单独的通信线路连接到中央节点，由该中央节点向目标节点传送信息，如图 1-5 所示。

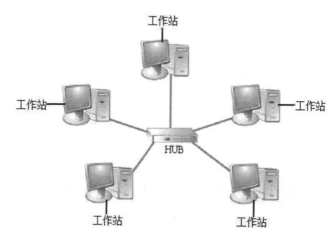

图 1-5　星状拓扑结构

星状拓扑结构具有结构简单、易于实现和便于管理的优点。但是一旦中心节点出现故障就会造成全网瘫痪。以交换机为核心的交换局域网就属于这种类型。

3. 环状拓扑结构

环状拓扑结构由连接成封闭回路的网络节点组成，每一个节点与它左右相邻的节点连接，在环状网络中信息流只能是单方向的，每个收到信息包的节点都向它的下游节点转发该信息包。信息包在环状网络中"旅游"一圈，最后由发送节点回收。当信息包经过目标节点时，目标节点根据信息包中的目标地址判断出自己是接收站，并把该信息复制到自己的接收缓冲区中，如图 1-6 所示。

环状拓扑结构的优点是它能高速运行，避免冲突的结构相当简单。缺点就是环中任何一段的故障都会使各节点之间的通信受阻。所以在某些环状拓扑结构如 FDDI 网络中，各节点之间连接了一个备用环，当主环发生故障时，由备用环继续工作，以保证网络的稳定性。

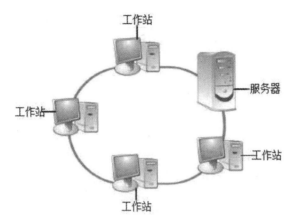

图 1-6　环状拓扑结构

1.2.3　局域网的常用传输介质

传输介质是局域网最基础的通信设施，其性能好坏直接影响网络的性能。传输介质可以分为两大类：有线传输介质(如双绞线、同轴电缆、光纤，如图 1-7 所示)和无线传输介质(如无线电波、微波、红外线、激光等)。

衡量传输介质性能的主要技术指标有：传输距离、传输带宽、衰减、抗干扰能力、价格、安装便利性等。

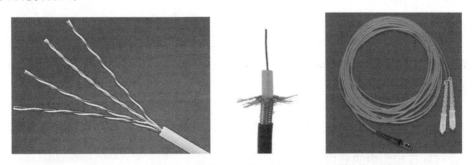

图 1-7　双绞线、同轴电缆、光纤

1.2.4　局域网的应用

网络已经深入到社会的每一个角落，局域网在家庭、学校、企业中也有着不同的用途。

1. 局域网在家庭中的应用

随着计算机整机价格的不断下降，计算机在家庭中的普及率正在不断提高，而且很多家庭已经或者正在准备购买两台或者两台以上的计算机，这样家庭中的每个成员都可以用自己的计算机来工作，下面简单介绍家庭内局域网的一些主要应用。

(1) 文件的共享

计算机之间的资源共享是计算机网络的最基本应用之一。在家庭内部的小型局域网中，计算机之间文件的共享可以使得日常的工作、学习、娱乐更加方便。

通过文件共享，可以把局域网内每台计算机分布存储的资料集中存储，不仅方便管理，也大大节省了宝贵的存储空间。通过文件共享，还可以方便地将一台计算机中的重要资料随时备份到其他计算机上。

(2) 外部设备的共享

通过局域网，可以在任何一台计算机上使用网络中的各种外部设备，比如打印机、扫描仪等，免去拆装硬件的麻烦。

(3) 应用程序的共享

许多应用程序提供网络版本或者支持异地运行，这样就可以方便地由多人共同维护某一记录或文件，还可以节约本地计算机的磁盘空间。

(4) Internet 共享

将局域网内的所有计算机分别通过调制解调器(modem)或者其他网络设备接入Internet，将会是一笔不小的开销。但通过局域网内的 Internet 共享，可以只用一条电话线和一个调制解调器就能让网络内的所有计算机接入 Internet，进行 WWW 浏览、FTP 文件传输、BBS 讨论、网上聊天以及 E-Mail 收发，使得每个家庭成员都可以用自己的计算机登录 Internet 且尽情地冲浪。

(5) 资源的管理

通过建立网络，可以把家庭中和计算机有关的资源进行合理组合、统一管理，这样就可以有效利用所有的资源。

(6) 多媒体视听

在家庭内部的局域网中，可以建立小型的电台、电视台，向家庭成员广播流行音乐、电影和电视剧，给家庭成员开辟一个更广阔的娱乐空间。

(7) 联机游戏

现在很多游戏都加入了对网络的支持，还有一些传统的比赛如围棋、象棋、扑克牌也可以到网络上一决高下，联网游戏对一些朋友来说可能是局域网最吸引人的一个功能。

2. 局域网在校园中的应用

局域网在日常教学中的辅助作用也越来越显著，下面举例说明校园局域网的主要应用。

(1) 多媒体教学

传统意义上的多媒体教学就是利用多媒体的手段由老师向学生展示事先准备好的课

件，比如图片、动画、3D 模型等，而利用多媒体教学网络，老师可以根据学生对课程的理解情况来动态地选择教学的具体内容，老师甚至也可以进行一些随堂的小测验并及时得到测验结果，这样就可以针对学生实际掌握的情况进行进一步的点拨。

(2) 网络教学

随着网络的日益普及，计算机的便利也越来越为人们所重视，现在很多学校都开展了网络教学工作，学生只要坐在计算机前就可以浏览课堂讲义、完成课堂作业甚至进行考试。

(3) 学生信息管理

在学校教务、后勤等部门之间建立学生信息管理系统，学生档案以电子资源的形式存储，这样各部门就可以随时查看任何一个学生的详细资料，包括学习成绩、奖惩情况、生源所在地等一系列的信息，学生本人也可以登录到管理系统中查看自己的信息，减轻了传统的查阅资料的工作负担。

3. 局域网在企业中的应用

建立一个高效的企业内部网络，对于提高企业信息化水平、提高企业工作效率都是十分有益的。对于一个企业局域网来讲，通常需要满足以下要求。

(1) 在企业内部提供文件共享、打印共享服务

与家庭内部局域网类似，企业往往具有更多的计算机、更复杂的网络结构，对于内部文件以及打印机共享的需求也更大，此时就需要一台单独的文件服务器或者更高速的打印机。

(2) 提高企业的办公自动化水平

作为企业的管理人员，应该要求每个员工及时把自己的工作情况和重要信息反馈给上级，这一需求通过局域网就可以方便地实现。管理人员登录服务器，就可以查看到自己部门员工的工作情况，还可以进行横向比较来评估每位员工的工作情况。

(3) 使企业局域网与 Internet 连接

企业局域网和 Internet 相连很重要。Internet 是企业及时、准确、全面地与外界交流信息的一个绝佳途径。

1.3 局域网体系结构

1.3.1 什么是以太网

以太网(Ethernet)是一种计算机局域网技术。IEEE 组织的 IEEE 802.3 标准制定了以太网的技术标准，它规定了包括物理层的连线、电子信号和介质访问层协议的内容。以太网是目前应用最普遍的局域网技术，取代了其他局域网技术如令牌环、FDDI 和 ARCNET。

以太网有两类：第一类是经典以太网；第二类是交换式以太网，它使用了一种称为交换机的设备连接不同的计算机。经典以太网是以太网的原始形式，传输速率为 3~10Mb/s；而

交换式以太网正是目前广泛应用的以太网，可运行在 100、1000 和 10 000Mb/s 的高速率，分别以快速以太网、千兆以太网和万兆以太网的形式呈现。

以太网的标准拓扑结构为总线型拓扑，但目前的快速以太网(100BASE-T、1000BASE-T 标准)为了减少冲突，将网络速率和使用效率最大化，使用交换机来进行网络连接和组织。如此一来，以太网的拓扑结构就成了星状；但在逻辑上，以太网仍然使用总线型拓扑和 CSMA/CD(carrier sense multiple access/collision detection，载波多重访问/碰撞侦测)的总线技术。

以太网实现了网络上多个节点发送信息的目的，每个节点必须获取电缆或者信道才能传送信息。以太网上的每个节点有全球唯一的 48 位地址也就是制造商分配给网卡的 MAC 地址，以保证以太网上所有节点能互相鉴别。由于以太网十分普遍，许多制造商把以太网卡直接集成进计算机主板。

1.3.2　以太网的发展历史

20 世纪 70 年代局域网出现了各种技术，主流的有以太网、令牌环和光纤分布式数据接口，随着时间推移，以太网技术逐渐成为了局域网的主流技术。

以太网是在 20 世纪 70 年由 Xerox(施乐)公司创建的局域网组网规范。Xerox 公司在实验室中想要把 Alto 计算机连接到 Arpanet(Internet 前身)，于是在 ALOHA(无线电网络系统)系统的基础上连接了众多 Alto 计算机，这就是最初的以太网实验原型，该网络以粗同轴电缆为传输介质。20 世纪 70 年代末，《以太网：局域网的分布型信息包交换》论文、《具有冲突检测的多点数据通信系统》专利的陆续发表标志着以太网的正式诞生。

在 20 世纪 70 年代末出现了数十种局域网通信技术，以太网也是其中一员，DEC、Intel、Xerox 三家公司联合发布了《以太网，一种局域网：数据链路层和物理层规范》标准，也称为 DIX(三家公司的首字母)版本以太网 1.0 规范。DIX 规范定义了以太网的传输速率为 10Mb/s，在 1982 年 DIX 发布了以太网 2.0 规范，也就是 Ethernet Ⅱ。

DIX 虽然发布了以太网的标准，但不属于国际标准，所以在 20 世纪 80 年代 IEEE 802(LAN 标准相关的组织)成立了 802.3 分委会，在 DIX 标准的基础上发布了关于以太网技术的 IEEE 标准，即 IEEE10BASE5。该标准与 DIX 的 Ethernet Ⅱ 在技术上的差别甚小，传输速率仍然是 10Mb/s，传输介质也是同轴电缆，节点间的最大距离为 500 米。Ethernet Ⅱ 的源地址后面跟着 type，而 802.3 后面则跟着 length。1984 年随着以太网技术的不断应用，原本的粗同轴电缆被替换成了细同轴电缆，因此 IEEE 也发布了 10BASE2 标准。节点间允许的最长距离为 200 米。

10BASE5 和 10BASE2 标准的以太网设备都被连接在一根总线上，共享同一传输介质，如果其中一个节点出现问题，可能会导致整个网络瘫痪，而且移动、新增节点都必须重新布线。所以后来 IEEE 先后发布了 1BASE5、10BASE-T，以星状结构化布线解决所出现的问题，使得以太网能够快速发展。随着光缆的发展，随后又出现了 10BASE-F 等运行在光缆上的以太网标准。

物理星状拓扑结构和总线型拓扑结构都是共享带宽的，属于一个冲突域，后来出现了多端口网桥，用于多个 LAN 互联，在 20 世纪 90 年代初期，共享以太网开始向 LAN 交换机发展。后来全双工技术的出现，使传输速率在理论上翻了一番。

从 20 世纪 90 年代开始，以太网向快速以太网发展，出现了百兆以太网、千兆以太网、万兆以太网、十万兆以太网等。

1.3.3　以太网通信原理

以太网中的所有站点共享一个通信信道，在发送数据的时候，站点将自己要发送的数据帧在这个信道上进行广播，以太网上的所有其他站点都能够接收到这个帧，它们通过比较自己的 MAC 地址和数据帧中包含的目的地 MAC 地址来判断该帧是否是发给自己的，一旦确认是发给自己的，则复制该帧做进一步处理。

因为多个站点可以同时向网络上发送数据，在以太网中使用了 CSMA/CD 协议来减少和避免冲突。需要发送数据的工作站要先侦听网络上是否有数据在发送，只有检测到网络空闲时，工作站才能发送数据。当两个工作站发现网络空闲且同时发出数据时，就会发生冲突。这时，两个站点的传送操作都遭到破坏，工作站进行退避操作。退避时间的长短遵照二进制指数随机时间退避算法来确定。

以太网中的帧格式定义了站点如何解释从物理层传来的二进制串，即如何在收到的数据帧中分离出各个不同含义的字段。因为历史发展的原因，存在着多个以太网帧格式，包括 DIX(DEC，Intel，Xerox 三家公司)和 IEEE 802.3 分别定义的不同的几种帧格式，但是 TCP/IP 互联网体系结构中广泛使用的是 DIX 于 1982 年定义的 Ethernet II 标准中所定义的帧格式，它是以太网的事实标准。

Ethernet II 帧结构包括 6 字节的源站 MAC 地址、6 字节的目标站点 MAC 地址、2 字节的协议类型字段、数据字段以及帧校验字段，如图 1-8 所示。MAC 地址是一个 6 字节长的二进制序列，全球唯一地标识了一个网卡。

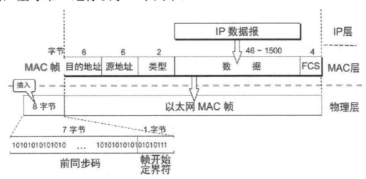

图 1-8　以太网 2.0 版的 MAC 帧格式

以太网帧中各个字段的含义如下：

(1) 前同步信号字段。包括七个字节的同步符和一个字节的起始符。同步符由 7 个 0 和 1 交替的字节组成，而起始符是三对交替的 0 和 1 加上一对连续的 1 组成的一个字节。这个字段其实是物理层的内容，其长度并不计算在以太网的帧长度中。前同步信号用于在网络中通知其他站点的网卡建立位同步，同时告知网络中将有一个数据帧要发送。

(2) 目的地址字段。目的站点的 MAC 地址，用于通知网络中的接收站点。目的站点 MAC 地址的左数第一位如果是 0，表明目标对象是一个单一的站点，如果是 1 表明接收对象是一组站点，左数第二位为 0 表示该 MAC 地址是由 IEEE 组织统一分配的，为 1 表明该地址是自行分配的。

(3) 源地址字段。帧中包含的发送帧的站点的 MAC 地址，是一个 6 字节的全球唯一的二进制序列，并且最左的一位永远是 0。

(4) 类型字段。以太网帧中的 16 位的协议类型的字段用于标识数据字段中包含的高级网络协议的类型，如 TCP、IP、ARP、IPX 等。

(5) 数据字段。数据字段包含了来自上层协议的数据，是以太网帧的有效载荷部分。为了达到最小帧长，数据字段的长度至少应该为 46 字节，等于最小帧长减去源地址字段、目的地址字段、帧校验字段及协议类型字段的长度。同时以太网规定了数据字段的最大长度为 1500 字节。

(6) 帧校验字段。帧校验字段是一个 32 位的循环冗余校验码，校验的范围不包括前同步字段。

1.3.4　局域网参考模型

为了应对复杂多变的网络通信环境，在局域网通信过程中，采取了一种模块化的分层控制体系结构，即将一个完整而复杂的网络通信流程按其所处的通信环境、参与通信的实体和能够实现的功能以及它们之间的依赖与关联关系，分解成若干个上下结构的层次化模块，每一层都配置有相应的网络通信协议，这些协议分别就寻址、建立连接、流控与差控、响应与确认及其他与网络通信有关的问题(如报文排序与编号、报文大小等信息)予以控制。这便是国际标准化组织在 1978 年提出的开放系统互联/参考模型(ISO-OSI/RM)的内涵与精髓之所在。其目的在于架构一种大一统的网络体系结构，用以整合各类异种网络，使得不同的网络之间能够互联并实现数据交换和通信。

1. ISO-OSI/RM 模型结构

ISO-OSI/RM 模型包含七大功能层，如图 1-9 所示。

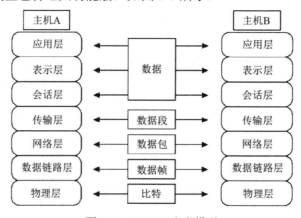

图 1-9　OSI/RM 参考模型

(1) 应用层：对应于在两台计算机主机上进行网络通信的应用进程，用以实现最高层亦即用户意义上的应用需求，如浏览网页、收发邮件、下载(上传)文件等。常见的应用层协议有 HTTP 协议(超文本传输协议，用于网页信息传送)、SMTP 与 POP3 协议(用于收发邮件)、FTP 协议(文件传输协议，用于文件传输)、Telnet 协议(用于远程主机登录)等。

(2) 表示层：为异种机之间的通信提供一种公共语言，以便能进行互操作。一般来说，一段数据信息的语义部分由其应用层决定，而其语法部分则由表示层决定，该层处理文字、图像、声音的表示方式以及数据压缩、加密等与表示形式有关的方面，并通过代码转换、字符集转换、数据格式转换等手段实现由各具体设备的局部语法向网络传输所需的通用(公共、传送)语法的转换。

(3) 会话层：其主要目的是提供一个"面向用户"的连接服务，两个正在通信的用户(进程)也是在这一层才实现真正意义上的交互，我们将该层为发送和接收计算机之间建立的一对一的交互称为一个会话。该层将对两个会话用户(会话实体)间的会话活动进行协调管理，包括会话连接的建立和释放、确定会话方式(如单工或双工)、实现会话权标管理和会话同步服务；并可在会话数据流中设置检查点，以便当会话中断后确定重发数据的起始点。

(4) 传输层：对应于两台计算机主机端到端之间的通信，通过端口地址来确保两台主机上对应的应用进程能够相互通信，并利用相应的传输层协议机制实现报文分段排序与编号、残留差控(一段报文经过漫长的网络通信环节交递到目的端主机，尚存有的漏检差错称为残留差错)以及端到端的流量控制和端到端的连接建立等。常见的传输层控制协议有 TCP 协议(传输控制协议)和 UDP(用户数据报协议)等。

(5) 网络层：如前所述，一段报文要从源端主机成功地交递到目的端主机，一般需要穿越多个不同的物理网络。在每一个网络内部，需要对数据的传输给予相应的规范，包括网络设备寻址、路由选择信息(虚电路标识)、响应与确认、网络连接的建立以及网络流量控制等。最著名的网络层协议是分组交换网中的 X.25 协议，另外在帧中继网和 ATM 网中也配置有相应的网络层协议及其相应的报文分组格式，以实现数据分组在这些特定网络中的正确传递。

(6) 数据链路层：网络通信的终极目的是实现两个远程主机上对等的用户(应用)进程之间交换数据信息，但此目的需经由端到端、网到网以及节点到节点等各通信环节的协同合作方可实现。很显然，无论两个端系统之间的距离多么遥远并可能穿越多个不同的物理网络，二者之间的传输通路必然是由沿途若干个网络节点设备所构成的数据链路串接而成的。为实现对相邻两个节点设备之间的诸如寻址、流控与差控以及响应与确认等通信控制，在部分重要的数据链路上配置了相应的数据链路层协议。比较常见的有局域网中的 MAC(介质访问控制)协议及 LLC (逻辑链路控制)协议和广域网中的 HDLC(高级链路控制)协议。

(7) 物理层：物理层协议是指各种网络设备进行互联时必须遵守的最底层协议，其目的是在两个物理设备之间提供无结构的二进制位流传输。它并不具体地规定为实现两数据链路实体之间的数据通信必须使用何种物理设备和物理介质，而是对二者之间的物理连接(物理接口)及其相应的机械、电气、功能和规程特性予以定义和规范，以帮助两个数据链路实体之间成功地进行二进制位流的传输。物理层关心信号传输的问题，如模拟与数字信号、基带与宽带技术、异步与同步传输、多路复用等。其可能实现的功能包括：物理连接的建立、维持与释放、物理层服务数据单元的传输、数字脉冲的编码方案以及物理层的管理如传输质量监测、差错状况通报、异常情况处理等。常见的物理层协议有 RS-232-C 接口标准和 V.35、X.21 等协议标准。

2. TCP/IP 参考模型

如前所述，基于网络通信的复杂性，国际标准化组织(ISO)提出了 OSI/RM 参考模型，意在架构一种标准统一的计算机网络体系结构，并采用分层协议的方式对网络通信的每一环节加以控制。但这一模型仅是一个理论构想，其真正的技术实现就是大家熟知的 TCP/IP 协议，这是在计算机网络通信技术中具有划时代和里程碑意义的一组协议，也成为了互联网事实上的通信和传输标准。

TCP/IP 协议集基于 OSI 模型的基本框架和分层控制思想，但做了必要的改进，它省略了表示层与会话层；同时增加了网络层 IP 协议，以屏蔽各物理网络的差异，并通过网络接口层与底层物理网络交互，其与 OSI 模型的对比如图 1-10 所示。

图 1-10　TCP/IP 协议与 OSI 模型间的对比

具体来说，TCP/IP 参考模型包括以下 4 层。

(1) 应用层：在最高层，用户调用应用程序来访问互联网提供的各种服务。应用程序负责发送和接收数据，它将数据按要求的格式传送给传输层。从某种意义上说，TCP/IP 体系结构中的应用层属于开放型，即可以根据用户的具体需求，添加不同类型的报文格式和传输标准。目前，应用层中的典型协议包括：超文本传输协议(HTTP)、文件传输协议(FTP)、简单邮件传输协议(SMTP)、邮局协议(POP)、远程登录(Telnet)、域名服务(DNS)等。

(2) 传输层(TCP 协议层)：提供端到端的通信控制功能，包括区分多个不同的应用程序产生的数据、提供差错控制和数据排序。传输层协议软件将要传送的应用数据流划分成报文或报文段，并连同目的主机上的服务地址(端口号)传送给 IP 层。传输层又提供有连接的通信服务与无连接的通信服务，分别对应两种传输层协议：传输控制协议(TCP)和用户数据报协议(UDP)。

(3) 网络层(IP 协议层)：将报文段封装在具有统一格式的 IP 数据报中，交由默认的出口路由器向外转发；其间，可能途经多个中转路由器并穿越多个物理网络，直至到达目的主机。该层具体又包含互联网协议(IP)、网际报文控制协议(ICMP)、主机地址解析协议(ARP)、反向主机地址解析协议(RARP)等。

(4) 网络接口层：包括具体的、多样化的、充满差异的各类物理网络，如 X.25、帧中继、ATM、802.3、802.5 等，它们是网络数据传输的物理载体。

除以上两种模型外，还有一种五层协议的体系结构，能更简洁清楚地阐述计算机网络的结构。七层、四层、五层体系结构的对比如图 1-11 所示。

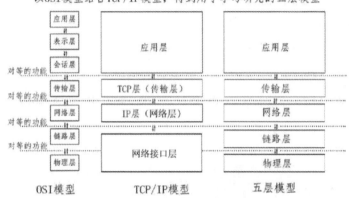

图 1-11　各种参考模型的对比图

1.4　IP 地址

1.4.1　IP 地址概述

为了使计算机之间能够进行通信，每台计算机都必须有一个唯一的标识。由 IP 协议为 Internet 的每一台主机分配一个唯一的地址，称为 IP 协议地址(简称 IP 地址)。IP 地址对网上的某个节点来说是一个逻辑地址。它独立于任何特定的网络硬件和网络配置，不管物理网络的类型如何，它都有相同的格式。IP 地址在集中管理下进行分配，确保每一台上网的计算机对应一个 IP 地址。

在计算机内部，IP 地址通常使用 4 个字节的二进制数表示，其总长度共 32 位(IPv4 协议所规定的)，如下所示：

10000001　00001011　10000011　00011111

为了表示方便，国际上采用"点分十进制表示法"，如图 1-12 所示，即将 32 位的 IP 地址按字节分为 4 段，高字节在前，每个字节再转换成十进制数表示，并且各字节之间用圆点"."隔开，表示成 w.x.y.z。这样 IP 地址表示成了一个用点号隔开的 4 组数字，每组数字的取值范围只能是 0～255。

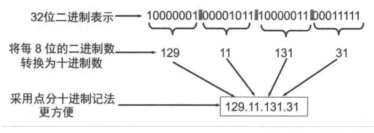

图 1-12　IP 地址的点分十进制表示

1.4.2　IP 地址的编址方式

经过 1974 年和 1975 年两次修订后，IP 协议正式成为国际标准协议，IP 地址正式进入网络领域。随着 IP 地址的使用越来越普及，IP 地址的结构以及编址方式也发生了一些变化，下面分别介绍具体的三种编址方式。

1. 简单分类 IP 地址

(1) 简单分类 IP 地址的结构及类别

这是最基本的一种编址方式，整个地址分为两部分，即网络号(Network ID)和主机号(Host ID)，如图 1-13 所示。

图 1-13　分类 IP 地址结构图

在这种编址方式中，整个 IPv4 地址空间被分为 A、B、C、D、E 五类，其中 A、B、C 三类为常用类型，D 类为组播地址，E 类为保留地址，如图 1-14 所示。

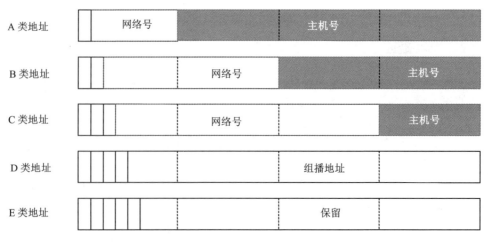

图 1-14　分类 IP 地址的类别

A 类地址用前 1 字节标识网络地址，后 3 字节标识主机地址，每个网络最多可容纳

$(2^{24}-2)$台主机，从高位起，前 1 位为 0，第 1 字节用十进制表示的取值范围为 $0 \sim 127$，具有 A 类地址特征的网络总数为 126 个。

B 类地址用前 2 字节标识网络地址，后 2 字节标识主机地址，每个网络最多可容纳 $(2^{16}-2)$台主机，从高位起，前 2 位为 10，第 1 字节用十进制表示的取值范围为 $128 \sim 191$，具有 B 类地址特征的网络总数为 2^{14} 个。

C 类地址用前 3 字节标识网络地址，后 1 字节标识主机地址，每个网络最多可容纳 254 台主机，从高位起，前 3 位为 110，第 1 字节用十进制表示的取值范围为 $192 \sim 223$，具有 C 类地址特征的网络总数为 2^{21} 个。

(2) 特殊用途的 IP 地址

① 主机号为全 0 的 IP 地址为网络地址，表示该网络本身。

例：主机 IP 地址为 212.111.44.136，则它所在网络的地址为 212.111.44.0。

全 0 的网络地址：0.0.0.0，表示网络本身，用于网络初始化。

② 主机号为全 1 的地址是广播(broadcast)地址。广播地址又分为直接广播地址和有限广播地址。

直接广播地址：主机地址部分为全 1，用于向某个网络的所有主机广播。

例：主机 IP 地址为 212.111.44.136，则它所在网络的广播地址为 212.111.44.255。

有限广播地址：255.255.255.255，表示在未知本网地址情况下用于本网广播。

③ 任何一个以数字 127 开头的 IP 地址(127.×.×.×)都叫作回送地址(loopback address)。它是一个保留地址，最常见的表示形式为 127.0.0.1。

④ 内部地址(私用地址)。

IP 地址范围内有一些未被 InterNic 指定，这些地址可分配给未连接到 Internet 的主机使用，这些主机如果需要访问 Internet，可使用网络代理(proxy)服务器连接到公共网络上。它们是：

A 类：10.0.0.0～10.255.255.255

B 类：172.16.0.0～172.31.255.255

C 类：192.168.0.0～192.168.255.255

2. 子网与子网掩码

(1) 子网划分的意义

简单来说，子网(subnetwork)就是把一个较大的网络分割成若干个小的网络。那么为什么要进行子网划分呢？

首先，它有利于网络结构的优化，将一个大的网络划分成若干个小的网络后，更便于管理，提高系统的可靠性。其次，可以大大减少网络的阻塞。最后，由于网络 IP 地址有限，因此，为了得到更多的网络，也需要在网络中划分子网。

(2) 子网掩码与子网划分的方法

① 使用子网掩码区分网络位和主机位。

如图 1-15 所示，子网掩码和 IP 地址的长度都是 32 位，子网掩码由一串 1 和一串 0 组成。子网掩码中的 1 对应于 IP 地址中的网络号和子网号，而子网掩码中的 0 对应于 IP 地址中的主机号。在 RFC 文档中没有规定子网掩码中的一串 1 必须是连续的，但推荐大家在子网掩码中选用连续的 1，以免发生差错。

网络位	主机位
192.168.1	.0
11000000.10101000.00000001	.00000000

图 1-15　子网掩码区分 IP 地址中的网络位和主机位

使用子网掩码的好处就是：不管网络有没有划分子网，不管网络号的长度是几个字节，只要将子网掩码和 IP 地址进行逐比特的"与"运算，就立即得出网络地址。

如果一个网络不设置子网，则掩码的制定规则为：网络号各位全为 1，主机号的各位全为 0，这样得到的掩码称为缺省子网掩码。A 类网络的默认子网掩码为 255.0.0.0，B 类网络的默认子网掩码为 255.255.0.0，C 类网络的默认子网掩码为 255.255.255.0，如图 1-16 所示。

A类地址	网络地址	网络号	主机号为全0
	默认子网掩码 255.0.0.0	11111111	000000000000000000000000
B类地址	网络地址	网络号	主机号为全0
	默认子网掩码 255.255.0.0	1111111111111111	0000000000000000
C类地址	网络地址	网络号	主机号为全0
	默认子网掩码 255.255.255.0	111111111111111111111111	00000000

图 1-16　分类 IP 地址的默认子网掩码

②　子网掩码的表示方法。

子网掩码的表示方法如图 1-17 所示。

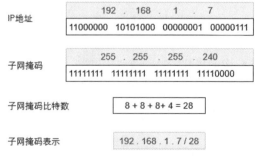

IP地址	192 . 168 . 1 . 7
	11000000　10101000　00000001　00000111
子网掩码	255 . 255 . 255 . 240
	11111111　11111111　11111111　11110000
子网掩码比特数	8 + 8 + 8 + 4 = 28
子网掩码表示	192 . 168 . 1 . 7 / 28

图 1-17　子网掩码的表示方法

掌握二进制和十进制之间的转换后，很容易明白 IP 地址和子网掩码的二进制和十进制的对应关系。图中子网掩码比特数是 8+8+8+4=28，指的是子网掩码中连续 1 的个数是 28 位，表示网络位有 28 位。子网掩码的另外一种表示方法是/28=255.255.255.240，称为反斜杠表示法。

③ 划分子网的方法。

划分子网的方法就是从主机号借用若干个位作为子网号，而主机号也就相应减少了对应数量的位。于是两级的 IP 地址就变成了三级的 IP 地址：网络号、子网号和主机号，如图 1-18 所示。

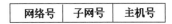

图 1-18　划分子网的 IP 地址格式

有关两级 IP 地址与三级 IP 地址的比较如图 1-19 所示。

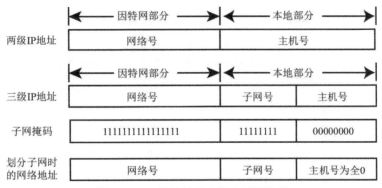

图 1-19　IP 地址的各字段和子网掩码

3. 超网

无分类编址 CIDR(classless inter domain routing)，又称为无类域间路由，它由 RFC1817 定义。CIDR 突破了传统 IP 地址的分类边界，将路由表中的若干条路由汇聚为一条路由，减少了路由表的规模，提高了路由器的可扩展性。

现行的 IPv4(网际协议第 4 版)的地址将耗尽，CIDR 是为解决地址耗尽而提出的措施。它将几个 IP 网络结合在一起，使用一种无类别的域际路由选择算法，可以减少由核心路由器运载的路由选择信息的数量。

CIDR 最主要的特点有三个：

(1) "无类别"的意思是现在的选路决策是基于整个 32 位 IP 地址的掩码操作，而不管其 IP 地址是 A 类、B 类还是 C 类，都没有什么区别。CIDR 消除了传统的 A 类、B 类和 C 类地址以及子网划分的概念，因此可以更加有效地分配 IPv4 的地址空间，并且可以在新的 IPv6 使用之前容许因特网的规模继续增长。CIDR 使用各种长度的"网络前缀"来代替分类地址中的网络号和子网号，而不是像分类地址中只能使用 1 字节、2 字节和 3 字节长的网络号。CIDR 不再使用"子网"的概念而是使用网络前缀，使 IP 地址从三级编址(使用了子网掩码)又回到两级编址，但这是无分类的两级编址，如图 1-20 所示。

网络前缀	主机地址

图 1-20　无分类 IP 地址格式

(2) CIDR 使用"斜线记法"，又称为 CIDR 记法，即在 IP 地址后面加一个斜线"/"，然后写上网络前缀所占的比特数(这个值对应于三级编址中子网掩码中比特 1 的个数)。如：202.82.32.115/20，表示在这个 32 位的 IP 地址中，前 20 位表示网络前缀，后面 12 位为主机地址。

(3) CIDR 将网络前缀都相同的连续的 IP 地址组成"CIDR 地址块"。CIDR 地址块是由地址块的起始地址(地址块中最小的地址)和地址块中的地址数来定义的。CIDR 地址块也可以用斜线法来表示。如 202.82.32.0/20 表示的地址块共有 2^{12} 个地址(网络前缀比特数为 20 位，剩下 12 位为主机号的比特数)。在不需要指出地址块的起始地址时，可将这样的地址块简称为"/20 地址块"。上面的地址块的最小地址和最大地址如图 1-21 所示。

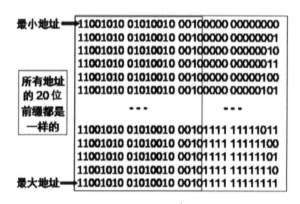

图 1-21　CIDR 地址块的最小地址和最大地址

当然，一般不使用全 0 和全 1 的主机地址。通常只使用这两个地址之间的地址。在见到斜线表示法表示的地址时，一定要根据上下文弄清楚它是指一个单个的 IP 地址还是指一个地址块。

一个 CIDR 地址块可以表示很多地址，所以在路由表中就利用 CIDR 地址块来查找目的网络。这种地址的聚合常称为路由聚合(route aggregation)，它使得路由表中的一个项目可以表示很多个原来传统分类地址的路由。路由聚合也称为构成超网。"超级组网"是"子网划分"的派生词，可看作子网划分的逆过程。子网划分时，从地址主机部分借位，将其并入网络部分；而在超级组网中，则是将网络部分的某些位并入主机部分。这种无类别超级组网技术通过将一组较小的无类别网络组合为一个较大的单一路由表项，减少了 Internet 路由域中路由表条目的数量。如果没有采用 CIDR，则在 1994 年和 1995 年，因特网的一个路由表就会超过 7 万条项目，而使用 CIDR 后，在 1996 年一个路由表的项目数才 3 万多条。路由聚合有利于减少路由器之间的路由选择信息的交换，从而提高整个因特网的性能。

CIDR 不使用子网，但仍然使用"掩码"这个名词(但不叫子网掩码)。对于/20 地址块，其掩码是 11111111 11111111 11110000 00000000(20 个连续的 1)。斜线标记法中的数字就是掩码中 1 的个数。

CIDR 标记法有几种等效形式，如 202.0.0.0/10 可以简写为 202/10，即将点分十进制中低位连续的 0 省略。202.0.0.0/10 相当于指出 IP 地址 202.0.0.0 的掩码是 255.0.0.0。比较清楚的标记法是直接使用二进制，如 202.0.0.0/10 可以写为：

11001010 00xxxxxx xxxxxxxx xxxxxxxx

这里的 22 个连续的 x 可以是任意值的主机号(但一般不使用全 0 和全 1 的主机号)。因此 202/10 可以表示包含有 2^{22} 个 IP 地址的地址块，这些地址都有相同的网络前缀 1100101000。另外一种简化表示方法是在网络前缀的后面加一个星号*，如 11001010 00*，意思是星号*之前是网络前缀，而星号*表示 IP 地址中的主机号，可以是任意值。

图 1-22 给出了常用的 CIDR 地址块。表中的 K 表示 2^{10}(即 1024)。在包含的地址数中，没有将全 0 和全 1 的主机号除外。网络前缀小于 13 和大于 27 都较少使用。从图中可以看出，CIDR 地址块都包含了多个 C 类地址，这就是"构成超网"这一名词的来源。

CIDR 前缀长度	点分十进制	包含的分类网络数	包含的地址数
/13	255.248.0.0	8 个 B 类或 2048 个 C 类	512K
/14	255.252.0.0	4 个 B 类或 1024 个 C 类	256K
/15	255.254.0.0	2 个 B 类或 512 个 C 类	128K
/16	255.255.0.0	1 个 B 类或 256 个 C 类	64K
/17	255.255.128.0	128 个 C 类	32K
/18	255.255.192.0	64 个 C 类	16K
/19	255.255.224.0	32 个 C 类	8K
/20	255.255.240.0	16 个 C 类	4K
/21	255.255.248.0	8 个 C 类	2K
/22	255.255.252.0	4 个 C 类	1K
/23	255.255.254.0	2 个 C 类	512
/24	255.255.255.0	1 个 C 类	256
/25	255.255.255.128	1/2 个 C 类	128
/26	255.255.255.192	1/4 个 C 类	64
/27	255.255.255.224	1/8 个 C 类	32

图 1-22　常用 CIDR 地址块

使用 CIDR 的一个好处就是可以更加有效地分配 IPv4 的地址空间。在分类地址的环境中，因特网服务提供者(ISP)向其客户分配 IP 地址时，只能以/8、/16 或/24 为单位来分配。但在 CIDR 环境中，ISP 可以根据每个客户的具体情况进行分配。例如，某 ISP 拥有地址块 202.82.0.0/18，现在某个单位需要 900 个 IP 地址。在不使用 CIDR 地址块时，ISP 可以为该单位分配一个 B 类网络地址，但是要浪费这个 B 类网络中绝大多数的 IP 地址；或者为该单位分配 4 个 C 类网络地址，但这样会在路由表中出现对应于该单位的 4 个相应的项目。这两种情况都不理想。在使用 CIDR 地址块的情况下，ISP 只需要给这个单位分配一个地址块 202.82.32.0/22，它包括 2^{10}=1024 个 IP 地址，相当于 4 个连续的 C 类网络地址，这样地址空间的利用率提高了，在路由表中对应的项目数也不会增加。显然，用 CIDR 分配的地址块中的地址数目一定是 2 的整数次幂。

如图 1-23 所示，一个企业分配到了一段 A 类网络地址：10.24.0.0/22。该企业准备把这些 A 类网络分配给各个用户群，目前已经分配了 4 个网段给用户。如果没有实施 CIDR 技术，企业路由器的路由表中会有 4 条下连网段的路由条目，并且会把它通告给其他路由器。通过实施 CIDR 技术，我们可以在企业的路由器上把 10.24.0.0/24、10.24.1.0/24、10.24.2.0/24、10.24.3.0/24 这 4 条路由汇聚成一条路由 10.24.0.0/22。这样，企业路由器只需通告 10.24.0.0/22 这一条路由，大大减少了路由表的规模。

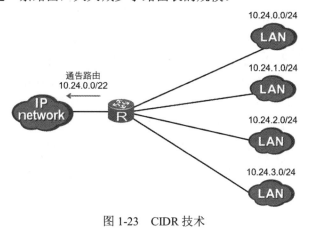

图 1-23　CIDR 技术

1.5　小结

本章主要围绕计算机网络的发展、分类、功能等方面介绍了计算机网络的基础知识，同时又对局域网的概念、发展、应用等做了详细介绍。在局域网的体系结构中，重点介绍了局域网标准以及以太网的发展及通信原理，同时还重点介绍了以太网的 OSI/RM 及 TCP/IP 两种体系结构，对目前网络通信所用到的 IP 协议做了详细介绍，重点对 IP 地址的发展以及三种编址方式做了详细介绍。这部分内容对局域网的整体认识有一定的帮助，也可以帮助读者更好地学习后续内容。

1.6　思考与练习

1. 计算机网络的发展方向是什么？
2. 计算机网络的功能是什么？
3. 计算机网络有哪些类别？
4. 局域网常用的拓扑结构有哪些？
5. 局域网的体系结构有哪些？
6. IPv4 地址的长度是多少位？有几种编址方法？

第 2 章

局域网的网络设备

本章重点介绍以下内容：

- 网络设备概述；
- 传输介质及设备连接规则；
- 常用网络设备的基本工作原理与基本配置。

2.1 网络设备介绍

计算机网络由硬件和软件两大部分组成，硬件部分主要包括网络互联设备和网络传输介质。本章将介绍目前常见的网络互联设备的工作原理及其基本配置。同时，还将介绍组网中常见的网络传输介质及其特性。

2.1.1 网络互联设备概述

计算机的普及产生了局域网，而现在网络的普遍应用，且为了满足人们在更大范围内实现相互通信和资源共享，产生了网络互联。要将这些网络相互连接起来，网络互联设备就必不可少。网络互联设备有网卡、中继器、集线器、网桥、交换机、路由器和网关等，它们能够在网络之间将一个网络的数据传送到另一个网络。

随着网络技术的迅速发展和网络应用的普及，网络规模迅速扩大，小型局域网已不能胜任现有网络应用的需要，所以网络互联技术日益被人们重视，同时网络互联技术也正在发生根本性的变化。下面就介绍网络互联的含义、目的、类型及原则。

1. 网络互联的含义和目的

网络互联就是利用各种网络互联设备，把同类型或不同类型的计算机网络相互连接起来，形成地理覆盖范围更大、用户更多、功能更强的网络系统，使网络中的用户之间能够进行相互通信和资源共享。

网络互联的目的是使一个网络上的用户能访问其他网络上的资源，可使不同网络的用户之间建立通信链路，实现相互通信。网络互联的目的主要有：

(1) 解决原有网络有限的地理覆盖范围

由于现有的传输介质在传输距离上有限，另外全球化的企业集团带来全球化的市场，要提高企业全球的竞争力，就需要把分布在世界各地的计算机网络相互连接起来，这种商业需求迫使计算机厂商去研究网络互联技术，这在客观上促进了网络互联技术的发展。

(2) 提高网络的效率和方便管理

随着网络规模的不断扩大，网络中的计算机数目越来越多，网络中的数据流量也不断增加，从而产生网络冲突的概率不断提高，访问延迟也逐渐增大。这时传统的方式就不适应了，可以通过交换机等互联设备来提高网络性能，使对网络的管理和维护更加方便。

(3) 消除各种网络之间的差异

各种不同体系结构的网络在软硬件方面存在着差异，例如不同的编码、不同的传输介质、不同的介质访问控制和不同的数据长度等。

(4) 适应网络新应用的要求

随着计算机应用技术的不断发展，多媒体网络应用已成为现实。电视会议、远程就医、网上教学、电视点播等新的应用对网络服务、带宽提出了更高的要求，这也促使传统的网络互联技术发生改变，以适应新的发展要求。

(5) 信息高速公路的发展要求

信息高速公路的建设是全球信息化发展的重要标志，而网络互联技术是实现信息高速公路计划的关键技术。要实现这个目标，就必须发展网络互联技术。

OSI/RM 使得网络之间的互联层次划分有所不同。OSI/RM 与网络设备间的对应关系如表 2-1 所示。

表 2-1　OSI/RM 与网络互联设备间的对应关系

OSI/RM	互联设备	用途
传输层以上	网关	提供不同体系间的互联接口
网络层	路由器	在不同网间存储转发包
数据链路层	网桥、交换机	在 LAN 间存储转发帧
物理层	中继器、集线器	在电缆段间复制比特流

由于网络之间互联的方式具有多样性，故需解决的问题不同，其任务也不相同。因此，各种网络设备的工作原理和结构也是有差异的。一般说讲，越是底层的网络互联设备，需要完成的任务越少，功能也越差，当然结构也越简单；而越是高层的网络互联设备需要完成的任务越多，功能也越强，结构也越复杂。

2. 网络互联的类型

在网络互联领域，有同构网络和异构网络之分。类型相同的网络称为同构网络，类型不同的网络称为异构网络，参与互联的网络一般统称为子网。从互联的范围看，网络互联的类型主要分为以下几类：

(1) 局域网与局域网(LAN-LAN)的互联

这是目前常见的一种网络互联类型，局域网与局域网互联发生在 OSI/RM 的数据链路层，可以通过中继器、集线器、网桥等互联设备来连接。它又可以分成同种类型的局域网互联和异种类型的局域网互联。

(2) 局域网与广域网(LAN-WAN)的互联

这种互联方式可以通过路由器来实现连接，也是目前应用很普遍的一种类型。它发生在 OSI/RM 的网络层，显然，在网络层上实现的互联要比在数据链路层上实现的互联复杂。

(3) 局域网之间经广域网的互联(LAN-WAN-LAN)

该方式可以将两个分布在不同地理位置的局域网通过广域网的方式来实现连接，该方式正改变着传统的接入模式。

(4) 广域网与广域网(WAN-WAN)的互联

为了让更大范围内网络的主机能进行资源共享和信息交换，可以采用这种互联方式。广域网与广域网的互联发生在 OSI/RM 的传输层及其上层，可以通过互联设备——网关来实现连接。

总之，这些相同和不同种类的网络，需要在不同的层次上，以不同的网络互联设备来实现互联。

3. 网络互联原则和要考虑的问题

为了保证网络互联顺利地进行，实施网络互联时通常应当遵循以下两条原则。

(1) 设计连接两个网络的互联设备时，尽量避免要求修改其中一个网络的网络结构、协议、硬件和软件。不同的子网在诸多方面存在差异，具体表现在寻址、信息传输、访问控制、连接方式等几个方面。网络互联为了提供不同子网之间的网络通信，必须采取措施以屏蔽或者容纳这些差异。

(2) 不能因为要提高网络之间的传输性能而影响各个子网内部的传输功能和传输性能。从应用的角度看，用户需要访问的资源主要集中在本子网内部。一般来说，网络之间的信息传输量远小于网络内部的信息传输量。但是，随着网络应用的推广，尤其是随着交换机、路由器等互联设备的广泛使用，局域网与局域网之间互联的区别已逐渐模糊。

网络互联主要应当考虑和解决以下几个问题：

(1) 互联的层次问题。OSI 模型的哪一层提供网络互联的链路是首先要考虑的问题。它涉及网络互联的各个方面。

(2) 寻址问题。不同的子网具有不同的命名方式、地址结构，网络互联应当可以提供全网寻址的能力。

(3) 信息传输问题。网络互联可以发生在 OSI 模型的不同层，各层传输信息的格式不同。例如物理层传输的是比特流，数据链路层传输的是数据帧，网络层传输的是数据分组等。

(4) 访问控制问题。不同的子网采用不同的访问控制方法(例如以太网采用 CSMA/CD，令牌总线和令牌环采用令牌控制等)，并由此引伸出各种时间的限制 (例如 CSMA/CD 中的冲突检测时间，以及各种网络协议中传输确认的等待时间等)，如何使得这些采用不同访问控制方法的网络可以彼此协调，共存于同一个网络中，是网络互联必须解决的又一个问题。

(5) 连接方式问题。不同的网络可能采用不同的连接方式，例如，X.25 网络通常采用面向连接的信息传输，而大多数局域网又提供面向无连接的服务，因此互联网络提供的服务应当屏蔽这样的差异。

其他应当考虑的因素还包括不同子网的差错恢复机制对全网的影响、不同子网用户的接入限制、记账服务、通过互联设备的路由选择和网络流量控制等。

2.1.2 中继器与集线器

由于网络之间存在差异，要把这些网络相互联系起来，就需要使用不同的网络互联设备。根据在 OSI/RM 参考模型中互联设备工作的层次和所支持的协议，把它们分为中继器/集线器、网桥/交换机、路由器和网关 4 类。

在集线器产生之前，有一种互联设备应用于网络，它就是中继器。下面重点介绍中继器和集线器。

1. 中继器(repeater)

中继器也称转发器，它是连接物理层的一种互联介质装置，也是最简单的网络互联设备，用于同种类型的网络互联，如图 2-1 所示。

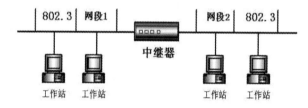

图 2-1 中继器连接的两个网段

由于信号在网络传输介质中有衰减，故线路上传输的信号功率会逐渐衰减，衰减到一定程度时将造成信号失真，导致接收错误。中继器就是为解决这一问题而设计的。一般情况下，中继器的两端连接的是相同的媒体，但有的中继器也可以完成不同媒体的转接工作。从理论上讲，采用中继器可以连接无限数量的媒介段，网络因此也可以无限延长。然而实际上各种网络中接入的中继器数量都有具体的限制，中继器只能在规定范围内进行有效的工作，否则会引起网络故障。

2. 集线器(hub)

集线器是一种特殊的中继器，其主要功能和中继器一样，都是工作在物理层的网络互联设备，同时集线器把所有节点集中在以它为中心的节点上，克服了介质单一通道的缺陷，如图 2-2 所示是集线器实物图。其优点是当网络上的某个节点或某条线路出现故障时不会影响网络上其他节点的正常运行。

图 2-2 集线器实物图

集线器如同其他互联设备一样是伴随着网络的产生而产生的，它的产生早于交换机，更早于路由器等网络设备，所以它属于一种传统的基础网络设备。

2.1.3　网桥与交换机

如前所述，中继器和集线器尽管具有扩展网络长度、放大电信号的功能，但由于不能对网络流量进行过滤，因此在网络的扩展中，信号发生冲突的可能性增大，网络的性能也会随之下降。但我们可通过网桥或交换机解决上述问题。

1. 网桥(bridge)

网桥是一种工作在数据链路层的互联设备，是一个局域网与另一个局域网之间建立连接的桥梁，如图 2-3 所示。它可以有效地连接两个局域网，根据 MAC 地址来存储、转发帧，使本地通信限制在本网段内，并转发相应的信号至另一网段，网桥通常用于连接数量不多的同一类型的网段。

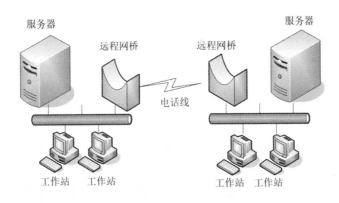

图 2-3　连接两个远程局域网的网桥

网桥通过数据链路层的逻辑链路控制(LLC)子层来选择子网路径，它接受完整的链路层帧，并对帧做校验，然后查看介质存取控制(MAC)子层的源地址和目的地址以决定该帧的去向。网桥在转发一帧前可以对其做一些修改，如在帧头加入或删除一些字段。由于网桥与高层协议无关，原则上网桥可以互联不同类型的局域网，但由于不同类型的局域网之间存在很大的差异，故在实际应用中网桥只连接具有相同网络操作系统的局域网，因为如果高层协议不一致，即便用网桥连接起来，应用程序也不能交换信息。

网桥仅通过查看 MAC 地址就可以过滤网络流量，它具有如下特性：
- 具有存储、转发、过滤功能；
- 能隔离网段，创建更多的冲突域，使网络性能显著提高；
- 具有部分高级功能，如强化安全选择、网段服务分级、定制过滤等；
- 不能隔离广播分组，对广播风暴无能为力，使用时不能成环。

网桥有多种不同的分类方法，如按网桥工作的模式不同，可分为透明网桥和源路由网桥两大类。

(1) 透明网桥(transparent bridge)

简单地讲，使用这种网桥，不需要改动硬件和软件，无须设置地址开关，无须装入路由表或参数，但它不能最有效地利用带宽。

透明网桥的基本功能是学习、过滤、转发等。学习及过滤功能涉及帧中的 MAC 地址，进行信息帧转发时要利用地址转发表，按表中的 MAC 地址和网络对应关系来判定接收帧是否属于同段网络上的通信，过滤掉同段局域网上通信送到网桥的帧，以避免其他互联局域网收到不必要的信息。但如果网桥未学习到 MAC 地址便将帧发向除接收口之外的所有接口，这在网桥刚启动工作时会造成大量的广播帧，这种现象称为广播风暴。

(2) 源路由网桥(source routing bridge)

源路由网桥主要用于令牌环 IEEE 802.5 的桥接，但实际上它可用于任何互联网络，其路径的决定由源帧负责，即在源端选好一条到目的节点的路由，所有发往该目的节点的数据帧都走这条路径。源路由网桥的核心思想是假定每个帧的发送者都知道接收者是否在同一网络。当发送一帧到另外的网段时，源站点将目的地址的高位设置成"1"作为标记。源路由网桥只关心目的地址高位为"1"的帧，当发现这些帧时，扫描帧头的路由，寻找发来此帧的网络的编号。另外，源路由网桥还在帧头加进此帧应走的实际路径。

2. 交换机(switch)

(1) 交换机概述

随着以太网技术的发展，网络的传输速度越来越快，这就需要有性能更好的网络连接设备。这时交换机便应运而生了，并且很快被广泛应用于各种规模的网络中，图 2-4 所示为交换机实物图。它不是一项新的网络技术，而是现有网络技术通过交换设备提高性能。

图 2-4　交换机

交换机和网桥一样，工作在数据链路层，它有时又被称为多端口网桥，如同集线器被称为多端口的中继器。由于其采用了交换技术，因此从根本上改变了共享介质的结构，能有效减少冲突域，不但解决了带宽的"瓶颈"问题，而且简化了网络管理。有的交换机还具有路由功能，所以说交换机技术比集线器更为复杂，功能更为强大。

(2) 交换机的分类

由于交换机市场发展迅速，产品繁多，而且功能上越来越强，所以从不同的角度看，交换机的分类标准也不同。

① 按网络覆盖范围划分

● 局域网交换机

这类交换机是我们最常见的交换机。局域网交换机应用于局域网络，用于连接终端设备，如服务器、工作站、集线器、路由器、网络打印机等网络设备，以提供高速独立通信信道。

- 广域网交换机

广域网交换机主要应用于电信、互联网接入等领域的广域网,提供通信用的基础平台。

② 按使用的网络传输介质及传输速度划分

- 以太网交换机

首先要说明的是,这里所说的"以太网交换机"是指带宽在 100Mb/s 以下的以太网所用交换机。以太网交换机的档次比较齐全,应用领域也非常广泛,目前主要被应用于中小型局域网。以太网包括三种网络接口:RJ-45、BNC 和 AUI,所用的传输介质分别对应双绞线、细同轴电缆和粗同轴电缆。当然现在的交换机通常不可能全是 BNC 或 AUI 接口,因为目前采用同轴电缆作为传输介质的网络已经很少了,一般是在 RJ-45 接口的基础上,配上 BNC 或 AUI 接口,以兼顾同轴电缆介质的网络连接。

- 快速以太网交换机

这种交换机用于 100Mb/s 快速以太网。快速以太网是一种在普通双绞线或者光纤上实现 100Mb/s 传输带宽的网络技术。一般来说这种快速以太网交换机通常所采用的介质也是双绞线,有的快速以太网交换机为了兼顾与其他光传输介质的网络互联,或许会留有少数的光纤接口 SC。它通常具有自动适应网络传输速率、抑制广播风暴等功能,并且易于维护和管理,性价比较高。

- 千兆以太网交换机

千兆以太网交换机用于目前较新的一种网络——千兆以太网中,也有人把这种网络称为"吉比特(GB)以太网",主要是因为它的带宽可以达到 1000Mb/s。它一般用于大型网络的骨干网段,所采用的传输介质有光纤、双绞线两种,对应的接口为 SC 和 RJ-45 接口。

- 10 千兆以太网交换机

10 千兆以太网交换机主要是为了适应当今 10 千兆以太网的接入,它一般用于骨干网段,采用的传输介质为光纤,对应的接口为光纤接口。同样这种交换机也被称为"10G 以太网交换机"。

- ATM 交换机

ATM 交换机是用于 ATM 网络的交换机产品。ATM 网络由于其独特的技术特性,现在还只用于电信、邮政网的主干网段,因此市场上很少看到其交换机产品。

- FDDI 交换机

FDDI 技术是在快速以太网技术被开发出来之前就开发的,主要是为了突破当时 10Mb/s 以太网和 16Mb/s 令牌网速度的局限,它的传输速率可达到 100Mb/s。但它当时采用光纤作为传输介质,比用双绞线作为传输介质的网络成本高许多,所以随着快速以太网技术的成功开发,FDDI 技术也就失去了其应有市场。正因如此,FDDI 设备(如 FDDI 交换机)也就比较少见了,FDDI 交换机用于老式中、小型企业的快速数据交换网络中,它的接口形式都为光纤接口。

- 令牌环交换机

主流局域网中曾经有一种被称为"令牌环网"的网络。它是由 IBM 在 20 世纪 70 年代开发的,在老式的令牌环网中,数据传输速率为 4Mb/s 或 16Mb/s,新型的快速令牌环网速度可达 100Mb/s。目前令牌环网逐渐失去了市场，相应地纯令牌环交换机产品也非常少见。但是在一些交换机中仍留有一些 BNC 或 AUI 接口，以方便令牌环网进行连接。

③ 按交换机所应用的网络层次划分

● 企业级交换机

企业级交换机属于高端交换机，一般采用模块化的结构，可作为企业网络骨干构建高速局域网，所以它通常用于企业网络的最顶层。

企业交换机还可以接入一个大底盘。这个底盘产品通常支持许多不同类型的组件，比如快速以太网和以太网中继器、FDDI 集中器、令牌环 MAU 和路由器。企业级交换机在建设企业级别的网络时非常有用，尤其是对一些网络技术和以前系统的支持。基于底盘的设备通常有非常强大的管理特征，因此非常适合企业网络环境。

● 校园网交换机

这种交换机通常用于分散的校园网而得名，其实它不一定只应用于校园网络。它主要应用于物理距离分散的较大型网络中，且一般作为网络的骨干交换机。这种交换机具有快速数据交换能力和全双工能力，可提供容错等智能特性，还支持扩充选项及第三层交换中的 VLAN 等多种功能。因为校园网分散，传输距离比较远，所以在骨干网段上，这类交换机通常采用光纤或者同轴电缆作为传输介质，交换机当然也就需提供 SC 光纤口和 BNC 或者 AUI 同轴电缆接口。

● 部门级交换机

部门级交换机是面向部门级网络使用的交换机。这类交换机可以是固定配置，也可以是模块配置，一般除了常用的 RJ－45 双绞线接口外，还带有光纤接口。部门级交换机一般具有较为突出的智能特点，支持基于端口的 VLAN，可实现端口管理，可任意采用全双工或半双工传输模式，可对流量进行控制，有网络管理的功能，可通过 PC 机的串口或经过网络对交换机进行配置、监控和测试。

● 工作组交换机

工作组交换机是传统集线器的理想替代产品，一般为固定配置，配有一定数目的10Base-T 或 100Base-TX 以太网口。工作组交换机一般没有网络管理的功能，如果作为骨干交换机，则一般认为支持 100 个信息点以内的交换机为工作组级交换机。

● 桌面型交换机

桌面型交换机，这是最常见的一种最低档交换机，它区别于其他交换机的一个特点是支持的每端口 MAC 地址很少，通常端口数也较少，只具备最基本的交换机特性，当然价格也是最便宜的。但是相比集线器来说它还是具有交换机的通用优越性，况且有许多应用环境也只需这些基本的性能，所以它的应用在早期还是相当广泛的。

目前，交换机在传送源和目的端口的数据包时通常采用直通式、存储转发式和碎片隔离式三种数据包交换方式。目前的存储转发式是交换机的主流交换方式。

● 直通式(cut-through)

采用直通式的以太网交换机可以理解为在各端口间是纵横交叉线路的矩阵电话交换机。它在输入端口检测到一个数据包时，检查该包的包头，获取包的目的地址，启动内部的动态查找表，将目的地址转换成相应的输出端口，在输入与输出交叉处接通，把数据包直通到相应的端口，实现交换功能。由于它只检查数据包的包头，不需要存储，所以切入方式具有延迟小、交换速度快的优点，但不适用于不同速率的两个端口的数据传输。

● 存储转发式(store and forward)

存储转发是交换机的基本转发方式，也是计算机网络领域用得最为广泛的技术之一，以太网交换机的控制器先将输入端口到来的数据包缓存起来，先检查数据包是否正确，并过滤掉冲突包错误。确定包正确后，取出目的地址，通过查找表找到想要发送的输出端口地址，然后将该包发送出去。正因如此，存储转发方式在数据处理时延大，这是它的不足，但是它可以对进入交换机的数据包进行错误检测，并且能支持不同速度的输入/输出端口间的交换，可有效地改善网络性能。它的另一优点就是这种交换方式支持不同速度端口间的转换，保持高速端口和低速端口间协同工作。实现的办法是将 10Mb/s 低速包存储起来，再通过 100Mb/s 速率转发到端口上。

● 碎片隔离式(fragment free)

这是介于直通式和存储转发式之间的一种解决方案。它在转发前先检查数据包的长度是否够 64 个字节，如果小于 64 字节，说明是假包(或称残帧)，则丢弃该包；如果大于或等于 64 字节，则发送该包。该方式的数据处理速度比存储转发方式快，但比直通式慢，所以说它克服了直通方式和存储转发方式各自的缺点，发挥了它们各自的优点，因此被广泛应用于低档交换机中。

2.1.4　路由器

尽管交换机具有许多优点，它在局域网中充当重要角色，但是随着网络的扩大特别是多个网络联成大规模广域网络时，交换机在路由选择、拥塞控制、容错及网络管理等方面还不能满足要求，而路由器(router)则加强了这几方面的功能，从而得到了广泛的应用。

1. 路由器的基本概念

它是一种连接多个网络或网段的网络设备，它能对不同网络或网段之间的数据信息进行"翻译"，以使它们能够相互"读懂"对方的数据，从而构成一个更大的网络，如图 2-5 所示。

图 2-5　路由器实物图

2. 路由器的特点及其工作原理

路由器工作在网络层，它能在网络层实现两个完全不同网络的互联，也能将两个相同的广域网络进行互联，用路由器连接的网络可以使用与数据链路层和物理层完全不同的协议。

(1) 路由器的特点

与网桥相比，它不仅转发数据的方式不同，而且互联的网络本质也不同。其特点主要体现在以下几点：

- 适合于大规模的、复杂的以及异构的网络；
- 能更好地处理多媒体数据；
- 具有高的安全性；
- 可隔离不需要的通信量，节省频带；
- 不支持非路由协议；
- 配置及管理技术复杂，价格高；
- 增加了数据传输的时间延迟。

(2) 路由器的工作原理

路由器的工作过程依赖于设备的逻辑地址，路由器对到达的数据包进行过滤和转发。其主要工作就是为经过路由器的每个数据寻找一条最佳传输路径，并将该数据有效地传送到目的站点。由此可见，选择最佳路径的策略即路由算法是路由器的关键所在。为了完成这项工作，在路由器中保存着各种传输路径的相关数据——路由表(routing table)，供路由选择时使用。路由表中保存着子网的标志信息、网上路由器的个数和下一个路由器的名字等内容。路由表可以由系统管理员固定设置好，也可以由系统动态修改。

3. 路由器的主要功能

简单地讲，路由器的主要功能体现在以下几点：

(1) 网络互联

路由器支持各种局域网和广域网接口，主要用于互联局域网和广域网，实现不同网络互相通信。

(2) 数据处理

提供包括分组过滤、分组转发、优先级、复用、加密、压缩和防火墙等功能。

(3) 流量控制

路由器具有存储缓冲区，能够控制收发数据流量，使两者匹配。

(4) 网络管理

一般说来，异种网络互联或多个子网互联都应采用路由器来完成。网间信息都要流经它，因此，可以通过路由器对网络中的流量、设备等进行监视和管理。

(5) 实现路由选择

当数据分组到达路由器时，路由器能根据接收分组的目的地址按某种路由选择算法进行最佳路由的选择，根据选择的路由将分组转发出去，并能依据网络拓扑结构的变化，自适应地调整路由表。

(6) 协议转换

能对互联网络的网络层及其以下各层协议进行转换。

(7) 隔离子网，抑制广播风暴

任何子网中的广播包都将截止于路由器，因为路由器并不转发广播信息包。

在上述功能中，路由选择和协议转换是它最基本的功能。一般来说，异构网络互联或多个不同类型子网互联时都应采用路由器。

4. 路由器的技术与基本协议

(1) 路由器的主要技术

VPN(virtual private network，虚拟专用网)解决方案是路由器具有的重要功能之一。它是一门网络新技术，为用户提供了一种通过公用网络安全地对企业内部专用网络进行远程访问的连接方式。它由客户机、隧道和服务器组成，这里的隧道是建立在公共网络或专用网络基础之上的，如 Internet 或 Intranet。VPN 解决方案大致如下：

① 访问控制

一般分为 PAP(口令认证协议)和 CHAP(高级口令认证协议)两种协议。PAP 要求登录者向目标路由器提供用户名和口令，只有登录者提供的用户名和口令与目标路由器访问列表(access list)中的信息相符才允许其登录。它虽然提供了一定的安全保障，但用户登录信息在网上无加密传递，易被人窃取。这时 CHAP 便应运而生，它把一随机初始值与用户原始登录信息(用户名和口令)经 Hash 算法翻译后形成新的登录信息。这样在网上传递的用户登录信息对黑客来说是不透明的，且由于随机初始值每次不同，用户每次的最终登录信息也会不同，即使某一次用户的登录信息被窃取，黑客也不能重复使用。需要注意的是，由于各厂商采用各自不同的 Hash 算法，所以 CHAP 无互操作性可言。要建立 VPN，需要 VPN 两端放置相同品牌的路由器。

② 数据加密

数据加密技术是为提高信息系统及数据的安全性和保密性，防止数据被外界破译而采用的主要技术手段之一，也是网络安全的重要技术。

③ NAT

NAT(network address translation，网络地址转换)，如同用户登录信息一样，IP 地址和 MAC 地址在网上无加密传递也很不安全。NAT 可把合法 IP 地址和 MAC 地址翻译成非法 IP 地址和 MAC 地址后再在网上传递，到达目标路由器后反翻译成合法 IP 与 MAC 地址，这一过程有点像 CHAP，翻译算法各厂商有不同标准，不能实现互操作。

④ QoS

QoS(quality of service，服务质量)，本来是 ATM(asynchronous transmit mode)中的专用术语，在 IP 上原来是不谈 QoS 的，但利用 IP 传 VOD 等多媒体信息的应用越来越多，发现它时间延迟长且不为定值，丢包造成信号不连续且失真大。为解决这些问题，厂商提供了若干解决方案，以提高传输质量。

(2) 路由器的基本协议

路由协议作为 TCP/IP 协议族中的重要成员之一，其路径选择过程实现的好坏会影响整个 Internet 网络的效率。按是否在一个自治系统的应用范围，路由协议可分为两类：内部网关协议(IGP)和外部网关协议(EGP)。这里的自治系统是指一个互联网络，就是把整个 Internet 划分为许多较小的网络单位，这些小的网络有权自主地决定在本系统中应采用何种路由选择协议。常使用的内部网关路由协议有 RIP、IGRP、EIGRP、IS-IS 和 OSPF。其中前 3 种路由协议采用的是距离向量算法，后两种采用的是链路状态算法。外部网关协议主要用于多个自治系统之间的路由选择，常用的有 BGP 和 BGP-4。下面分别对 RIP、OSPF、BGP 三个协议进行简要介绍。

① RIP 协议

RIP 是路由信息协议(routing information protocol)的缩写，RIP 最初是为 Xerox parc 通用协议设计的，是 Internet 中早期常用的路由协议，它采用距离向量算法。

RIP-1 较早被提出，其中有许多缺陷。为了改善 RIP-1 的不足，在 RFC1388 中提出了改进的 RIP-2，并在 RFC 1723 和 RFC 2453 中进行了修订。RIP-2 定义了一套有效的改进方案，新的 RIP-2 支持子网路由选择、CIDR、组播和提供验证机制。对于小型网络，RIP 就所占带宽而言开销小，易于配置、管理和实现。但 RIP 也有明显的不足，即当有多个网络时会出现环路问题，并且它允许的最大站点数为 15，任何超过 15 个站点的目的地均被标记为不可达，这使得 RIP 协议不适于大型网络。

② OSPF 协议

为了解决 RIP 协议的缺陷，产生了 OSPF 协议，OSPF 全称为"开放式最短路径优先协议"(open shortest path first)的缩写。其中的"开放"是针对当时某些厂家的"私有"路由协议而言，而正是因为协议的开放性，才使得 OSPF 具有强大的生命力和广泛的用途。它采用链路状态协议算法得到网络信息，维护一个相同的链路状态数据库，保存整个 AS 的拓扑结构，利用最小生成树算法得到路由表。OSPF 是一种相对复杂的路由协议。

相对于其他协议，OSPF 有许多优点。OSPF 支持各种不同鉴别机制，并且允许各个系统或区域采用互不相同的鉴别机制；提供负载均衡功能，如果计算出到某个目的站有若干条费用相同的路由，OSPF 路由器会把通信流量均匀地分配给这几条路由，沿这几条路由把该分组发送出去；在一个自治系统内可划分出若干个区域，每个区域根据自己的拓扑结构计算最短路径，这减少了 OSPF 路由实现的工作量；OSPF 属动态的自适应协议，对于网络的拓扑结构变化可以迅速地做出反应，进行相应调整，提供短的收敛期，使路由表尽快稳定化；OSPF 在对网络拓扑变化的处理过程中仅需要最少的通信流量；OSPF 提供点到多点接口，支持 CIDR 地址。当然，OSPF 也有不足，那就是协议本身庞大复杂，实现起来较 RIP 困难。

③ BGP 协议

外部网关协议最初采用的是 EGP。EGP 是为一个简单的树状拓扑结构设计的，随着越来越多的用户和网络加入 Internet，EGP 显示了很多的局限性。为了摆脱 EGP 的局限性，IETF 边界网关协议工作组制定了标准的边界网关协议——BGP。

BGP 用来在 AS 之间实现网络可达信息的交换，整个交换过程要求建立在可靠的传输连接基础上。这样做有许多优点，BGP 可以将所有的差错控制功能交给传输协议来处理，而其本身就变得简单多了。与 EGP 相比，BGP 有许多不同之处，其最重要的革新就是采用路径向量的概念和对 CIDR 技术的支持。它把多个 ISP 有机地连接起来，真正成为全球范围内的网络。另外，BGP 一旦与其他 BGP 路由器建立对等关系，其仅在最初的初始化过程中交换整个路由表，此后只有当自身路由表发生改变时，BGP 才会将产生的更新报文发送给其他路由器，且该报文中仅包含那些发生改变的路由，这样不但减少了路由器的计算量，而且节省了 BGP 所占带宽。当然，它也有不足之处，即互联网的路由爆炸。配置 BGP 需要对用户需求、网络现状和 BGP 协议非常了解，因为 BGP 运行在相对核心的地位，一旦出错，其造成的损失可能会很大。

总的来说，OSPF、RIP 都是自治系统内部的路由协议，适合于单一的 ISP 使用。一般来说，整个互联网并不适合应用单一的路由协议，因为各 ISP 有自己的利益，不愿意提供自身网络详细的路由信息。为了保证各 ISP 的利益，标准化组织制定了 ISP 间的路由协议 BGP。

5. 路由器的类型

路由器产品，按照不同的划分标准有多种类型。常见的分类方式有以下几种：

(1) 从功能上划分，可将路由器分为骨干级路由器、企业级路由器和接入级路由器。

- 骨干级路由器

它是实现企业级网络互联的关键设备，它的数据吞吐量较大。对骨干级路由器的基本性能要求是高速度和高可靠性。为了获得高可靠性，网络系统普遍采用诸如热备份、双电源、双数据通路等传统冗余技术，从而使得骨干路由器的可靠性一般不成问题。

- 企业级路由器

企业级路由器连接许多终端系统，连接对象较多，但系统相对简单，且数据流量较小，对这类路由器的要求是以尽量便宜的方法实现尽可能多的端点互连，同时还要求能够支持不同的服务质量。企业级路由器的成败关键在于是否提供大量端口且每端口的造价很低，是否容易配置，是否支持 QoS。另外还要求企业级路由器有效地支持广播、组播、多种协议以及支持防火墙、大量的网络管理、安全策略以及 VLAN 等。

- 接入级路由器

接入级路由器主要应用于连接家庭或 ISP 内的小型企业客户群体。

(2) 从结构上分为模块化路由器和非模块化路由器。

- 模块化路由器

可以灵活配置，以适应企业不断增加的业务需求。

- 非模块化路由器

只能提供固定的端口。通常中高端路由器为模块化结构，低端路由器为非模块化结构。

(3) 从性能上可分为线速路由器以及非线速路由器。

- 线速路由器

所谓线速路由器就是完全可以按传输介质带宽进行通畅传输，基本上没有间断和延时。通常线速路由器是高端路由器，具有非常高的端口带宽和数据转发能力，能以较快的速度转发数据包。

- 非线速路由器

中低端路由器通常是非线速路由器。

(4) 从吞吐量上划分，可分为高、中、低档路由器。

通常将路由器吞吐量大于 40Gb/s 的路由器称为高档路由器，吞吐量为 25Gb/s～40Gb/s 的路由器称为中档路由器，而将低于 25Gb/s 的看作低档路由器。当然这只是一种宏观上的划分标准，各厂家的划分标准并不完全一致，实际上路由器档次的划分不只是以吞吐量为依据的，是有一个综合指标的。

2.1.5　网关

网关(gateway)是企业网络与外网的主要连接通道，网关防护的成功与否，直接影响着整个网络的安全，网关起着"一夫当关，万夫莫开"的作用。

1. 网关的含义

网关可以概述为能够连接不同网络的软件和硬件的结合产品，也就是说在一个计算机网络中，当连接不同类型而协议差别又较大的网络时，则要选用网关设备。网关可以设在服务器、微型计算机或大型计算机上，工作在 OSI 七层协议的传输层或更高层，主要用于连接不同体系结构的网络或 LAN 与 Internet 的连接，图 2-6 所示是网关实体图。

图 2-6　网关

2. 网关的功能及其特点

网关的功能体现在 OSI 模型的高层，它对协议进行转换，将数据重新分组，以便在两个不同类型的网络系统之间进行通信。由于协议转换是一件复杂的事，一般来说，网关只进行一对一转换，或少数几种特定应用协议的转换，网关很难实现通用的协议转换。用于网关转换的应用协议有电子邮件、文件传输和远程工作站登录等。

网关的特性体现在执行互联网络间协议的转换；执行报文存储转发功能及流量控制；提供虚电路接口及相应服务；支持应用层互通及互联网络间的网络管理功能。

3. 网关的分类

网关按功能大致分以下三类：

(1) 协议网关

顾名思义，此类网关的主要功能就是在不同协议的网络之间完成协议转换。如不同的网络连接起来形成一个巨大的 Internet，就是靠它在不同的网络间起消除差异的作用。

(2) 应用网关

主要是针对一些专门的应用而设置的，其主要作用就是将某个服务的一种数据格式转化为该服务的另外一种数据格式，从而实现数据交流。这种网关常作为某个特定服务的服务器，但是又兼具网关的功能。最常见的此类服务器就是邮件服务器。

(3) 安全网关

最常用的安全网关就是包过滤器，实际上就是对数据包的源地址、目的地址、端口号和网络协议进行授权。通过对这些信息的过滤处理，让有许可权的数据包传输通过网关，而对那些没有许可权的数据包进行拦截甚至丢弃。这跟软件防火墙有一定意义上的类似之处，但是与软件防火墙相比较，安全网关数据处理量大，处理速度快，可以很好地对整个本地网络进行保护而不对整个网络造成瓶颈。

除此之外，微软从网关的日常功能出发，也提出了自己的分类方案：数据网关、多媒体网关、集体控制网关。

通常，一个网关并不严格属于某一种分类，一般都是几种功能的集合。比如说常见的视频宽带网的网关就是数据网关跟多媒体网关的集合，还有一般教育网的学校的网关既充当数据网关的角色，同时又是一个安全网关。

正是因为有了网关，人们才得以享受丰富的网络资源，也正是因为有了网关，人们才能营造更安全、更完美的网络环境。

2.2　传输介质及设备连接规则

计算机与计算机、网络与网络连接时，除了使用互联设备外，还需要传输介质。网络传输介质是通信网络中发送方和接收方之间传输信息的载体，也就是连接各网络节点的实体。

2.2.1　网络传输介质

计算机网络中采用的常见传输介质分为有线传输介质和无线传输介质两大类。在这两大类型的传输介质中，通信都是以电磁波形式进行的。有线传输介质电磁波沿着固态的介质传送，如双绞线、同轴电缆和光纤。无线传输介质用于移动用户的通信，可避免传统的布线麻烦。

不同的传输介质，其特性也各不相同。它们不同的特性对网络中数据通信质量和传输速度有较大影响。这些主要特性有：

(1) 物理特性。说明传播介质的特征。

(2) 传输特性。指包括信号形式、调制技术、传输速度及频带宽度等内容。

(3) 连通性。指采用点到点连接还是多点连接。

(4) 地域范围。指网上各点间的最大距离。

(5) 抗干扰性。指防止噪声、电磁干扰对数据传输影响的能力。

(6) 相对价格。指以元件、安装和维护的价格为基础。

2.2.2 双绞线

不管是针对模拟信号还是数字信号，也不论是在广域网还是在局域网中，双绞线 (twisted pair cable)都是目前最常用的传输介质。下面就来详细讨论有关双绞线的知识。

1. 双绞线的组成及其分类

双绞线是目前综合布线工程中最常用的一种传输介质，其结构如图 2-7 所示。双绞线一般是由两根相互绝缘的铜导线按照一定的规格互相缠绕在一起而成的网络传输介质。每根导线在传输中辐射的电波会被另一根线上发出的电波抵消，这就是双绞线的工作原理。虽然双绞线主要用来传输模拟信号，但同样适用于数字信号的传输，特别适用于较短距离的信息传输。

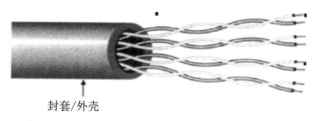

封套/外壳

图 2-7　双绞线剖面图

目前，双绞线可分为无屏蔽双绞线(unshielded twisted pair，UTP，也称非屏蔽双绞线)和屏蔽双绞线(shielded twisted pair，STP)两大类，其结构如图 2-8 所示。屏蔽双绞线具有一个金属甲套，对电磁干扰具有较强的抵抗能力，用在网络流量较大的高速网络中。非屏蔽双绞线用线缆外皮作为屏蔽层，用在网络流量不大的场合中。其中，STP 又分为 3 类和 5 类两种，而 UTP 分为 3 类、4 类、5 类等。为了适应网络速度的不断提高，近来又出现了超 5 类、6 类和 7 类双绞线，其中 6 类和 7 类可满足最新的千兆以太网的高速应用。

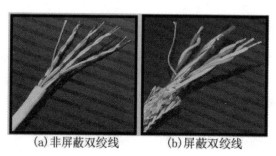

(a)非屏蔽双绞线　　　(b)屏蔽双绞线

图 2-8　双绞线

2. 双绞线的特点

双绞线的螺旋型绞合仅解决了相邻绝缘线对之间的电磁串绕问题，但对外界的电磁干扰还是挺敏感的，同时信号会向外辐射，有被窃听的可能，因此，其抗干扰的能力较差。

双绞线相对于其他的传输介质而言，在传输距离、信道宽度和数据传输速度等方面均受到一定限制，但价格较为低廉、制作简洁、安装方便、具有较强的灵活性。对于普通用户、企事业单位具有很大的市场，这大概就是双绞线目前被广泛应用的原因所在。

另外，随着计算机网络技术的发展，人们正在研究传输速度更高、性能更优越的新型双绞线，未来的双绞线可能会用于传输数据、语音以及视频等各种类型的信息，以满足网络向多媒体、流媒体方向发展的需求。

2.2.3 同轴电缆

同轴电缆(coaxial cable)是早期组建局域网时常用的传输介质，其结构如图 2-9 所示。它的中心是一根铜芯导线，向外依次为绝缘层、铝箔层、铜网屏蔽层，最外面是一层保护性塑料。由于金属屏蔽层能将磁场反射回中心导体，同时也使中心导体免受外界干扰，故同轴电缆比双绞线具有更高的带宽和更好的噪声抑制特性，常用于总线型网络的连接。又由于它的屏蔽性能好，抗干扰能力强，因此通常多用于基带传输。

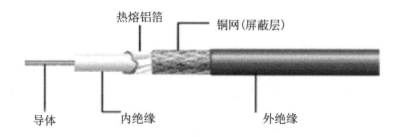

图 2-9　同轴电缆

同轴电缆可分为基带同轴电缆和宽带同轴电缆两种基本类型。早期常用的基带同轴电缆的特征阻抗为 50Ω，可直接传输数字信号，常用于局域网中；而宽带同轴电缆中传输模拟信号，主要用于有线电视(CATV)等系统的连接。根据同轴电缆的直径粗细，50Ω 的基带同轴电缆又可分为细缆(BNC)和粗缆(AUI)两种，其性能比较如表 2-2 所示。粗缆主要适用于大型的局域网连接，它的标准距离长、可靠性高。由于安装时不需要切断电缆，因此可以根据需要灵活调整计算机的入网位置，但它不能直接接到计算机上，必须通过转换器，因此造价高、安装难度大。相反，细缆安装比较方便、造价低、抗干扰的能力强，但其传输速度低、可靠性差，并且安装中要切断电缆，两头须装上基本网络连接头(BNC)，然后接在 T 型连接器两端，所以当接头多时容易产生接触不良的隐患，接触不良是早期运行中的以太网易发生的最常见故障之一。

表 2-2　细缆与粗缆的比较

介质类型	细缆 10Base2	粗缆 10Base5
费用	比双绞线贵	比细缆贵
最大传输距离	185 米或 607 英尺	500 米或 1640 英尺
传输速率	10Mb/s	10Mb/s
弯曲程度	一般	难
安装难度	容易	难
抗干扰能力	很好	很好

为了保持同轴电缆正确的电气特性，电缆屏蔽层必须接地。同时两头要有终端器来削弱信号反射作用。无论是粗缆还是细缆均为总线型拓扑结构，这种拓扑适用于机器密集的环境。但是当一触点发生故障时，故障会影响到整根线缆上的所有机器，故障的诊断和修复都很麻烦，因此，它逐步被非屏蔽双绞线或光缆取代。

2.2.4　光纤

在当今大型网络系统的主干网络应用中，几乎都采用光纤(optic fiber)作为网络传输介质。相比其他的传输介质，低损耗、传输距离远、抗腐蚀性、高带宽和抗干扰性强是光纤的主要优点，光纤是构建安全网络的理想选择。

光纤也就是人们通常所说的光导纤维，如图 2-10 所示。光纤为圆柱状，由 3 根同心部分组成——纤芯、包层和护套，每一路光纤包括两根，一根用于接收数据，一根用于发送数据。光纤是软而细的、利用内部全反射原理来传导光束的传输介质，有单模和多模之分。其特性比较如下：

(1) 单模光纤多用于需要高传输速率和长距离传输的环境，耗散较小，安装成本较高。

(2) 多模光纤多用于对传输速率要求不太高、短距离传输的环境，其耗散较大，安装成本较低。

总之，单模光纤多用于通信行业，多模光纤多用于网络布线系统。

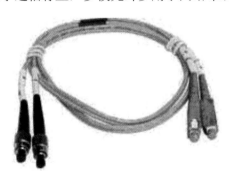

图 2-10　光纤

图 2-11 是常见的光纤接口的图片。

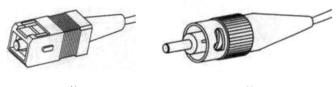

SC 接口　　　　　　　　　　ST 接口

图 2-11　光纤接口

由于光纤的制作工艺复杂，需要专用的设备且价格昂贵，所以目前还没有像其他的传输介质那样普及。但随着千兆和万兆以太网技术的发展及其性价比的提高，光纤很可能将成为传输介质的主流。

2.2.5　无线传输介质

前面介绍的传输介质都属于有线传输介质。但在有些情况下，有线传输是无能为力的，如通信线路要通过海峡、高山等时，采用有线介质传输就很难办到，此时采用无线传输就非常有效。

无线传输介质是靠大气和外层空间提供的电磁信号传播实现的，传输和接收信号通过天线完成，它们不为信号提供导向。常见的无线传输介质有微波、卫星、红外线、激光、无线电等。在计算机网络领域，无线通信介质主要是微波和卫星，如图 2-12 所示。

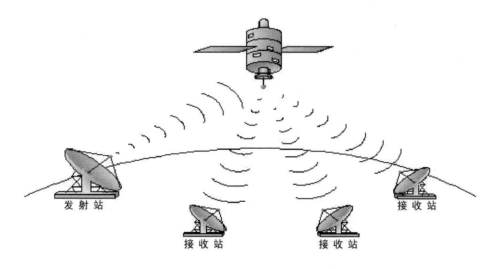

发射站　　　　接收站　　　接收站　　　接收站

图 2-12　无线通信示意图

1. 微波

微波技术开始于 20 世纪 30 年代，在第二次世界大战中得到了飞跃发展。微波通信是指用频率在 100MHz 到 10GHz 的微波信号进行通信，是无线电波中一个有限频带的简称，是分米波、厘米波、毫米波的统称，其实际应用如图 2-13 所示。微波频率比一般的无线电波频率高，通常也被称为"超高频电磁波"。

图 2-13　微波通信

微波传播的类型可分为两种，一种是自由空间传播，也就是在收发两地之间没有任何阻隔，也没有任何其他的影响下传播，不过这种环境在现实生活中基本上不会出现；另一种则是视线传播。当然如果是在完美的状况下，视线传播与自由空间传播并无显著的差别，不过因为视线传播将大气层折射与地面物反射等影响因素列入考量，所以在现实的环境中使用时就会与自由空间传播产生极大的差异。

微波在传输过程中，难免会受到大气层、海面、地面、高大建筑物、山峰的影响，导致信号衰落和失真，甚至中断。研究微波传输的特点，掌握微波传输过程中所受的影响进而减少信号衰落和失真，是微波通信所面临的一个重要课题。

微波的主要特点是具有似光性、穿透性和非电离性。

- 似光性——微波与频率较低的无线电波相比，更能像光线一样传播和集中；
- 穿透性——与红外线相比，微波照射介质时更容易深入物质内部；
- 非电离性——微波的量子能量与物质相互作用时，不改变物质分子的内部结构，只改变其运动状态。

除此之外，微波还具有以下两个特性。

- 只能进行可视范围内的通信；
- 大气对微波信号的吸收与散射影响较大。

微波的应用非常广泛，不只应用于雷达和通信。由于微波具有上述特点，可以将其广泛应用于工农业生产、科研、医学及民用各个方面。如微波可以测量温度、湿度、厚度、速度、长度等各种非电量，特别适宜在生产流水线上连续监测并进行实时自动控制。毫米波微波技术对控制热核反应的等离子体测量提供了有效的方法，微波加热还可以产生微波等离子体。又如微波治疗仪可用于医学，而性能日趋完善的微波炉则是家庭应用的一个实例。

2. 卫星

利用卫星通信是卫星应用技术的重大发展，卫星通信同现在常用的电缆通信、微波通信等相比，有较多的优点，具体表现在以下几个方面：

- 卫星通信的传播距离远、覆盖面广。同步通信卫星可以覆盖最大跨度达一万八千公里的区域。在这个覆盖区的任意两点都可通过卫星进行通信，而微波通信一般是 50 公里左右设一个中继站，一颗同步通信卫星的覆盖距离相当于 300 多个微波中继站。
- 卫星通信路数多、容量大。一颗现代通信卫星，可携带几十个转发器，可提供几十路电视和成千上万路电话。

- 卫星通信质量高。卫星通信的传输环节少，卫星传输受环境因素影响小，从而保证了信号可靠性；传输速率快，能够保证数据传输的带宽和数据率，不存在网络阻塞的隐患，保证了接收点高效、准确接收信息；可以根据不同的要求对接收点进行不同等级的加密处理，实现分层次、分内容的数据接收，信息传输更加安全。

- 卫星通信运用灵活、适应性强。它不仅能实现陆上任意两点间的通信，而且能实现船与船、船与岸、空中与陆地之间的通信，它可以组成一个多方向、多点的立体通信网。

- 成本低。在同样容量、同样距离的条件下，卫星通信和其他通信设备相比，耗费的资金少，卫星通信系统的造价并不随通信距离的增加而提高，随着设计和工艺的成熟，成本还在不断降低。

- 传输延时较大，一般为 500ms 左右。

- 实时和非实时相结合。由于卫星通道随时在线，且传输速率高，所以能实时接收直播信息，又可以将信息自动下载到接收点计算机中随时查阅。

当然，卫星通信也有其不足：卫星信息传输双向不对称，故交互性差，要满足远程教育的实时交互需求，在技术及设备方面存在许多现实困难，必须借助其他辅助传输手段。

图 2-14 所示是一个简单的卫星通信系统示意图。卫星在多种轨道中提供通信，使人们之间可以进行有效的沟通联络。各种普通的卫星通信业务包括电话、电视广播、数据接收与分发、直播电视、灾害预警、气象监测、航空器跟踪和指令、星际链路、邮件传递、互联网接入、数据采集、GPS 定位和定时、移动车辆跟踪等。

在未来的社会生活中，卫星通信网络可能是推动各个领域发生变化的介质。为有助于把通信网络迅速延伸到人迹罕至和偏远的地点，除传统的地面链路、光纤链路外，卫星通信将起着举足轻重的作用。

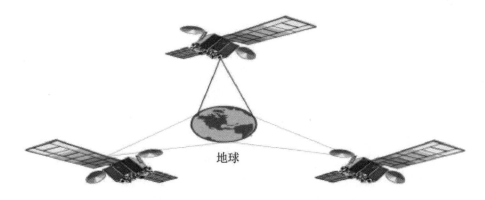

图 2-14　一个简单的卫星通信系统示意图

3. 红外线

红外线通信，通常又叫红外光通信，是利用红外线来传送信息的一种通信方式。红外线是可见光谱中位于红色光之外的光线。尽管肉眼看不到这种光线，但利用红外线发送和接收装置却可以发送和接收红外线信号，实施红外线通信。红外线通信方向性很强，适用于近距离的无线传输。

红外线通信分为以光缆为传输介质的有线光通信和用无线电波来传输的无线光通信。红外线通信所传输的内容是多样的，可以是音频信号，也可以是视频信号；可以是模拟信号，也可以是数字信号。红外线的传输距离虽然不远，但应用于办公室和家庭已绰绰有余。由于无线光通信可免去布线的麻烦，故它具有有线光通信无法比拟的优点。

2.2.6　设备连接规则

设备连接需总体遵循如下规则：

- 使用标准接口：设备应该使用标准化的接口，以便与其他设备兼容。
- 遵循通信协议：设备应遵循通用的通信协议，以便与其他设备互相通信。
- 遵循网络规则：未接入互联网的设备应该按照网络规则连接到网络，以确保网络的安全和稳定。
- 分级连接：将设备按照其重要性分级连接到网络，以防止设备被未经授权的访问或攻击。
- 进行身份验证：设备连接时需要进行身份验证，以确保只有授权的用户或设备可以访问网络。
- 更新设备：设备连接后应及时更新其软件或驱动程序，以确保其安全性和稳定性。
- 进行监控和管理：设备连接后应该定期进行监控和管理，以检测和预防潜在的安全问题。

在实际的网络工程组建中，常用的设备连接规则体现在"5-4-3 规则""直通线、交叉线、全反线规则"和"级联与堆叠规则"等。

1. 5-4-3 规则

网络连接不可超过 5 个网段和 4 台网络延长设备(中继器或集线器)，在 5 个网段中只有 3 个网段可以直接连接计算机设备，另外两个网段用于延长连接距离。在 Ethernet(以太网)中，数据包通过传输介质进行传输，这些介质包括光纤、电缆和空气波导等。特定的介质对于特定的网络拓扑结构来说，具有不同的数据传输限制。因此，在设计网络拓扑时，需要考虑这些限制。正是因为 Ethernet 限制网络中的设备数和网段数，Ethernet 内部的网络数据才能够快速、稳定、可靠地传输。

值得注意的是，虽然 5-4-3 规则(图 2-15)是 Ethernet 的一种约束性规则，但是随着技术的进步，网络设备和网段的数量是没有限制的。比如说，如今数据中心中，网络拓扑不仅包括了交换机、路由器等网络设备，还使用了容器、虚拟机等技术。同时，现代的以太网技术也越来越高效和灵活，可以通过冗余路径等手段来更好地保障数据的可靠传输。总的来说，5-4-3 规则是以太网技术中的一种关键约束性规则，可以帮助网络管理员进行网络架构的设计，并确保数据在传输时的可靠性和稳定性。尽管在现代计算机新技术的发展中，其限制性被无限地打破，但 5-4-3 规则依然是目前企业网络拓扑设计的重要基础。

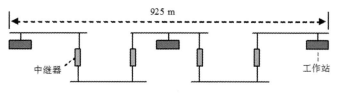

图 2-15　网络连接的 5-4-3 规则

2. 直通线、交叉线、全反线规则

直通线、交叉线和全反线是计算机网络中常见的数据线类型。在网络建设中，使用正确的线缆可以提高数据传输速度、稳定性和可靠性。而为了更好地理解这些线缆的作用，我们需要了解所涉及的规则。

(1) 直通线规则

直通线是一种数据线，用于将不同类型的设备连接在一起。譬如，在连接计算机和交换机时，为了正确地连接这两个设备，需要使用一种称为"直通线"的特殊数据线。由于直通线的第一个引脚和最后一个引脚的排列方式相同，因此两个设备可以互连。在研究直通线规则时，我们需要了解以下内容：

- 直通线应该如何正确地连接两个不同类型的设备。
- 直通线的引脚和排列方式。
- 使用直通线连接设备时需要进行的额外操作。

总之，直通线是一种连接不同类型的设备的数据线，需要遵循特定的规则才能实现互联。

(2) 交叉线规则

交叉线是一种数据线，其引脚的排列方式与直通线不同，用于连接两个相同类型的设备。譬如，通过交叉线将两台计算机连接在一起。与直通线的排列方式不同，交叉线的 1 号引脚与 3 号引脚、2 号引脚与 6 号引脚互相交叉，这样便可以在连接相同类型的设备时实现互联。在分析交叉线规则时，我们需要了解以下内容：

- 如何连接两个相同类型的设备。
- 交叉线的引脚和排列方式。
- 使用交叉线连接设备时需要进行的额外操作。

总之，交叉线是一种用于连接相同类型的设备的数据线，应该遵循特定的规则才能实现互联。

(3) 全反线规则

全反线是一种数据线，可以通过对交叉线进行变换获得。全反线可以像交叉线那样，连接两个相同类型的设备。但是，与交叉线不同的是，全反线中的每个引脚都与其对称的引脚交换了位置，在第一个引脚上的交叉线换到了最后一个引脚上。这使得全反线可以避免在实际使用时出现混乱，因为全反线与交叉线的排列方式是完全相反的，因此也被称为完全反转线。

在探究全反线规则时，我们需要了解以下内容：

● 如何使用全反线连接两个相同类型的设备。

● 全反线的引脚和排列方式。

● 使用全反线连接设备时需要进行的额外操作。

总之，全反线是一种数据线，与交叉线十分相似，但它们的排列方式相差甚远。遵循正确的全反线规则，能够更好地保证网络数据的稳定传输，保证设备间的数据互联互通。

3. 级联与堆叠规则

级联和堆叠是计算机网络中两种不同的连接方式。虽然它们的目的都是实现多台设备之间的联通，但是它们的实现方式、适用范围等都有很大的不同。下面将对级联和堆叠进行详细的介绍和比较。

(1) 级联

级联是指将多个设备连接在一起，共享资源以实现计算机网络的扩展和提高性能。在级联连接中，每个设备都会单独连接到其前面和后面的设备。当一个设备发送数据时，数据会经过连接的所有设备，直到到达目的设备。这样，通过级联连接，可以将多个设备形成一个大型的网络系统。

在进行级联连接时，需要注意以下几点：

● 设备选择：需要选择合适的设备进行级联连接，以确保网络的稳定性。

● 级联拓扑：在进行级联连接时，应该避免形成环路，以确保数据的顺利传输。

● 电缆选择：需要选择正确的电缆进行连接，避免干扰和噪声的影响。

● 网络安全：在进行级联连接时，需要注意网络安全问题，以保障网络的安全性。

(2) 堆叠

堆叠是指将多个同类型的设备沿着数据的回传路线连接起来，从而形成一个逻辑设备。在堆叠设备中，所有的堆叠交换机被视为一个整体，具有统一的管理和控制功能。通过堆叠连接，可以实现对多个交换机进行集中管理和控制，从而在保证网络灵活性的同时，减少了管理复杂度，提高了网络的可靠性和性能。

与级联连接不同，堆叠连接主要用于扩大网络带宽，提高网络性能。在堆叠设备中，使用单个管理界面进行交互，而不是每个设备单独配置。通过这种方式，可以降低管理成本，并加强网络操作安全性。

在进行堆叠操作时，需要注意以下几点：

● 设备选择：需要选择同类型的设备进行堆叠。

● 回传路线：堆叠设备需要使用回传路线进行连接，这种方式可以减少网络不稳定性和故障率。

● 设备数量：在进行堆叠连接时，需要根据同类型设备的性能和数量，合理进行堆叠层数的选择。

● 网络安全：在进行堆叠连接时，需要注意保障网络安全，确保网络不会被未授权访问。

(3) 级联与堆叠的比较

- 目的不同：级联连接的主要目的是增加网络扩展性和性能；而堆叠连接的主要目的是降低管理成本，提高网络的可靠性和性能。
- 设备不同：级联连接中的每个设备都是单独连接前面和后面的设备，而堆叠设备是同类型设备组成的一个逻辑设备。
- 拓扑结构不同：级联连接是一种分散式的拓扑结构，而堆叠连接是一种集中式的拓扑结构。
- 操作方式不同：级联连接需要对每个设备进行单独配置和管理；而堆叠连接只需要对整个堆叠设备进行配置和管理。
- 优缺点不同：级联连接的优点在于可扩展性强；而堆叠连接的优点在于管理成本低、灵活性高、可靠性强。

综合来看，级联和堆叠是两种不同的连接方式，应当根据具体网络需求和设备条件选择合适的连接方式。在选用连接方式时，需要考虑设备种类、性能、环境和管理成本等多个因素。只有选择恰当的连接方式，才能确保网络的稳定性和可靠性。

2.3　小结

本章以网络互联设备和网络传输介质为线索介绍。在网络互联设备中以目前主流的交换机和路由器为重点，分别从基本概念、分类、性能指标、工作原理和主要功能等几方面讲解；在网络传输介质中以双绞线、同轴电缆、光纤、红外线、卫星和微波为重点，分别从物理特性、价格、抗干扰能力和传输距离等几个方面展开讨论。

2.4　思考与练习

1. 下列不属于传输介质的是(　　)。
   A. 双绞线　　　　B. 光纤　　　　　　C. 声波　　　　　　D. 电磁波
2. 当两个不同类型的网络彼此相连时，必须使用的设备是(　　)。
   A. 交换机　　　　B. 路由器　　　　　C. 收发器　　　　　D. 中继器
3. 下列(　　)不是路由器的主要功能。
   A. 网络互连　　　B. 隔离广播风暴　　C. 均衡网络负载　　D. 增大网络流量
4. 利用双绞线联网的网卡采用的接口是(　　)。
   A. ST　　　　　　B. SC　　　　　　　C. BNC　　　　　　D. RJ-45
5. (　　)设备可以看作是一种多端口的网桥设备。
   A. 中继器　　　　B. 交换机　　　　　C. 路由器　　　　　D. 集线器

6. 可管理交换机设备具有几种工作模式，分别是用户模式、特权用户模式、全局用户模式等，提示不同的工作状态。下列模式提示符中，二层交换机不具备(　　)。

  A. ruijie(config-if)#   B. ruijie(config-vlan)#

  C. ruijie(config-router)#   D. ruijie#

7. 下面对使用交换技术的二层交换机的描述中，错误的选项是(　　)。

  A. 通过辨别 MAC 地址进行数据转发

  B. 通过辨别 IP 地址进行转发

  C. 交换机能够通过硬件进行数据的转发

  D. 交换机能够建立 MAC 地址与端口的映射表

8. 交换机通过(　　)知道将帧转发到哪个端口。

  A. MAC 地址表   B. ARP 地址表

  C. 读取源 ARP 地址   D. 读取源 MAC 地址

9. 在路由器中，开启某个接口的命令是(　　)。

  A. open   B. no shutdown   C. shutdown   D. up

10. 下列(　　)属于工作在 OSI 传输层以上的网络设备。

  A. 集线器   B. 中继器   C. 交换机

  D. 路由器   E. 网桥   F. 服务器

第 3 章

交换技术与配置

本章重点介绍以下内容:

- 交换机基础知识;
- 交换机的安装与配置;
- 交换机 VLAN 技术;
- 生成树及快速生成树技术;
- MPLS 技术;
- 交换机安全;
- 交换机配置实验。

3.1 交换机基础知识

交换机是一种网络设备,用于在计算机网络中连接多个设备,例如计算机、服务器、打印机等,并通过交换数据包来实现这些设备之间的通信。交换机的作用是在局域网中提供高速、可靠的数据传输,同时还可以提供一些网络管理和安全功能。

3.1.1 交换机工作原理

交换机是在计算机网络中用于转发数据包的设备,其工作原理可以概括为以下几个步骤:

(1) 数据包的接收和存储:当交换机接收到一个数据包时,它首先要将数据包保存在内部存储器中,同时对数据包进行 CRC(循环冗余检验),以检查数据包的完整性和正确性。

(2) 数据包的查找:接着交换机要查找目标 MAC 地址(也被称为局域网地址、以太网地址或物理地址)在交换机中的位置,以便把数据包转发给正确的目标设备。交换机通过自己的 MAC 地址表来实现这一步骤,当一个数据包到达时,交换机会在 MAC 地址表中查找目的 MAC 地址,如果找到则直接转发,否则就将数据包转发到所有的端口上。

(3) 数据包的转发:当交换机找到目标 MAC 地址所在的端口时,就会将数据包转发给该端口上的设备。这一过程称为“数据包的学习和转发”,当交换机学习到一个端口上的设备 MAC 地址时,就会把这个 MAC 地址添加到自己的 MAC 地址表中,以后就可以直接将数据包转发给该设备。

(4) 数据包的过滤:交换机还可以根据一定的规则对数据包进行过滤,如基于 MAC 地址、IP 地址、端口号等信息对数据包进行过滤，以过滤掉一些无用的数据包，降低网络带宽的负载。

(5) 广播和组播：交换机还可以支持广播和组播功能，这种方式可以让数据包同时发送给局域网上的多台设备，以实现更高效的数据传输。

总之，交换机的工作原理是通过学习目标 MAC 地址，实现数据包的快速转发，而且尽可能避免数据包的重复发送。使用交换机能够提高局域网的传输性能和安全性，在现代计算机网络中得到了广泛应用。

3.1.2 交换机的作用

具体来说，交换机的作用包括以下几点：

(1) 实现局域网内设备之间的通信：交换机可以将数据包从一个端口转发到另一个端口，从而实现设备之间的通信。

(2) 提供高速数据传输：交换机可以通过硬件转发数据包，从而实现高速的数据传输，比如千兆以太网和万兆以太网。

(3) 支持多种网络协议：交换机可以支持多种网络协议，如 TCP/IP、IPX/SPX 等，从而实现不同设备之间的通信。

(4) 提供网络管理功能：交换机可以提供一些网络管理功能，如端口管理、VLAN 管理、QoS 管理等，从而方便网络管理员对网络进行管理和配置。

(5) 提供网络安全功能：交换机可以提供一些网络安全功能，如访问控制、端口安全、攻击防范等，从而保障网络的安全性。

总之，交换机是现代计算机网络中不可或缺的设备，它可以提供高速、可靠的数据传输，同时还可以提供一些网络管理和安全功能，从而保障网络的正常运行和安全。

3.1.3 交换机的分类

根据交换机的功能、工作原理、体积、应用领域等不同特点，可将交换机分为以下几类：

(1) 传统交换机：也称为普通交换机或不带智能交换机，主要实现局部有线网络设备之间的通信，通过 MAC 地址进行网络设备互联。

(2) 智能交换机：也被称为可管理交换机，是基于传统交换机改进而来，可以实现基于 MAC 地址的端口绑定、VLAN 虚拟局域网划分、QoS 流量控制和端口镜像等更多的功能。

(3) 三层交换机：又称为路由交换机，能实现局部有线网络和互联网之间的通信，可以静态/动态路由选择 IP 地址进行数据转发，支持多协议路由等复杂功能。

(4) 光纤交换机：用于光纤环境下的数据可以实现各个设备间的高速数据传输，可实现大型机房、机柜之间的光纤通信互联，以及局域网和广域网之间的光纤通信接口。

(5) 堆叠交换机：可以集合几台交换机成为一个逻辑交换机，可以实现多个交换机的集中管理，提高数据传输的效率和可靠性。

(6) 链路聚合交换机：或称网卡绑定交换机，可使用多个物理口进行绑定，从而实现更高速的数据传输，提高网络传输带宽。

(7) 工业交换机：适用于工业自动化应用环境，可满足工业级别的高可靠性、高稳定性和高抗干扰性要求。

(8) 无线交换机：也叫 WiFi 交换机，可以接收到物理层的无线电信号，并将其转发为数据，从而使多个无线网络设备之间实现无线通信互联。

以上这些是常见的交换机分类，不同类型的交换机在功能和应用场景方面不同。

3.1.4　交换机的组成部分

交换机是一个复杂的网络设备，其主要组成部分包括以下几个方面：

(1) 端口：交换机的端口是连接其他网络设备的接口，每个端口都有一个唯一的标识符，也就是 MAC 地址。

(2) 转发引擎：交换机的转发引擎用于判断数据包的目的 MAC 地址，并根据查找到的目标 MAC 地址来决定将数据包转发到哪个端口。

(3) 交换矩阵：交换矩阵是交换机内部的数据交换核心，它能快速将数据包从输入端口转发到输出端口，以实现快速的数据交换。

(4) 处理器：交换机的处理器负责处理交换机的控制逻辑、管理交换机的配置和状态信息，并向外界提供管理接口。

(5) 内存：交换机需要使用内存存储各种信息，如 MAC 地址表、端口状态和 VLAN 配置等信息。

(6) 电源：对于交换机这样的关键网络设备而言，电源保障是非常关键的，因此大部分交换机都会配备备用电源以保持稳定的运行状态。

总之，交换机的组成部分主要包括端口、转发引擎、交换矩阵、处理器、内存和电源等，它们协同工作，以实现快速、稳定和可靠的数据交换与转发。

3.1.5　交换机的性能指标

交换机是计算机网络中最重要的设备之一，其性能指标是评估交换机性能的重要标准。了解交换机的性能指标，有助于选择适合自己网络环境的交换机。主要的性能指标如下：

(1) 端口数量：端口数量是交换机性能的重要指标。端口数目多的交换机可以满足更多终端设备的接入需求。

(2) 交换容量：交换容量是指交换机的数据交换传输量。它表示在一个时间单位内，交换机能够转发的数据容量。交换容量越大，交换机的性能越好。

(3) 吞吐量：吞吐量是指交换机的数据传输速度。它表示在一个时间单位内，交换机能够处理和转发的数据量。吞吐量越大，交换机的处理速度越快。

(4) 转发时延：转发时延是指交换机完成一次数据包转发的时间。它是衡量交换机传输速度的重要指标之一。转发时延越短，交换机的传输速度越快。

(5) 转发表容量：转发表容量是指交换机能够存储的 MAC 地址数量。如果交换机的转发表容量小，数据包就无法正确转发，从而影响网络的性能。

(6) VLAN 数量：VLAN 数量是指交换机支持的虚拟局域网数量。支持更多的 VLAN 数量可以满足更多的网络管理需求。

(7) 数据包丢失率：数据包丢失率是指交换机在转发过程中，未能成功地将数据包传输到终端设备的比率。数据包丢失率越低，网络传输越稳定可靠。

总之，以上是交换机的主要性能指标。不同的网络环境和应用场景需要不同的性能指标，用户需要根据实际需求选择适合的交换机。

3.2 安装与配置交换机

交换机是计算机网络中的关键设备之一，它能够连接多台终端设备并为它们提供网络通信服务。

3.2.1 交换机的选择与购买

选择和购买交换机时，需要考虑以下几个方面：

(1) 网络规模和拓扑结构：首先需要考虑网络规模，如需要连接多少台设备。同时需要考虑网络拓扑结构，如分布式或集中式等，以便选择合适的交换机型号及端口数量。

(2) 转发速度：对于需要高速传输数据的网络，需要选择具有高转发速度的交换机，以满足网络传输要求。

(3) VLAN 支持：如果需要划分虚拟局域网(VLAN)以隔离不同的部门或用户，需要选择支持 VLAN 功能的交换机。

(4) 端口类型：选择时需要考虑网络设备的接口类型，如 10/100Mb/s 或千兆以太网接口等，以便选择合适的交换机模型。

(5) 可靠性：选择交换机时需要考虑其可靠性和稳定性，以保证网络的稳定运行。可以查看厂商生产质量控制、售后服务及支持等方面的信息以做出合适的选择。

(6) 安全性：选择交换机时需要考虑其安全性，如 MAC 地址过滤、访问控制列表、端口安全等功能。

(7) 价格：选择网络设备时需要考虑其价格，不仅包括硬件成本，还需考虑维护成本、升级成本等。

总之，以上是选择和购买交换机时需要考虑的方面。客户需要根据实际情况，综合考虑交换机的性能、品质、价格和维护等因素，选择最适合自己网络环境的交换机。同时，也可以咨询相关厂商和专业人员，以获得更多的建议和支持。

3.2.2 交换机的安装与布线

交换机的安装与布线需要以下几个步骤：

(1) 挑选好安装地点：交换机应该放在架子上，同时需考虑通风、灰尘、温度等因素。

交换机也需要接地，所以要选择离地面较近的安装点。

(2) 安装好机架与机柜：在安装机架和机柜时，要满足相应的标准和规范。机柜门的开关要尽量戴手套，避免伤到屏幕或漏电。

(3) 布线：需要将所需连接的网线连接到交换机上。在连接网线时，要注意网线不能太长也不能太短，同时不应该弯曲或者绞曲网线。如果需要更长的网线，则应使用光纤等连接方式。

(4) 端口分配：根据需要，可以为不同的设备分配不同的端口。应该确定端口号及其对应的设备名称，以便于管理和监控。

(5) 配置交换机：在完成物理布线后，需要为交换机进行相应的配置，以确保交换机正常工作。可以通过命令行界面或配置工具对其进行配置。

(6) 测试：安装时需测试交换机的功能，确保所有设备可以与交换机通信，并且网络的性能和质量符合要求。

总之，需要认真完成以上交换机的安装和布线的主要步骤，以确保网络设备运行稳定，并能够满足网络需要。在安装和配置时，可以咨询相关的厂商或专业人员，以获得更多的支持和帮助。

3.2.3 交换机的初步配置

交换机的配置过程相对比较复杂，品牌和产品也有差异，我们今天一起学习通用的配置方法。要配置交换机，首先要把交换机和电脑连接好，连接方法是用专门的 CONSOLE 线连接交换机的 CONSOLE 端口和计算机的 COM 口。如果电脑没有 COM 口，用 RS232 转 USB 数据线即可，如图 3-1 所示。

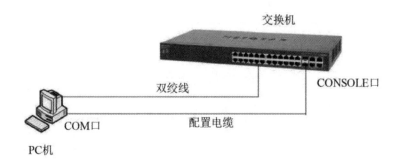

图 3-1 计算机的 COM 口连接交换机的 CONSOLE 端口

硬件连接好后，就要进行软件配置，安装 CONSOLE 数据线的驱动，并使用系统自带的仿真终端软件，设置好波特率、数据位等信息后，通过交换机的出厂默认用户名和密码就可以登录交换机。

交换机的配置方式基本分为两种：本地配置和远程配置。通过交换机的 CONSOLE 口配置交换机属于本地配置，不占用交换机的网络接口，其特点是需要使用配置线缆，近距离配置。第一次配置交换机时必须利用 CONSOLE 端口进行配置。

交换机的命令行操作模式主要包括用户模式、特权模式、全局配置模式、端口模式等几种。

(1) 用户模式：用户模式提示符为ruijie>，这是交换机的第一个操作模式，在该模式下可以简单查看交换机的软、硬件版本信息，并进行简单的测试。该模式下常用的命令有enable、show version 等。

(2) 特权模式：特权模式提示符为 ruijie#，是用户模式进入的下一级模式，该模式下可以对交换机的配置文件进行管理，查看交换机的配置信息，进行网络的测试和调试等。该模式下的常用命令有 conf t、show、write、delete、reload、dir 等。

(3) 全局配置模式：全局模式提示符为 ruijie(config)#，为特权模式的下一级模式，该模式下对配置交换机的主机名、密码、VLAN 等进行配置管理。该模式下命令较多，常用的命令有 hostname、interface、show 等。

(4) 端口模式：端口模式提示符为 ruijie(config-if)#，为全局模式的下一级模式，该模式主要完成交换机端口相关参数的配置。该模式下命令较多，常用的命令有 show、duplex、speed、med 等。

3.3 交换机 VLAN 技术

传统的共享介质的以太网和交换式的以太网中，所有的用户在同一个广播域中，会引起网络性能的下降，浪费可贵的带宽；而且对广播风暴的控制和网络安全只能在第三层路由器上实现。随着网络规模不断扩展，需要找到新的解决方法。虚拟局域网 VLAN 技术在全网广播基础上，通过把用户划分到更小的工作组中，每个工作组就相当于一个隔离局域网，从而限制广播范围，如图 3-2 所示。

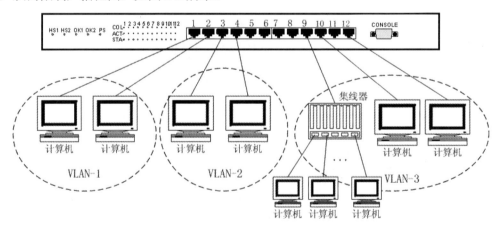

图 3-2 VLAN 示意图

3.3.1 VLAN 概念和基本原理

VLAN(virtual local area network，虚拟局域网)是一种将一个物理局域网分割成多个逻辑局域网的技术。使用 VLAN 技术可以将不同的网络设备划分到不同的虚拟局域网中，这

样可以提高网络的安全性和灵活性。VLAN 的基本原理有:

(1) 划分逻辑域:将一个物理局域网划分为多个逻辑局域网。在虚拟局域网内部,不同设备之间的通信就像在同一个局域网中一样。而不同 VLAN 之间的通信必须通过路由器实现。

(2) 基于端口或标签划分:VLAN 可以基于端口或标签来形成。基于端口划分,即一个物理交换机端口只归属于一个 VLAN;基于标签划分,则一个物理交换机端口可以属于多个 VLAN。

(3) 提高网络安全性:VLAN 可以将相同安全级别的设备放在同一个 VLAN 中,从而提高网络安全性。攻击者需要先进入特定 VLAN 内部,才能进一步攻击其他 VLAN,这样可以减少攻击面。

(4) 管理和维护灵活:对于一个大型企业或机构来说,网络设备众多,管理和维护难度较大。使用 VLAN 技术可以对网络资源进行灵活管理,各个 VLAN 之间的维护和管理相对独立。

总之,VLAN 技术可以提高网络的安全性和灵活性,使得网络管理更加方便和高效。它是构建大型局域网的一种主流技术。

3.3.2　VLAN 实现方式

实现 VLAN 技术有以下几种方式:

(1) 基于端口的 VLAN:这种实现方式是最简单的,通过将交换机中的各个端口划分到不同的 VLAN 中来实现。该方式可以保证同一个 VLAN 内的主机之间可以直接通信,不同 VLAN 之间的通信则需要通过路由器实现。

(2) 基于 MAC 地址的 VLAN:这种方式可以根据主机的 MAC 地址来识别所属的 VLAN,主机的 MAC 地址可以通过交换机与其通信时获取。这种方式需要进行可视化管理,以便更好地维护。

(3) 基于标记的 VLAN(即 802.1Q VLAN):这种方式使用 VLAN 标记在数据包中标识该数据包所属的 VLAN,从而实现不同 VLAN 之间的互通。这种方式常常应用于多厂商的环境,以减少网络设备配置的复杂度。

(4) 动态 VLAN:动态 VLAN 允许根据主机实际的位置来进行 VLAN 划分。当主机从一个端口移到另外一个端口时,动态 VLAN 可以自动将主机所属的 VLAN 设置为对应的端口所属的 VLAN。

需要注意的是,不同的交换机品牌、型号和版本之间对于 VLAN 实现的方式和分组操作的逻辑可能存在差异,因此在实际使用时需要根据各个交换机和网络设备的具体情况来确定最适合的实现方式。

3.3.3　VLAN 的应用场景及优势

VLAN 是现代计算机网络中非常常见的技术,它可以通过将一个物理局域网划分为多个逻辑局域网的方式来提高网络的安全性和管理灵活性。下面介绍 VLAN 的应用场景和优势。

应用场景如下：

(1) 物理局域网拓扑复杂，需要逻辑划分。

(2) 需要划分不同安全级别的网络，防止信息泄露或被攻击。

(3) 需要划分不同部门的网络，使得不同的部门能够进行独立的管理和控制。

(4) 为服务器网络提供单独的 VLAN，避免因服务器网络流量过大影响其他网络的正常使用。

(5) 为 VoIP 提供单独的 VLAN，避免电脑网络下载等任务影响通信的质量。

优势如下：

(1) 提高网络的安全性：在 VLAN 中，不同的网络之间是相互隔离的，不同 VLAN 之间的通信必须通过路由器来实现，这样能够有效防止网络攻击和信息泄露。

(2) 提高管理灵活性：对于不同的部门和不同的功能要求，可以方便地将其划分到不同的 VLAN 中来进行管理和控制。

(3) 提高带宽利用率：将大量数据流量隔离到单独的 VLAN 中，避免其对其他网络的带宽造成影响，提高带宽的利用率。

(4) 提高网络性能：在 VLAN 中，可以对每个 VLAN 进行 QoS 管理，使网络资源得到更好的分配和利用，从而提高网络性能。

(5) 简化网络部署：通过 VLAN，可以将多个物理网段划分为多个逻辑网段，从而简化网络部署和维护的复杂程度。

3.3.4 VLAN 配置和管理

1. VLAN 基本配置步骤

(1) 创建 VLAN：通过命令创建 VLAN，例如在锐捷交换机中使用命令 vlan vlan-id 来创建 VLAN。

(2) 配置端口：将交换机的端口分配到相应的 VLAN 中，可以通过命令 switchport access vlan vlan-id 将端口分配到指定的 VLAN 中。

(3) 配置 VLAN 接口：为每个 VLAN 创建一个虚拟接口，可以通过命令 interface vlan vlan-id 创建 VLAN 接口。

(4) 配置 IP 地址：为每个 VLAN 接口分配 IP 地址，可以通过命令 ip address address mask 为 VLAN 接口配置 IP 地址。

(5) 配置 VLAN 间路由：如果需要实现不同 VLAN 之间的通信，需要配置 VLAN 间路由，可以通过配置交换机的路由器接口或者外部路由器来实现。

(6) 配置 VLAN 间访问控制：可以通过配置访问控制列表(ACL)来限制不同 VLAN 之间的通信，从而提高网络的安全性。

以上是 VLAN 基本配置的步骤，实际配置中还需要根据具体需求进行调整和优化。

2. VLAN 基本配置部分示例

(1) 添加或者修改 VLAN。

Switch(config)# **vlan** *vlan-id*	//创建一个新 VLAN
Switch(config-vlan)# **name** *vlan-name*	//为 VLAN 命名(可选)

(2) 删除 VLAN。

Switch(config)# no **vlan** *vlan-id*

(3) 查看 VLAN。

```
Switch#show vlan
VLAN Name                           Status    Ports
---- ---------------------------- --------- ------------------------------
1    default                      active    Fa0/1 ,Fa0/2 ,Fa0/3 ,Fa0/4 ,Fa0/5 ,Fa0/6
                                            Fa0/7 ,Fa0/8 ,Fa0/9 ,Fa0/10,Fa0/11,Fa0/12
                                            Fa0/13,Fa0/14,Fa0/15 ,Fa0/16,Fa0/17,Fa0/18
                                            Fa0/19,Fa0/20,Fa0/21 ,Fa0/22,Fa0/23,Fa0/24
10   office                       active
20   sale                         active
30   Technology                   active
```

(4) 向 VLAN 内添加端口。

将端口分配给一个 VLAN。

Switch(config)# **interface** *interface-id*	//进入交换机端口
Switch(config-if)# **switchport mode access**	//将端口配置为 access 口
Switch(config-if)# **switchport access vlan** *vlan-id*	//将端口指派到某 VLAN

(5) 配置 VLAN Trunk，如图 3-3 所示。

图 3-3　配置 Trunk

```
Switch1#config
Switch1(config) #interface fastethernet 0/1
Switch(config-if)#switchport mode trunk (将二层接口的属性设置为 trunk)
Switch2#config
Switch2(config) #interface fastethernet 0/1
Switch(config-if)#switchport mode trunk
```

3.4 生成树及快速生成树技术

交换机生成树(STP)是一种网络协议，用于在交换机之间建立冗余路径，以提高网络的可靠性和容错性。在一个网络中，如果有多个交换机连接在一起，就会形成一个交换机网络。为了避免交换机之间的环路，需要使用生成树协议来选择一些路径，使得网络中不存在环路。快速生成树技术是指在生成树协议中使用一些高效的算法来加速生成树的构建过程。常用的快速生成树技术包括 rapid spanning tree protocol(RSTP)和 multiple spanning tree protocol(MSTP)等。RSTP 是一种快速生成树协议，它可以快速检测到网络拓扑的变化，并在最短时间内重新计算生成树，从而提高网络的可靠性和容错性。RSTP 的主要特点是快速收敛、简单易用、可靠性高等。MSTP 是一种多重生成树协议，它可以在一个网络中建立多个生成树，从而提高网络的可靠性和容错性。MSTP 的主要特点是灵活性高、可扩展性强、可管理性好等。总之，交换机生成树及快速生成树技术是网络中非常重要的协议和技术，可以提高网络的可靠性和容错性，保证网络的正常运行。

3.4.1 生成树的概念和工作原理

生成树协议(spanning tree protocol，STP)，是一种工作在 OSI 网络模型中的第二层(数据链路层)的通信协议，基本应用是防止交换机冗余链路产生的环路，用于确保以太网中无环路的逻辑拓扑结构，从而避免广播风暴，大量占用交换机资源的情况发生。

生成树协议是基于 Radia Perlman 在 DEC 工作时发明的一种算法，被纳入了 IEEE 802.1d 中，2001 年 IEEE 组织推出了快速生成树协议(RSTP)，在网络结构发生变化时其比 STP 更快地收敛网络，还引进了端口角色来完善收敛机制，被纳入在 IEEE 802.1w 中。

生成树协议工作原理：任意一交换机中如果到达根网桥有两条或者两条以上的链路，生成树协议就根据算法仅保留一条，把其他切断，从而保证任意两个交换机之间只有一条单一的活动链路。因为这种生成树的拓扑结构，很像是以根交换机为树干的树形结构，故称为生成树协议。

3.4.2 生成树工作过程

STP 的工作过程如下：首先进行根网桥的选举，其依据是网桥优先级(bridge priority)和 MAC 地址组合生成的桥 ID，桥 ID 最小的网桥将成为网络中的根桥(bridge root)，即根交换机。在此基础上，计算每个节点到根桥的距离，并由这些路径得到各冗余链路的代价，选择最小的成为通信路径(相应的端口状态变为 forwarding)，其他的就成为备份路径(相应的端口状态变为 blocking)，如图 3-4 所示。STP 生成过程中的通信任务由 BPDU 完成，这种数据包又分为包含配置信息的配置 BPDU(其大小不超过 35B)和包含拓扑变化信息的通知 BPDU(其长度不超过 4B)。

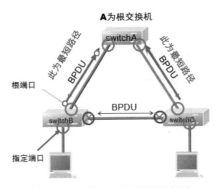

图 3-4　生成树工作过程示意图

3.4.3　生成树的作用

交换机生成树(spanning tree)是一种网络协议，用于在交换机之间建立冗余路径，以提高网络的可靠性和容错性。在一个网络中，如果有多个交换机连接在一起，就会形成一个交换机网络。为了避免交换机之间的环路，需要使用生成树协议来选择一些路径，使得网络中不存在环路。交换机生成树的作用主要体现在以下几个方面：

(1) 防止网络中出现环路，避免广播风暴：生成树算法可以通过选择一些交换机端口来阻止环路的出现，从而避免广播风暴的发生。

(2) 提高网络的可靠性和可用性：生成树算法可以选择最优路径来传输数据，从而提高网络的可靠性和可用性。

(3) 优化网络性能：生成树算法可以选择最短路径来传输数据，从而优化网络的性能。

(4) 简化网络拓扑结构：生成树算法可以将复杂的网络拓扑结构简化为一个树形结构，从而降低网络管理的复杂度和难度。

(5) 支持负载均衡：生成树算法可以选择多个路径来传输数据，从而支持负载均衡，提高网络的吞吐量和效率。

3.4.4　快速生成树协议

交换机快速生成树协议(rapid spanning tree protocol，RSTP)是一种网络协议，用于在交换机之间建立冗余路径，以提高网络的可靠性和容错性。生成树与快速生成树的区别主要有以下几点。

(1) 收敛速度：STP 需要较长的时间才能完成拓扑计算和生成树的更新，而 RSTP 能够更快地响应网络拓扑的变化，从而提高了网络的可用性。

(2) 拓扑计算方式：STP 通过选举根桥、计算每个端口的路径代价等方式来生成树，而 RSTP 则是通过端口状态转换来实现快速生成树。

(3) 兼容性：RSTP 是 STP 的一种改进版本，因此 RSTP 能够与 STP 兼容，但 STP 不能与 RSTP 兼容。

(4) 配置方式：STP 需要手动配置根桥、端口优先级等参数，而 RSTP 则可以自动配置，从而降低了配置的复杂度。

3.4.5　生成树配置

1. 打开、关闭 Spanning Tree 协议

```
switch(config)#Spanning-tree
```

如果您要关闭 Spanning Tree 协议，可用 no spanning-tree 全局配置命令进行设置。

2. 配置 Spanning Tree 的类型

```
switch(config)#Spanning-tree mode STP
switch(config)#Spanning-tree mode RSTP
```

3. 配置交换机优先级

```
switch(config)#spanning-tree priority <0-61440> (0 或 4096 的倍数，共 16 个，缺省 32768)
```

如果要恢复到缺省值，可用 no spanning-tree priority 全局配置命令进行设置。

4. STP 端口优先级

```
switch(config-if)#spanning-tree port-priority <0-240> (0 或 16 的倍数，共 16 个，缺省 128)
```

如果要恢复到缺省值，可用 no spanning-tree port-priority 接口配置命令进行设置。

5. STP、RSTP 信息显示

```
switchA#show spanning-tree                              ！显示交换机生成树的状态
switchA#show spanning-tree interface fastthernet 0/1    ！显示交换机接口
```

6. STP 基本配置示例

STP 基本配置示例，如图 3-5 所示。

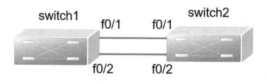

图 3-5　生成树示意图

```
switch1(config)#interface fastethernet 0/1
switch1(config-if)#switchport mode trunk
switch1 (config)# interface fastethernet 0/2
switch1(config-if)# switchport mode trunk
switch1(config)#spanning-tree(开启生成树协议)
switch1(config)#spanning-tree priority 0(设置交换机优先级别，使其成为根交换机)
switch1(config)#spanning-tree mode stp(确定生成树协议的模式为 STP)
switch2#config t
switch2(config)#interface fastethernet 0/1
switch2(config-if)#switchport mode trunk
switch2 (config)# interface fastethernet 0/2
switch2(config-if)# switchport mode trunk Switch2(config)#spanning-tree
switch2(config)#spanning-tree mode stp
```

STP 主备链路切换时间理论为 50 秒。

7. RSTP 基本配置示例

RSTP 基本配置示例，如图 3-6 所示。

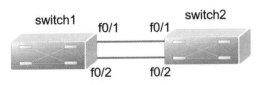

图 3-6　快速生成树示意图

```
switch1(config)#interface fastethernet 0/1
switch1(config-if)#switchport mode trunk
switch1 (config)# interface fastethernet 0/2
switch1(config-if)# switchport mode trunk
switch1(config)#spanning-tree(开启生成树协议)
switch1(config)#spanning-tree priority 0(设置交换机优先级别使其成为根交换机)
switch1(config)#spanning-tree mode rstp(确定生成树协议的模式为 RSTP)
switch2#config t
switch2(config)#interface fastethernet 0/1
switch2(config-if)#switchport mode trunk
switch2 (config)# interface fastethernet 0/2
switch2(config-if)# switchport mode trunk Switch2(config)#spanning-tree
switch2(config)#spanning-tree mode rstp
```

RSTP 主备链路的理论切换时间小于 1 秒。

3.5　MPLS 技术

MPLS(multiprotocol label switching)是一种基于标签的交换技术，它可以在网络中快速传输数据包。MPLS 的主要作用是为数据包分配标签，这个标签可以在网络中的路由器上进行快速交换，从而加快数据传输速度。

3.5.1　MPLS 概述

MPLS 利用标记(label)进行数据转发。当分组进入网络时，要为其分配固定长度的短标记，并将标记与分组封装在一起，在整个转发过程中，交换节点仅根据标记进行转发。MPLS 独立于第二和第三层协议，诸如 ATM 和 IP。它提供了一种方式，将 IP 地址映射为简单的具有固定长度的标签，用于不同的包转发和包交换技术。它是现有路由和交换协议的接口，如 IP、ATM、帧中继、资源预留协议(RSVP)、开放最短路径优先(OSPF)等。在 MPLS 中，数据传输发生在标签交换路径(LSP)上。LSP 是每一个从源端到终端的路径上的节点的标签序列。

MPLS 主要设计来解决网络问题，如网络速度、可扩展性、服务质量(QoS)管理以及流量工程，同时也为下一代 IP 中枢网络解决宽带管理及服务请求等问题。

3.5.2 MPLS 工作原理

MPLS 的工作原理如下：

(1) 标签分配：MPLS 网络中的每个路由器都会为每个传入的数据包分配一个唯一的标签。这个标签通常是一个 20 位的二进制数字，用来标识数据包的来源和目的地。

(2) 标签交换：一旦数据包被标记，MPLS 路由器就会根据标签来决定如何转发数据包。路由器会根据标签来查找路由表，找到下一个路由器的地址，并将数据包发送到该地址。

(3) 标签删除：当数据包到达其目的地时，MPLS 路由器会删除标签，并将数据包发送到最终的目的地。

3.5.3 MPLS 优点

MPLS 的优点表现在以下几个方面。

(1) 可以提高网络的传输速度和可靠性。

(2) 可以提高网络的安全性和可管理性。

(3) 可以支持多种协议，包括 IP、ATM、Frame Relay 和 Ethernet 等。

(4) 可以支持 QoS(quality of service，服务质量)和流量工程，可以根据不同的应用程序和用户需求来优化网络性能。

总之，MPLS 是一种高效、可靠、安全和灵活的数据传输技术，被广泛应用于企业网络、互联网服务提供商和电信运营商等领域。

3.5.4 MPLS 分类

MPLS 的分类主要有以下几种。

(1) 基于标签分发的 MPLS：这种 MPLS 分类是最常见的，它使用标签来标识网络中的数据包，并在路由器之间传递这些标签，从而实现快速转发。

(2) 基于流的 MPLS：这种 MPLS 分类是一种高级的 MPLS，它将数据包分组成流，然后在网络中建立一个虚拟的管道来传输这些流。这种 MPLS 分类可以提供更好的服务质量。

(3) 基于 VPN 的 MPLS：这种 MPLS 分类是一种虚拟专用网络(VPN)，它可以为不同的客户提供独立的 VPN 服务，使它们能够在共享的网络上安全地传输数据。

(4) 基于 TE 的 MPLS：这种 MPLS 分类是一种基于流量工程(TE)的 MPLS，它可以优化网络中的流量，提高网络的效率和可靠性。

3.5.5 MPLS 工作过程

MPLS 工作过程如下。

(1) LDP 和传统路由协议(如 OSPF、ISIS 等)一起，在各个 LSR 中为有业务需求的 FEC (forwarding equivalent class，转发等价类)建立路由表和标签映射表。

(2) 入节点 Ingress 接收分组，完成第三层功能，判定分组所属的 FEC，并给分组加上标签，形成 MPLS 标签分组，转发到中间节点 Transit。

(3) Transit 根据分组上的标签以及标签转发表进行转发，不对标签分组进行任何第三层处理。

(4) 在出节点 Egress 去掉分组中的标签，继续进行后面的转发。

由此可以看出，MPLS 并不是一种业务或者应用，它实际上是一种隧道技术，也是一种将标签交换转发和网络层路由技术集于一身的路由与交换技术平台。这个平台不仅支持多种高层协议与业务，而且在一定程度上可以保证信息传输的安全性。

3.5.6　MPLS 应用领域

MPLS 的主要应用领域如下。

(1) 企业网络：MPLS 可以用于企业内部的数据传输，以提供高效、可靠、安全的数据传输服务。

(2) 互联网服务提供商(ISP)：MPLS 可以用于 ISP 的骨干网络，以提供高速、高效、可靠的数据传输服务。

(3) 虚拟专用网(VPN)：MPLS 可以用于建立 VPN，以提供安全、可靠、高效的远程访问服务。

(4) 语音、视频和数据传输：MPLS 可以用于实现语音、视频和数据的传输，提供高质量、低延迟、低抖动的传输服务。

(5) 云计算和数据中心：MPLS 可以用于连接云计算和数据中心，以提供高速、高效、可靠的数据传输服务。

总之，MPLS 主要应用于需要高速、高效、可靠、安全的数据传输的领域，如企业网络、ISP、VPN、语音、视频和数据传输、云计算和数据中心等。

3.6　交换机安全

随着网络技术的不断发展和应用，交换机已经成为现代网络的核心设备之一。交换机的主要作用是实现网络中各个设备之间的数据交换和传输，因此交换机的安全性显得尤为重要。交换机安全是指保护交换机免受各种安全威胁，确保网络的稳定性和安全性。交换机安全威胁主要包括网络攻击、未经授权的访问、数据泄露等。为了保护交换机的安全，需要采取一系列的安全措施。其中包括：强化交换机的访问控制，限制非授权用户的访问；加强交换机的身份认证，确保只有合法用户才能访问交换机；加密敏感数据，保护数据的机密性和完整性；监控交换机的运行状态，及时发现和处理异常情况；定期更新交换机的软件和固件，修复已知漏洞，提高交换机的安全性。总之，交换机安全是现代网络安全的重要组成部分，需要采取一系列的安全措施，确保交换机的安全性和网络的稳定性。

3.6.1 交换机登录安全

交换机的控制台在默认情况下并没有口令，如果网络中有人非法连接到交换机的控制口(console)，就可以像管理员一样任意窜改交换机的配置，给网络的安全带来隐患。从保护网络安全的角度考虑，所有的交换机控制台都应当根据用户管理权限不同，配置不同的特权访问权限，如图3-7所示。

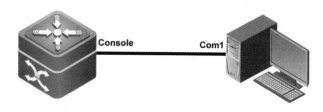

图 3-7　交换机登录设置意图

配置交换机控制台密码的命令如下。

```
router#configure terminal
router(config)#enable password ruijie      !表示输入的是明文形式的口令
router(config)#enable secret ruijie         !表示输入的是密文形式的口令
```

在配置模式下，使用 No enable password 或者 No enable secret 命令，可以清除以上配置的密码。

交换机远程登录设置示意图如图 3-8 所示。

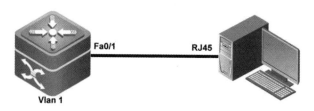

图 3-8　交换机远程登录设置意图

```
switch#configure terminal
switch(config)#interface vlan 1            !配置远程登录交换机的管理地址
switch(config-if)#ip address 192. 168. 1. 1 255.255.255.0
switch(config-f)#no shutdown   !如果管理员计算机在其他 Vlan，则需要给相应的 Man 配置 IP 地址
switch(config)#enable password ruijie       !设置进入特权模式的密码 ruijie
switch(config)line vty0 4                    !设备远程登录线程模式
switch(config-line)#password rujie          !配置进入远程登录的密码 rujie
switch(config-line)#login                    !启用本地认证
```

注：(1) VTY 是远程登录的虚拟端口，0 4 表示可以同时打开 5 个会话。

(2) line vty04 是进入 VTY 端口，对 VTY 端口进行配置。

3.6.2 交换机端口安全

交换机端口安全是指通过控制交换机的端口访问权限，防止未经授权的设备或用户接入网络，保护网络的安全性。常见的交换机端口安全措施包括：

(1) MAC 地址绑定：将指定的 MAC 地址与端口绑定，只有该 MAC 地址的设备才能接入该端口。

(2) 802.1X 认证：通过认证服务器验证设备或用户的身份，只有通过认证的设备或用户才能接入网络。

(3) VLAN 隔离：将不同的设备或用户隔离在不同的 VLAN 中，防止未经授权的设备或用户访问网络。

(4) Storm 控制：限制单个端口的广播或多播流量，防止网络风暴。

(5) 端口安全：限制单个端口允许连接的设备数量，防止通过交换机连接多个设备进行攻击。通过采取这些措施，可以有效地保护网络的安全性，防止未经授权的设备或用户接入网络，减少网络攻击的风险。

配置交换机安全端口的示例如下。

1. 配置端口安全最大连接数

switchport port-security	! 打开该接口的端口安全功能
switchport port-security maximum value	! 设置接口上安全地址的最大个数，范围为 1~128，缺省值为 128
switchport port-security violation {protect | restrict | shutdown }	! 设置处理违例的方式

注：(1)端口安全功能只能在 access 端口上进行配置。

(2)当端口因为违例而被关闭时，在全局配置模式下使用命令errdisable recovery 将接口从错误状态中恢复过来。

2. 端口的安全地址绑定

switchport port-security	! 打开该接口的端口安全功能
switchport port-security [mac-address mac-address] [ip-address ip-address]	! 手工配置接口上的安全地址

注：(1) 端口安全功能只能在 access 端口上进行配置。

(2) 端口的安全地址绑定方式有单 MAC、单 IP、MAC+IP。

3. 配置接口 gigabitethernet1/24 上的端口安全功能

设置最大地址个数为 5，违例方式为 protect。

```
switch#configure terminal
switch(config)#interface fa1/24
switch(config-if)#switchport mode access
switch(config-if)#switchport port-security
switch(config-if)#switchport port-security maximum 5
switch(config-if)#switchport port-security violation protect
switch(config-if)#end
```

4. 配置接口 fastethernet0/24 端口安全功能

端口绑定地址，主机 MAC 为 00c0.f300.072a，IP 为 172.16.1.200。

```
switch#configure terminal
switch(config)#interface fastethernet 0/24
switch(config-if)#switchport mode access
Switch(config-if)#switchport port-security
switch(config-if)#switchport port-security mac-address
              00c0.f300.072a ip-address 172.16.1.200
switch(config-if)#end
```

3.6.3 交换机镜像安全

交换机的镜像是一种网络监控技术，它可以将交换机上的数据流量复制到另一个端口或设备上进行分析和监控。这种技术通常用于网络故障排除、安全监控和流量分析等方面。交换机的镜像可以分为三种类型：

(1) 端口镜像：将一个端口的数据流量复制到另一个端口或设备上进行监控。交换机镜像端口可以实现若干个源端口向一个监控端口镜像数据。

(2) VLAN 镜像：将一个 VLAN 的数据流量复制到另一个 VLAN 或设备上进行监控。

(3) RSPAN 镜像：将远程交换机上的数据流量复制到本地交换机或设备上进行监控。交换机的镜像功能可以通过命令行或 Web 界面进行配置和管理。在配置时需要注意镜像的目的端口或设备的带宽和存储能力，以免影响网络性能和数据安全。

3.7 交换机配置实验

3.7.1 交换机的基本配置

【实验名称】

交换机的基本配置。

【实验目的】

掌握交换机命令行各种操作模式的区别，能够使用各种帮助信息，以及用命令进行基本的配置。

【背景描述】

你是某公司新进的网管，公司要求你熟悉网络产品。公司采用全系列锐捷网络产品，首先要求你登录交换机，了解、掌握交换机的命令行操作技巧，以及如何使用一些基本命令进行配置。

【需求分析】

需要在交换机上熟悉各种不同的配置模式以及如何在配置模式间切换，使用命令进行基本的配置，并熟悉命令行界面的操作技巧。

【实验拓扑】

实验拓扑图如图 3-9 所示。

图 3-9 实验拓扑图

【实验设备】

1 台三层交换机。

【预备知识】

交换机的命令行界面和基本操作。

【实验原理】

交换机的管理方式基本分为两种：带内管理和带外管理。通过交换机的 Console 口管理交换机属于带外管理，不占用交换机的网络接口，其特点是需要使用配置线缆，近距离配置。第一次配置交换机时必须利用 Console 端口进行配置。交换机的命令行操作模式主要包括用户模式、特权模式、全局配置模式、端口模式。

(1) 用户模式：进入交换机后得到的第一个操作模式，该模式下可以简单查看交换机的软、硬件版本信息，进行简单的测试。用户模式提示符为 switch>。

(2) 特权模式：由用户模式进入的下一级模式，该模式下可以对交换机的配置文件进行管理，查看交换机的配置信息，进行网络的测试和调试等。特权模式提示符为 switch#。

(3) 全局配置模式：属于特权模式的下一级模式，该模式下可以配置交换机的全局性参数(如主机名、登录信息等)。在该模式下可以进入下一级的配置模式，对交换机具体的功能进行配置。全局模式提示符为 switch (confiq) #。

(4) 端口模式：属于全局模式的下一级模式，该模式下可以对交换机的端口进行参数配置。端口模式提示符为 switch (confiq-if) #。

交换机的基本操作命令包括：

(1) Exit 命令：退回到上一级操作模式。

(2) End 命令：用户从特权模式以下级别直接返回到特权模式。

交换机命令行支持获取帮助信息、命令的简写、命令的自动补齐、快捷键功能。配置交换机的设备名称和配置交换机的描述信息必须在全局配置模式下执行。

Hotename 配置交换机的设备名称。

当用户登录交换机时，需要告诉用户一些必要的信息，可以通过设置标题来达到这个目的。这里的标题有两种类型：每日通知和登录标题。

Banner motd 配置交换机每日提示信息 motd message of the day。

Banner login 配置交换机登录提示信息，位于每日提示信息之后。

查看交换机的系统和配置信息命令要在特权模式下进行。

(1) show version 查看交换机的版本信息，可以查看到交换机的硬件版本信息和软件版本信息，用于进行交换机操作系统升级时的依据。

(2) show mac-address-table 查看交换机当前的 MAC 地址表信息。

(3) show running-config 查看交换机当前生效的配置信息。

【实验步骤】

步骤 1：交换机各个操作模式的直接切换。

```
switch>enable
！使用 enable 命令从用户模式进入特权模式
switch#configure terminal
Enter configuration commands, one per line. End with CNTL/Z.
！使用 configure terminal 命令从特权模式进入全局配置模式
switch(config)#interface fastEthernet 0/1
！使用 interface 命令进入接口配置模式
switch(config-if)#
switch(config-if)#exit
！使用 exit 命令退回上一级操作模式
switch(config)#interface fastEthernet 0/2
switch(config-if)#end
switch#
！使用 end 命令直接退回特权模式
```

步骤 2：交换机命令行界面的基本功能。

```
Switch> ?
！显示当前模式下所有可执行的命令
disable          Turn off privileged commands
enable           Turn on privileged commands
exit             Exit from the EXEC
help             Description of the interactive help system
ping             Send echo messages
rcommand         Run command on remote switch
show             Show running system information
telnet           Open a telnet connection
traceroute       Trace route to destination
switch >en <tab>
switch >enable
！使用 tab 键补齐命令
```

```
Swtich#con?
configure connect
！使用？显示当前模式下所有以 con 开头的命令
Swtich#conf t
Enter configuration commands, one per line. End with CNTL/Z.
Swtich(config)#
！使用命令的简写
Swtich(config)#interface ?
！显示 interface 命令后可执行的参数
Aggregateport Aggregate port interface
Dialer Dialer interface
FastEthernet Fast IEEE 802.3
GigabitEthernet Gbyte Ethernet interface
Loopback Loopback interface
Multilink Multilink-group interface
Null Null interface
Tunnel Tunnel interface
Virtual-ppp Virtual PPP interface
Virtual-template Virtual Template interface
Vlan Vlan interface
range Interface range command
Switch(config)#interface
Swtich(config)#interface fastEthernet 0/1
Switch(config-if)# ^Z
Switch#
！使用快捷键 Ctrl+Z 可以直接退回到特权模式
Switch#ping 1.1.1.1
sending 5, 100-byte ICMP Echos to 1.1.1.1, timeout is 2000 milliseconds.
. ^C
Switch#
```

注：在交换机特权模式下执行 ping 1.1.1.1 命令，发现不能 ping 通目标地址，交换机默认情况下需要发送 5 个数据包，如不想等到 5 个数据包均不能 ping 通目标地址的反馈出现，可在数据包未发出 5 个之前通过执行快捷键 Ctrl+C 终止当前操作。

步骤 3：配置交换机的名称和每日提示信息。

```
Switch(config)#hostname SW-1
！使用 hostname 命令更改交换机的名称
SW-1(config)#banner motd $
！使用 banner 命令设置交换机的每日提示信息，参数 motd 指定以哪个字符为信息的结束符
Enter TEXT message. End with the character '$'.
Welcome to SW-1, if you are admin, you can config it.
If you are not admin, please EXIT!
$
SW-1(config)#
SW-1(config)#exit
```

SW-1#Nov 25 22:04:01 %SYS-5-CONFIG_I: Configured from console by console
SW-1#exit
SW-1 CON0 is now available
Press RETURN to get started
Welcome to SW-1, if you are admin, you can config it.
If you are not admin, please EXIT!
SW-1>

步骤 4：配置接口状态。

锐捷全系列交换机 Fastethernet 接口默认情况下是 10M/100Mbit/s 自适应端口，双工模式也为自适应(端口速率、双工模式可配置)。默认情况下，所有交换机端口均开启。如果网络中存在一些型号比较旧的主机还在使用 10Mbit/s 半双工的网卡，此时为了能够实现主机之间的正常访问，应当在交换机上进行相应的配置，把连接这些主机的交换机端口速率设为 10Mbit/s，传输模式设为半双工。

SW-1(config)#interface fastEthernet 0/1
！进入端口 F0/1 的配置模式
SW-1(config-if)#**speed** 10
！配置端口速率为 10M
SW-1(config-if)#**duplex** half
！配置端口的双工模式为半双工 SW-1(config-if)#**no shutdown**

注：开启端口，使端口转发数据。交换机端口默认已经开启。

SW-1(config-if)#**description** "This is a Accessport."

注：配置端口的描述信息，可作为提示。

SW-1(config-if)#end
SW-1#Nov 25 22:06:37 %SYS-5-CONFIG_I: Configured from console by console
SW-1#
SW-1#**show interface** fastEthernet 0/1
Index(dec):1 (hex):1
FastEthernet 0/1 is UP , line protocol is UP
Hardware is marvell FastEthernet
Description: "This is a Accessport."
Interface address is: no ip address
MTU 1500 bytes, **BW 10000 Kbit**
Encapsulation protocol is Bridge, loopback not set
Keepalive interval is 10 sec , set
Carrier delay is 2 sec
RXload is 1 ,Txload is 1
Queueing strategy: WFQ
Switchport attributes:
interface's description:""This is a Accessport.""
medium-type is copper
lastchange time:329 Day:22 Hour: 5 Minute: 2 Second
Priority is 0
admin duplex mode is Force Half Duplex, oper duplex is Half

admin speed is 10M, oper speed is 10M

flow control admin status is OFF,flow control oper status is OFF

broadcast Storm Control is OFF,multicast Storm Control is OFF,unicast Storm

Control is OFF

5 minutes input rate 0 bits/sec, 0 packets/sec

5 minutes output rate 0 bits/sec, 0 packets/sec

0 packets input, 0 bytes, 0 no buffer, 0 dropped

Received 0 broadcasts, 0 runts, 0 giants

0 input errors, 0 CRC, 0 frame, 0 overrun, 0 abort

0 packets output, 0 bytes, 0 underruns , 0 dropped

0 output errors, 0 collisions, 0 interface resets

SW-1#

如果需要将交换机端口的配置恢复为默认值，可以使用 default 命令。

SW-1(config)#interface fastEthernet 0/1

SW-1(config-if)#**default bandwidth**

！恢复端口默认的带宽设置

SW-1(config-if)#**default description** ！取消端口的描述信息

SW-1(config-if)#**default duplex**

！恢复端口默认的双工设置

SW-1(config-if)#end

SW-1#Nov 25 22:11:13 %SYS-5-CONFIG_I: Configured from console by console

SW-1#

SW-1#show interface fastEthernet 0/1

Index(dec):1 (hex):1

FastEthernet 0/1 is UP, line protocol is UP

Hardware is marvell FastEthernet

Interface address is: no ip address

MTU 1500 bytes, **BW 100000 Kbit**

Encapsulation protocol is Bridge, loopback not set

Keepalive interval is 10 sec , set

Carrier delay is 2 sec

RXload is 1 ,Txload is 1

Queueing strategy: WFQ

Switchport attributes:

interface's description:""

medium-type is copper

lastchange time:329 Day:22 Hour:11 Minute:13 Second

Priority is 0

admin duplex mode is AUTO, oper duplex is Full

admin speed is AUTO, oper speed is 100M

flow control admin status is OFF,flow control oper status is ON

broadcast Storm Control is OFF,multicast Storm Control is OFF,unicast Storm Control is OFF

5 minutes input rate 0 bits/sec, 0 packets/sec

5 minutes output rate 0 bits/sec, 0 packets/sec

0 packets input, 0 bytes, 0 no buffcr, 0 dropped

Received 0 broadcasts, 0 runts, 0 giants

0 input errors, 0 CRC, 0 frame, 0 overrun, 0 abort

0 packets output, 0 bytes, 0 underruns , 0 dropped

0 output errors, 0 collisions, 0 interface resets

SW-1#

步骤 5：查看交换机的系统和配置信息。

SW-1#show version

！查看交换机的系统信息

System description: Ruijie Dual Stack **Multi-Layer Switch(S3760-24)** By Ruijie Network

！交换机的描述信息(型号等)

System start time: 2008-11-25 21:58:44 **System hardware version : 1.0**

！设备的硬件版本信息

System software version : RGNOS 10.2.00(2), Release(27932)

！操作系统版本信息

System boot version : 10.2.27014

System CTRL version : 10.2.24136

System serial number : 0000000000000

SW-1#

SW-1#show running-config

！查看交换机的配置信息

Building configuration...

Current configuration : 1279 bytes

!

version RGNOS 10.2.00(2), Release(27932)(Thu Dec 13 10:31:41 CST 2007

-ngcf32)

hostname SW-1

!

vlan 1

!

no service password-encryption

!

interface FastEthernet 0/1

!

interface FastEthernet 0/2

!

interface FastEthernet 0/3

!

interface FastEthernet 0/4

!

interface FastEthernet 0/5

!

interface FastEthernet 0/6

!

```
interface FastEthernet 0/7
!
interface FastEthernet 0/8
!
interface FastEthernet 0/9
!
interface FastEthernet 0/10
!
interface FastEthernet 0/11
! interface FastEthernet 0/12
!
interface FastEthernet 0/13
!
interface FastEthernet 0/14
!
interface FastEthernet 0/15
!
interface FastEthernet 0/16
!
interface FastEthernet 0/17
!
interface FastEthernet 0/18
!
interface FastEthernet 0/19
!
interface FastEthernet 0/20
!
interface FastEthernet 0/21
!
interface FastEthernet 0/22
!
interface FastEthernet 0/23
!
interface FastEthernet 0/24
!
interface GigabitEthernet 0/25
!
interface GigabitEthernet 0/26
!
interface GigabitEthernet 0/27
!
interface GigabitEthernet 0/28
!
!
```

```
line con 0
line vty 0 4
login
!
!
banner motd ^C
Welcome to SW-1, if you are admin, you can config it.
If you are not admin, please EXIT!
^C !
end
```

步骤 6：保存配置。

下面的 3 条命令都可以保存配置。

```
SW-1#copy running-config startup-config
SW-1#write memory
SW-1#write
```

【注意事项】

(1) 命令行操作进行自动补齐或命令简写时，要求所简写的字母必须能够惟一区别该命令。如 switch#conf 可以代表 configure，但 switch#co 无法代表 configure，因为 co 开头的命令有两个：copy 和 configure，设备无法区别。

(2) 注意区别每个操作模式下可执行的命令种类。交换机不可以跨模式执行命令。

(3) 配置设备名称的有效字符是 22 个字节。

(4) 配置每日提示信息时，注意终止符不能在描述文本中出现。如果键入结束的终止符后仍然输入字符，则这些字符将被系统丢弃。

(5) 交换机端口在默认情况下是开启的，AdminStatus 是 up 状态，如果该端口没有实际连接其他设备，OperStatus 是 down 状态。

(6) show running-config 查看的是当前生效的配置信息，该信息存储在 RAM(随机存储器)里，当交换机掉电，重新启动时会重新生成新的配置信息。

3.7.2　交换机的端口安全

【实验名称】

交换机的端口安全。

【实验目的】

掌握交换机的端口安全功能，控制用户的安全接入。

【背景描述】

你是一个公司的网络管理员，公司要求对网络进行严格控制。为了防止公司内部用户的 IP 地址冲突，防止公司内部的网络攻击和破坏行为。为每一位员工分配了固定的 IP 地址，并且限制只允许公司员工主机可以使用网络，不得随意连接其他主机。例如：某员工分配的 IP 地址是 172.16.1.55/24，主机 MAC 地址是 00-06-1B-DE-13-B4，该主机连接在 1 台 2126GB 上。

【需求分析】

针对交换机的所有端口，配置最大连接数为 1，针对 PC1 主机的接口进行 IP＋MAC 地址绑定。

【实验拓扑】

实验拓扑图如图 3-10 所示。

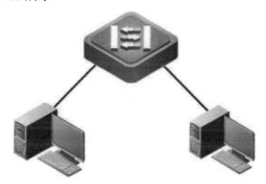

图 3-10　实验拓扑图

【预备知识】

交换机基本配置知识、端口安全知识。

【实验设备】

(1) 交换机 1 台；
(2) PC 1 台；
(3) 直连网线 1 条。

【实验原理】

交换机端口安全功能，是指针对交换机的端口进行安全属性的配置，从而控制用户的安全接入。交换机端口安全主要有两种：一是限制交换机端口的最大连接数，二是针对交换机端口进行 MAC 地址、IP 地址的绑定。限制交换机端口的最大连接数可以控制交换机端口下连的主机数，并防止用户进行恶意的 ARP 欺骗。交换机端口的地址，可以针对 IP 地址、MAC 地址、IP＋MAC 进行灵活绑定。可以实现对用户的严格控制，保证用户的安全接入和防止常见的内网的网络攻击，如 ARP 欺骗、IP、MAC 地址欺骗，IP 地址攻击等。配置了交换机的端口安全功能后，当实际应用超出配置的要求，将产生一个安全违例，产生安全违例的处理方式有 3 种。

(1) protect：安全地址个数满后，安全端口将去弃未知名地址(不是该端口的安全地址中的任何一个)的包。

(2) restrict：当违例产生时，将发送一个 Trap 通知。

(3) shutdown：当违例产生时，将关闭端口并发送一个 Trap 通知。当端口因为违例而被关闭后，在全局配置模式下使用命令 errdisable recovery 将接口从错误状态中恢复过来。

【实验步骤】

步骤 1：配置交换机端口的最大连接数限制。

```
S3750#configure terminal
S3750(config)#interface range fastethernet 0/1-23
S3750(config-if-range)#switchport port-security
S3750(config-if-range)#switchport port-secruity maximum 1
S3750(config-if-range)#switchport port-secruity violation shutdown
```

步骤 2：验证交换机端口的最大连接数限制。

```
S3750#sh port-security
Secure Port MaxSecureAddr(count) CurrentAddr(count) Security Action
----------------------- -------------------- ------------------ ---------------
FastEthernet 0/1 1 0 Shutdown
FastEthernet 0/2 1 0 Shutdown
FastEthernet 0/3 1 0 Shutdown
FastEthernet 0/4 1 0 Shutdown
FastEthernet 0/5 1 0 Shutdown
FastEthernet 0/6 1 0 Shutdown
FastEthernet 0/7 1 0 Shutdown
FastEthernet 0/8 1 0 Shutdown
FastEthernet 0/9 1 0 Shutdown
FastEthernet 0/10 1 0 Shutdown FastEthernet 0/11 1 0 Shutdown
FastEthernet 0/12 1 0 Shutdown
FastEthernet 0/13 1 0 Shutdown
FastEthernet 0/14 1 0 Shutdown
FastEthernet 0/15 1 0 Shutdown
FastEthernet 0/16 1 0 Shutdown
FastEthernet 0/17 1 0 Shutdown
FastEthernet 0/18 1 0 Shutdown
FastEthernet 0/19 1 0 Shutdown
FastEthernet 0/20 1 0 Shutdown
FastEthernet 0/21 1 0 Shutdown
FastEthernet 0/22 1 0 Shutdown
FastEthernet 0/23 1 0 Shutdown
S3750#show port-security interface fastEthernet 0/1
Interface : FastEthernet 0/1
Port Security : Enabled
Port status : up
```

Violation mode : Shutdown
Maximum MAC Addresses : 1
Total MAC Addresses : 0
Configured MAC Addresses : 0
Aging time : 0 mins
SecureStatic address aging : Disabled

步骤 3：配置交换机端口的 MAC 与 IP 地址绑定。

查看主机的 IP 和 MAC 地址信息，在主机上打开 CMD 命令提示符窗口，执行 ipconfig /all 命令配置交换机端口的地址绑定。

S3750#configure terminal
S3750(config)#interface fastethernet 0/3
S3750(config-if)#switchport port-security
S3750(config-if)#switchport port-security mac-address 0006.1bde.13b4 ip-address 172.16.1.55

步骤 4：查看地址安全绑定配置。

S3750#sh port-security address all
Vlan Port Arp-Check Mac Address IP Address Type Remaining Age(mins)
---- ----------------------- ---------- -------------- --------------- ---------- ------------------
1 FastEthernet 0/3 Disabled 0006.1bde.13b4 172.16.1.55 Configured -
S3750#sh port-security address interface fa0/3
Vlan Mac Address IP Address Type Port
Remaining Age(mins)
---- -------------- --------------- ---------- ----------------------- ------------------
1 0006.1bde.13b4 172.16.1.55 Configured FastEthernet 0/3 -

步骤 5：配置交换机端口的 IP 地址绑定。

S3750(config)#int fastEthernet 0/2
S3750(config-if)#switchport port-security ip-address 10.1.1.1
S3750#show port-security address all
Vlan Port Arp-Check Mac Address IP Address Type Remaining Age(mins)
---- ----------------------- ---------- -------------- --------------- ---------- ------------------
1 FastEthernet 0/2 Disabled 10.1.1.1 Configured -
1 FastEthernet 0/3 Disabled 0006.1bde.13b4 172.16.1.55 Configured -

【注意事项】

(1) 交换机端口安全功能只能在 ACCESS 接口进行配置。

(2) 交换机最大连接数限制取值范围是 1~128，默认是 128。

(3) 交换机最大连接数限制默认的处理方式是 protect。

3.7.3　利用三层交换机实现 VLAN 间路由

【实验名称】

利用三层交换机实现 VLAN 间路由。

【实验目的】

掌握如何在三层交换机上配置 SVI 端口，实现 VLAN 间的路由。

【背景描述】

假设某企业有两个主要部门：销售部和技术部，其中销售部门的个人计算机系统分散连接在两台交换机上，它们之间需要相互进行通信，销售部和技术部也需要进行相互通信，现要在交换机上做适当配置，以实现这一目标。

【需求分析】

需要在网络内所有的交换机上配置 VLAN，然后在三层交换机上给相应的 VLAN 设置 IP 地址，以实现 VLAN 间的路由。

【实验拓扑】

实验拓扑图如图 3-11 所示。

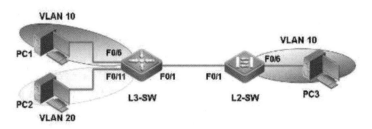

图 3-11　实验拓扑图

【实验设备】

(1) 三层交换机 1 台；
(2) 二层交换机 1 台。

【预备知识】

交换机的基本配置方法，VLAN 的工作原理和配置方法，Trunk 的工作原理和配置方法，三层交换的工作原理和配置方法。

【实验原理】

在交换网络中，通过 VLAN 对一个物理网络进行逻辑划分，不同的 VLAN 之间是无法直接访问的，必须通过三层的路由设备进行连接。一般利用路由器或三层交换机来实现不同 VLAN 之间的互相访问。三层交换机和路由器具备网络层的功能，能够根据数据的 IP 包头信息，进行选路和转发，从而实现不同网段之间的访问。直连路由是指为三层设备的接口配置 IP 地址，并且激活该端口，三层设备会自动产生该接口 IP 所在网段的直连路由信息。三层交换机实现 VLAN 互访的原理是，利用三层交换机的路由功能，通过识别数据包的 IP

地址，查找路由表进行选路转发。三层交换机利用直连路由可以实现不同 VLAN 之间的互相访问。三层交换机给接口配置 IP 地址，采用 SVI(交换虚拟接口)的方式实现 VLAN 间互连。SVI 是指为交换机中的 VLAN 创建虚拟接口，并且配置 IP 地址。

【实验步骤】

步骤 1：配置两台交换机的主机名。

```
Switch#configure terminal
Enter configuration commands, one per line. End with CNTL/Z.
Switch(config)#hostname L2-SW
L2-SW(config)#
S3750#configure terminal
Enter configuration commands, one per line. End with CNTL/Z.
S3750(config)#hostname L3-SW
L3-SW(config)#
```

步骤 2：在三层交换机上划分 VLAN 添加端口，并设置 Trunk。

```
L3-SW(config)#vlan 10
L3-SW(config-vlan)#name xiaoshou
L3-SW(config-vlan)#vlan 20
L3-SW(config-vlan)#name jishu
L3-SW(config-vlan)#exit
L3-SW(config)#
L3-SW(config)#interface range fastEthernet 0/6-10
L3-SW(config-if-range)#switchport mode access
L3-SW(config-if-range)#switchport access vlan 10
L3-SW(config-if-range)#exit
L3-SW(config)#interface range fastEthernet 0/11-15
L3-SW(config-if-range)#switchport mode access
L3-SW(config-if-range)#switchport access vlan 20
L3-SW(config-if-range)#exit
L3-SW(config)#
L3-SW(config)#interface fastEthernet 0/1
L3-SW(config-if)#switchport mode trunk
L3-SW(config-if)#exit
L3-SW(config)#
```

步骤 3：在二层交换机上划分 VLAN 添加端口，并设置 Trunk。

```
L2-SW(config)#vlan 10
L2-SW(config-vlan)#name xiaoshou L2-SW(config-vlan)#vlan 20
L2-SW(config-vlan)#name jishu
L2-SW(config-vlan)#exit
L2-SW(config)#
L2-SW(config)#interface range fastEthernet 0/6-10
L2-SW(config-if-range)#switchport mode access
L2-SW(config-if-range)#switchport access vlan 10
```

```
L2-SW(config-if-range)#exit
L2-SW(config)#
L2-SW(config)#interface fastEthernet 0/1
L2-SW(config-if)#switchport mode trunk
L2-SW(config-if)#exit
L2-SW(config)#
```

步骤 4：查看 VLAN 和 Trunk 的配置。

```
L2-SW#show vlan
VLAN Name Status Ports
---- -------------------------------- --------- -------------------------------
1 default active Fa0/1 ,Fa0/2 ,Fa0/3
Fa0/4 ,Fa0/5 ,Fa0/11
Fa0/12,Fa0/13,Fa0/14
Fa0/15,Fa0/16,Fa0/17
Fa0/18,Fa0/19,Fa0/20
Fa0/21,Fa0/22,Fa0/23
Fa0/24
10 xiaoshou active Fa0/1 ,Fa0/6 ,Fa0/7
Fa0/8 ,Fa0/9 ,Fa0/10
20 jishu active Fa0/1
L2-SW#
L2-SW#show interfaces fastEthernet 0/1 switchport
Interface Switchport Mode Access Native Protected VLAN lists
---------- ---------- --------- ------- -------- --------- --------------------
Fa0/1 Enabled Trunk 1 1 Disabled All
L3-SW#show vlan
VLAN Name Status Ports
---- -------------------------- --------- ----------------------------------
1 VLAN0001 STATIC Fa0/1, Fa0/2, Fa0/3, Fa0/4
Fa0/5, Fa0/16, Fa0/17, Fa0/18
Fa0/19, Fa0/20, Fa0/21, Fa0/22
Fa0/23, Fa0/24, Gi0/25, Gi0/26
Gi0/27, Gi0/28
10 xiaoshou STATIC Fa0/1, Fa0/6, Fa0/7, Fa0/8 Fa0/9, Fa0/10
20 jishu STATIC Fa0/1, Fa0/11, Fa0/12, Fa0/13
Fa0/14, Fa0/15
L3-SW#
L3-SW#show interfaces fastEthernet 0/1 switchport
Interface Switchport Mode Access Native Protected VLAN
lists
------------------------ ---------- --------- ------ ------ --------- ----------
FastEthernet 0/1 enabled TRUNK 1 1 Disabled ALL
```

步骤 5：验证配置。

PC3 和 PC1 都属于 VLAN 10，它们的 IP 地址都在 C 类网络 192.168.10.0/24 内，PC2

属于 VLAN 20，它的 IP 地址在 C 类网络 192.168.20.0/24 内，此时，不同 VLAN 之间的 PC3 和 PC2 是不能 ping 通的。

步骤 6：在三层交换机上配置 SVI 端口。

```
L3-SW#configure terminal
Enter configuration commands, one per line. End with CNTL/Z.
L3-SW(config)#interface vlan 10
！激活 VLAN 10 的 SVI 端口并配置 IP 地址
L3-SW(config-if)#Dec 2 18:59:30 L3-SW %7:%LINE PROTOCOL CHANGE:
Interface VLAN 10, changed state to UP
L3-SW(config-if)#ip address 192.168.10.1 255.255.255.0
L3-SW(config-if)#no shutdown
L3-SW(config-if)#exit
L3-SW(config)#
L3-SW(config)#interface vlan 20
！激活 VLAN 20 的 SVI 端口并配置 IP 地址
L3-SW(config-if)#Dec 2 19:00:05 L3-SW %7:%LINE PROTOCOL CHANGE:
Interface VLAN 20, changed state to UP
L3-SW(config-if)#ip address 192.168.20.1 255.255.255.0 L3-SW(config-if)#no shutdown
L3-SW(config-if)#exit
L3-SW(config)#
```

步骤 7：查看 SVI 端口的配置。

```
L3-SW#show ip route
Codes: C - connected, S - static, R - RIP B - BGP
O - OSPF, IA - OSPF inter area
N1 - OSPF NSSA external type 1, N2 - OSPF NSSA external type 2
E1 - OSPF external type 1, E2 - OSPF external type 2
i - IS-IS, L1 - IS-IS level-1, L2 - IS-IS level-2, ia - IS-IS inter area
* - candidate default
Gateway of last resort is no set
C 192.168.10.0/24 is directly connected, VLAN 10
C 192.168.10.1/32 is local host.
C 192.168.20.0/24 is directly connected, VLAN 20
C 192.168.20.1/32 is local host.
L3-SW#
```

从中可以看到，VLAN 的虚拟端口上配置的 IP 地址，其网段成为了三层交换机的直连路由。

```
L3-SW#show interfaces vlan 10
Index(dec):4106 (hex):100a
VLAN 10 is UP , line protocol is UP
Hardware is VLAN, address is 00d0.f821.a543 (bia 00d0.f821.a543)
Interface address is: 192.168.10.1/24
ARP type: ARPA, ARP Timeout: 3600 seconds
MTU 1500 bytes, BW 1000000 Kbit
```

```
Encapsulation protocol is Ethernet-II, loopback not set
Keepalive interval is 10 sec , set
Carrier delay is 2 sec
RXload is 1 ,Txload is 1
Queueing strategy: WFQ
L3-SW#
L3-SW#show interfaces vlan 20
Index(dec):4116 (hex):1014
VLAN 20 is UP , line protocol is UP
Hardware is VLAN, address is 00d0.f821.a543 (bia 00d0.f821.a543)
Interface address is: 192.168.20.1/24
ARP type: ARPA,ARP Timeout: 3600 seconds
MTU 1500 bytes, BW 1000000 Kbit
Encapsulation protocol is Ethernet-II, loopback not set Keepalive interval is 10 sec , set
Carrier delay is 2 sec
RXload is 1 ,Txload is 1
Queueing strategy: WFQ
L3-SW#
```

步骤 8：验证配置。

给 PC3 添加网关 192.168.10.1，此时再从 PC3 去 ping 不同 VLAN 的主机 PC2，是可以 ping 通的。

【注意事项】

(1) 两台交换机之间相连的端口应该设置为 tag vlan 模式。

(2) 给 SVI 端口设置完 IP 地址后，一定要使用 no shutdown 命令进行激活，否则无法正常使用。

(3) 如果 VLAN 内没有激活的端口，相应 VLAN 的 SVI 端口将无法被激活。

(4) 需要设置 PC 的网关为相应 VLAN 的 SVI 接口地址。

3.7.4 配置 RSTP

【实验名称】

配置 RSTP。

【实验目的】

理解快速生成树协议(RSTP)的配置及原理。

【背景描述】

某学校为了开展计算机教学和网络办公，建立了一个计算机教室和一个校办公区，这两处的计算机网络通过两台交换机互联组成内部校园网，为了提高网络的可靠性，网络管理员用两条链路将交换机互连，现要在交换机上做适当配置，使网络避免环路。

本实验以两台二层交换机为例,两台交换机分别命名为 SwitchA 和 SwitchB。PC1 与 PC2 在同一个网段,假设 IP 地址分别为 192.168.0.137 和 192.168.0.136,网络掩码为 255.255.255.0。

【需求分析】

利用 STP 解决网络环路的问题时,在网络收敛时大概需要花费 30~50 秒的时间,在很多大型网络中,这个时间是难以忍受的,而 RSTP 很好地解决了这个问题,将收敛时间缩短到最快 1 秒以内。

【实验拓扑】

实验拓扑图如图 3-12 所示。

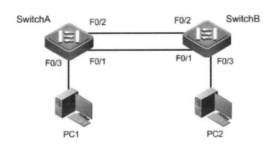

图 3-12　实验拓扑图

【实验设备】

(1) 交换机 2 台;
(2) PC 2 台。

【预备知识】

交换机基本配置、RSTP 技术原理。

【实验原理】

生成树协议(STP)的作用是在交换网络中提供冗余备份链路,解决交换网络中的环路问题。

生成树协议是利用 SPA 算法(生成树算法),在存在交换环路的网络中生成一个没有环路的树状网络。运用该算法将交换网络冗余的备份链路逻辑上断开,当主要链路出现故障时,能够自动切换到备份链路,保证数据的正常转发。生成树协议的特点是收敛时间长。从主要链路出现故障到切换到备份链路需要 50 秒的时间。

快速生成树协议(RSTP)在生成树协议的基础上增加了两种端口角色:替换端口(alternate port)和备份端口(backup port),分别作为根端口(root port)和指定端口(designated port)的冗余端口。当根端口或指定端口出现故障时,冗余端口不需要经过 50 秒的收敛时间,可以直接切换到替换端口或备份端口,从而实现 RSTP 协议小于 1 秒的快速收敛。

【实验步骤】

步骤 1：完成 VLAN 划分及 Trunk 配置。

```
switchA(config)#vlan 10
switchA(config-vlan)#name stu
switchA(config-vlan)#exit
switchA(config)#interface fastethernet0/3
switchA(config-if)#switchport access vlan 10
switchA(config-if)#exit
switchA(config)#interface range fastethernet 0/1-2
switchA(config-if-range)#switchport mode trunk
switchB(config)#vlan 10
switchB(config-vlan)#name stu
switchB(config-vlan)#exit
switchB(config)#interface fastethernet0/3
switchB(config-if)#switchport access vlan 10
switchB(config-if)#exit
switchB(config)#interface range fastethernet 0/1-2
switchB(config-if-range)#switchport mode trunk
```

步骤 2：配置快速生成树协议。

```
switchA#configure terminal
switchA(config)#spanning-tree
switchA(config)#spanning-tree mode rstp
！指定生成树协议的类型为 RSTP
switchB#configure terminal
switchB(config)#spanning-tree
switchB(config)#spanning-tree mode rstp
！指定生成树协议的类型为 RSTP
```

步骤 3：设置交换机的优先级，指定 SwitchA 为根交换机。

```
SwitchA(config)#spanning-tree priority 4096
！设置交换机 SwitchA 的优先级为 4096，使其成为根交换机
```

步骤 4：查看交换机及端口 STP 状态。

```
switchA#show spanning-tree
StpVersion:RSTP
SysStpStatus:Enabled
BaseNumPorts:24
MaxAge:20
HelloTime:2
ForwardDelay:15
BridgeMaxAge:20
BridgeHelloTime:2
BridgeForwardDelay:15
MaxHops:20
```

```
TxHoldCount:3
PathCostMethod:Long
BPDUGuard:Disabled
BPDUFilter:Disabled
BridgeAddr:00d0.f8ef.9e89
Priority:4096
```
！显示交换机的优先级
```
TimeSinceTopologyChange:0d:0h:13m:43s
TopologyChanges:0
DesignatedRoot:200000D0F8EF9E89
RootCost:0
RootPort:0
```

从 show 命令的输出结果可以看出交换机 SwitchA 为根交换机。

```
SwitchB#show spanning-tree
StpVersion:RSTP
```
！生成树协议的版本
```
SysStpStatus:Enabled
```
！生成树协议的运行状态，Enable 为开启状态
```
BaseNumPorts:24
MaxAge:20
HelloTime:2
ForwardDelay:15
BridgeMaxAge:20
BridgeHelloTime:2
BridgeForwardDelay:15
MaxHops:20
TxHoldCount:3
PathCostMethod:Long
BPDUGuard:Disabled
BPDUFilter:Disabled
BridgeAddr:00d0.f8e0.9c81
Priority:32768
```
！显示交换机的优先级
```
TimeSinceTopologyChange:0d:0h:11m:39s
TopologyChanges:0
DesignatedRoot:100000D0F8EF9E89
RootCost:200000
```
！交换机到达根交换机的开销
```
RootPort:Fa0/1
```

从 show 命令输出结果可以看出交换机 SwitchB 为非根交换机，根端口为 F0/1。

查看交换机 SwitchB 的端口 1 和端口 2 的状态。

```
SwitchB#show spanning-tree interface fastEthernet 0/1
PortAdminPortfast:Disabled
PortOperPortfast:Disabled
```

PortAdminLinkType:auto

PortOperLinkType:point-to-point

PortBPDUGuard:Disabled

PortBPDUFilter:Disabled

PortState:forwarding

！ SwitchB 的端口 fastEthernet0/1 处于转发状态

PortPriority:128

PortDesignatedRoot:200000D0F8EF9E89

PortDesignatedCost:0

PortDesignatedBridge:200000D0F8EF9E89

PortDesignatedPort:8001

PortForwardTransitions:3

PortAdminPathCost:0

PortOperPathCost:200000

PortRole:rootPort

！ 显示端口角色为根端口

上述 show 命令输出结果显示交换机 SwitchB 的端口 F0/1 角色为根端口，处于转发状态。

SwitchB#show spanning-tree interface fastEthernet 0/2

！ 显示 SwitchB 的端口 fastthernet 0/2 的状态

PortAdminPortfast : Disabled

PortOperPortfast : Disabled

PortAdminLinkType : auto

PortOperLinkType : point-to-point

PortBPDUGuard: Disabled

PortBPDUFilter:Disabled

PortState:discarding

！ SwitchB 的端口 fastEthernet 0/2 处于阻塞状态

PortPriority:128

PortDesignatedRoot:200000D0F8EF9E89

PortDesignatedCost:200000

PortDesignatedBridge:800000D0F8EF9D09

PortDesignatedPort:8002

PortForwardTransitions:3

PortAdminPathCost:0

PortOperPathCost:200000

PortRole:alternatePort

！ SwitchB 的 F0/2 端口为根端口的替换端口

上述 show 命令输出结果显示交换机 SwitchB 的端口 F0/2 角色为替换端口，状态为阻塞状态。

步骤 5：验证测试。

如果 SwitchA 与 SwitchB 之间的一条链路 down 掉(如拔掉网线)，验证交换机 PC1 与
PC2 仍能互相 ping 通，并观察 ping 的丢包情况。

C:\>ping 192.168.0.136 –t ！ 从主机 PC1 ping PC2(用连续 ping)，然后拔掉 SwitchA 与 SwitchB 的端口
F0/1 之间的连线，观察丢包情况。

【注意事项】

(1) 实验时一定要先启用生成树，后连拓扑。

(2) 锐捷交换机缺省是关闭 spanning-tree 的，如果网络在物理上存在环路，则必须手工开启 spanning-tree。

(3) 锐捷全系列的交换机默认生成树版本为 MSTP 协议，在配置时注意配置生成树协议的版本。

3.8　小结

本章主要介绍了交换机基础知识、交换机安装与配置、交换机 VLAN 技术、生成树及快速生成树技术、MPLS 技术、交换机安全以及交换机配置实验等内容。交换机是网络通信中非常重要的设备，通过对本章的学习，读者可以深入了解交换机的基本工作以及在实际应用中的注意事项，并能利用交换机技术构建不同规模的局域网络。

3.9　思考与练习

1. 交换机的基本工作原理是什么？
2. 交换机的基本配置模式有哪些？
3. 交换机端口安全的作用是什么？
4. MPLS 有哪些优点？
5. 生成树与快速生成树技术的区别是什么？
6. exit 命令和 end 命令的区别是什么？

第 4 章

路由技术与配置

本章重点介绍以下内容：

- 路由技术概述；
- 路由工作原理；
- 静态路由技术；
- 动态路由技术；
- RIP 协议；
- OSPF 协议；
- ACL 技术；
- NAT 技术。

4.1 路由技术概述

4.1.1 路由概念及路由算法

在网络通信中，路由(route)是一个网络层的术语，作为名词时，是指从某一网络设备出发前往某个目的地的路径；作为动词时，是指跨越源主机和目的主机之间的网络来转发数据包。如果源主机与目的主机在同一个 IP 网段内，二层交换技术即可实现数据转发。若源主机与目的主机在不同 IP 网段，则需要寻找拥有路由技术的设备实现数据转发。拥有路由技术的网络设备以路由器(router)为主，另外还有三层交换机、防火墙、网关以及带有软路由功能的服务器等。

路由技术是指网络设备将接收到的 IP 数据包，按照特定网络地址路径表从一个网络传送到另一个网络的行为和动作。路由技术主要有两个功能，其一是决定 IP 数据包从来源端到目的端所经过的网络路径，这需要形成网络地址路径表，即路由表；其二是将网络设备输入端的数据包移送至该设备适当的输出端，即数据包转发。

数据包转发相对来说比较简单，如果目的网络与路由器直接相连，路由器可以直接实现数据交付，这也被称为直接路由；但若目的网络与路由器不是直接相连，则路由器需要查找路由表，选择一条最佳路径，这称为间接路由。

路由表的形成，可以是人为手动配置，称为静态路由；也可以是设备自动学习获得，称为动态路由。路由技术的关键在于选择最佳路径。确定最佳路径的过程很复杂，网络规模大小、网络拓扑结构的复杂度、网络传输介质和网络设备性能都会影响实际链路的传播时延、传输速率等传输"开销"。路由选择算法是路由技术的关键。随着计算机网络的发展，人们提出了很多路由选择算法，若根据路由算法是否基于网络全局信息计算路由，可以将路由算法分为全局式路由算法和分布式路由算法。

全局式路由选择算法，需要根据网络的完整信息(即完整的网络拓扑结构)来计算最佳路径。最具代表性的全局式路由选择算法是链路状态路由选择算法，简称 LS 算法。

分布式路由选择算法，不需要获取整个网络拓扑信息，只需要获知到达相邻链路的"开销"信息，以及邻居节点通告的到达其他节点的最短距离信息，经过迭代计算，获知经由哪个邻居可以具有到达目的的最短距离。最具代表性的分布式路由选择算法是距离向量路由选择算法，简称 DV 算法。

不同的路由算法，演化成了不同的动态路由协议。路由设备之间相互通信，通过路由协议相互学习，以构建一个到达其他设备的路由信息表，并以此为依据实现 IP 数据包的转发。

一般来说，路由器支持静态路由协议和多种动态路由协议，主要通过路由器的管理配置来选用并实现路由技术。

4.1.2 路由器设备概述

路由器是连接两个或多个网络的网络层硬件设备，它会根据收到的 IP 数据包中携带的控制信息，自动选择和匹配数据包的传输路由，并以最佳路径，按前后顺序发送信息。路由器还能对不同类型的网络或网段之间的数据信息进行"翻译"，以使它们能够"读懂"对方的数据，从而实现一个更大范围内的网络之间的通信。

1. 路由器的主要功能

路由器主要有以下几大功能。

(1) 网络互联：路由器可以实现不同类型的网络之间的互相通信，也能实现各种局域网与广域网的互联。

(2) 数据处理：路由器能够对 IP 数据包进行分组、过滤、转发、加密、压缩等操作处理，还能提供一定的网络数据安全防护服务。

(3) 网络管理：路由器能提供包括配置管理、性能管理、容错管理和流量控制等网络管理功能。

2. 路由器的硬件系统

路由器设备由硬件系统和软件系统构成。路由器的硬件系统包括以下几个部分：

(1) 中央处理器(CPU)，CPU 的运算能力直接影响路由器传输数据的速度，其核心任务是运行路由协议，实现路由算法，生成并管理路由表，转发 IP 数据包。

(2) 随机存储器(RAM)，相当于电脑的内存。用于存储路由表、保持 ARP 缓存、完成数据包缓存。当路由器开机后，为配置文件提供暂时的内存；当路由器关机或重启后，内容全部丢失。

(3) 可读写存储器(NVRAM)，也称非易失性存储器，在系统重启后仍能保存信息。它用于存储启动配置文件(startup-config)，容量小，速度快，成本比较高。

(4) 快闪存储器(Flash ROM)，简称闪存，主要存放路由器的操作系统软件，是可擦出/可编程的 ROM，允许对软件进行升级而不需要替换处理器芯片。

(5) 只读存储器(read-only memory，ROM)，只能读出无法写入信息。信息一旦写入后就固定下来，即使切断电源，信息也不会丢失，所以又称为固定存储器。ROM 所存数据通常是装入整机前写入的，整机工作过程中只能读出，不像随机存储器能快速方便地改写存储内容。只读存储器的特点是只能读出而不能写入信息，通常在 ROM 里面固化一个基本输入/输出系统，称为 BIOS(基本输入输出系统)。其主要作用是完成对系统的加电自检、系统中各功能模块的初始化、系统的基本输入/输出的驱动程序及引导操作系统。

(6) 路由器的各种接口的内部电路。

路由器具有强大的网络连接通信功能，可以与各种不同类型的网络进行物理连接。这就决定了路由器的接口形态非常复杂。接口是路由器连接链路的物理接口，越是高档的路由器接口种类越多，所能连接的网络类型也越丰富。常见的路由器接口有局域网接口、广域网接口和配置接口。

路由器的局域网接口常用 RJ45 端口，使用双绞线与本地网络相连,如图 4-1 左图所示。

路由器的配置接口常见有：Console 端口，使用配置线连接计算机的串口，在计算机中使用终端仿真程序进行配置管理；AUX 端口与 Modem 连接实现电话拨号方式远程配置路由器，如图 4-1 中图所示。

路由器的广域网接口，又称 WAN 端口，作为网络出口实现与广域网的连接。常见的广域网接口有：SC 接口(光纤接口)，需要路由器配有光纤模块，如图 4-2 所示；Serial 接口(高速同步串口),同步串口通信速率高,是应用最多的连接方式,如图 4-3 所示；ASYNC(异步串口)，与 Modem 连接通过公用电话网使用远程拨号方式接入外部网络，如图 4-1 右图所示。

图 4-1　路由器的 RJ45 端口(左)、Console 端口与 AUX 端口(中)、ASYNC 端口(右)

图 4-2　路由器的 Serial 接口

图 4-3　SC 光纤接口

3. 路由器的软件系统

与计算机系统类似，路由器也有自己的软件系统，主要包括以下内容。

(1) 自检程序，引导操作系统启动；

(2) 网络互联操作系统 IOS(internet working operating system)，路由器的操作系统功能强大，具有丰富的操作命令。许多网络设备厂商都研发了各自的 IOS，比如思科(Cisco)的 Cisco IOS(internetwork operating system)或 Cisco COS(catalyst operating system)、华为的 VRP(versatile routing platform)、瞻博网络(Juniper)的 JUNOS、华三的 H3C Comware 以及锐捷的 RGOS。

(3) 配置文件，包括启动配置文件和运行配置文件。

4.1.3 路由器的基本配置

与配置交换机设备一样，对路由器的配置也有以下 5 种方式。

(1) 通过 Console 端口对路由器进行配置管理。

(2) 通过 Telnet 对路由器进行远程管理。

(3) 通过 Web 对路由器进行远程管理。

(4) 通过 SNMP 管理工作站对路由器进行远程管理。

(5) 通过 AUX 端口实现远程管理。

以锐捷路由器为例，连接和配置路由器的基本方法如下。

1. Console 端口方式

第一次配置路由器时，必须采用 Console 端口方式，Console 端口也被称为配置端口或控制台端口。此种方式需要使用配置线连接计算机的串口和路由器的 Console 端口，在计算机上使用终端仿真程序进入路由器的操作系统进行配置管理。Console 端口方式不占用网络带宽，因此被称为带外管理。

操作步骤如下：

步骤一：使用配置线，将计算机的串口和路由器的 Console 端口连接。

步骤二：在计算机上运行终端仿真程序(如 Windows 下的超级终端程序)，设置连接模式以及参数，如图 4-4 所示。

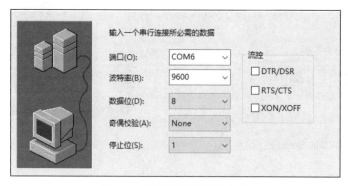

图 4-4　设置超级终端的参数

步骤三：设置串口通信参数，如图 4-4 所示，波特率为 9600、8 位数据位、1 位停止位、无奇偶检验、无数据流控制。设置完成后，单击"确定"或按 Enter 键进入路由器的操作系统命令界面(CLI)，如图 4-5 所示。

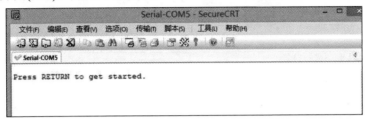

图 4-5　路由器的 CLI 界面(RGOS)

2. Telnet 远程登录方式

Telnet、SNMP、Web 等远程登录方式均需要借助 IP 地址、域名或设备名称及登录密码等才可以实现。因此，首先需要通过 Console 端口方式设置好路由器的 IP 地址与登录密码等相关信息。

远程登录的配置方式需要通过网络传输配置命令，占用设备的网络带宽，因而这种方式也被称为带内管理。

3. AUX 端口方式

AUX 端口也被称为路由器的辅助配置端口或备用配置端口，通过 Modem 之类的拨号设备，以远程登录方式对路由器进行配置。通常是在 RJ-45 端口不能正常使用等的特殊情况下，作为配置路由器的备份方式。

4. 路由器的配置命令

(1) 路由器配置模式

配置路由器的界面与配置交换机的界面类似，表 4-1 列出了路由器命令配置模式。

表 4-1　路由器命令模式

命令模式		提示符	进入方式(举例)
用户模式		Router>	开机自动进入
特权模式		Router#	Router>enable
配置模式	全局模式	Router(config)#	Router#configure terminal
	接口配置模式	Router(config-if)#	Router(config)#interface f0/1
	线路配置模式	Router(config-line)	Router(config)#line console 0
	路由配置模式	Router(config-router)	Router(config)#router rip

(2) 路由器的基本配置命令

路由器的操作系统具有丰富的操作命令,掌握这些操作命令是正确配置路由器的前提。

路由器的基本管理配置命令如下：

1) 路由器配置模式转换

```
Router>enable              !进入特权模式
Router#
Router#configure terminal  !进入全局配置模式
Router(config)#
```

2) 设置路由器设备名称

```
Router(config)#hostname RA   !将设备命名为 RA
RA(config)#
```

3) 设置系统时钟

系统时间很重要，对于故障日志或者 CA 证书实施都依赖于时间戳。日期时间设置在特权模式下即可实现，时区设置需要在全局模式下进行。

```
Router>enable
Router#clock set 10:00:00 12 1 2012        !时间格式：小时:分:秒  月 日 年
Router#configure terminal                  !进入全局配置模式
Router(config)#clock timezone beijing 8    !设置设备的时区为东 8 区(北京时间)
```

4) 环回接口(loopback)配置

与交换机不同，路由器的端口默认是关闭的，需要根据实际需要使用命令去开启。为了方便管理，管理员会为每一台路由器创建一个环回接口，并在该接口上单独指定一个 IP 地址作为管理地址，方便对路由器远程登录管理。loopback 是完全由软件指定的逻辑端口，状态始终 UP，确保路由器始终有一个处于激活状态的端口。

```
Router(config)#interface loopback 0                              !进入 loopback 端口配置，0 为端口编号
Router(config-if-Loopback 0)#ip address 1.1.1.1 255.255.255.255  !配置端口 IP 地址
```

5) 配置路由器密码

```
Router>enable                              !进入特权模式
Router#
Router#configure terminal                  !进入全局配置模式
Router(config)#enable password ruijie      !设置特权密码为 ruijie
Router(config)#service password-encryption !开启密码加密服务，对所有密码加密
Router(config)#line console 0              !进入 console 线路配置
Router(config-line)#password rjrouter       !设置 console 密码为 rjrouter
Router(config-line)#login                   !开启登录验证
Router(config-line)#exit                    !退出 console 线路配置
Router(config)#
```

设置 Console 连接密码后，下次使用 Console 端口登录路由器操作系统时，需要输入正确的密码才能进入。设置特权密码后，从用户模式进入特权模式需要输入该密码。

6) Telnet 远程登录配置

设置 Telnet 远程登录，需要先为路由器配置 IP 地址，可以是环回接口端口的 IP 地址，也可以是其他端口的 IP 地址。另外使用 Telnet 远程登录，必须先配置特权密码。

```
Router(config)#line vty 0 4      !进入 telnet 密码配置模式，0 4 表示开启远程虚拟线路 0 - 4，
                                 允许共 5 个用户同时登录到路由器
```

Router(config-line)#password ruijie	!配置 telnet 密码为 ruijie，可根据需要进行修订
Router(config-line)#login	!对 telnet 登录设备启用密码认证
Router(config-line)#exit	!退出到全局配置模式

7) Serial 端口基本配置

路由器的 Serial 端口(高速同步串口)通常用来做广域网连接，它的配置与一般的 RJ-45 端口的配置略有不同，它连接的两端有 DCE 与 DTE 的区分，DCE 指数据通信设备，DTE 是数据终端设备。对于路由器来说，DCE 和 DTE 的最大区别是 DCE 主动与 DTE 协调时钟频率，DTE 会根据协调的时钟频率工作。一般情况下，路由器之间用串口互联的时候无所谓哪一端为 DCE，哪一端为 DTE，但必须有一端作为 DCE 来设置时钟频率，否则无法通信。

路由器的端口默认处于关闭状态，配置完成后，一定要开启端口让配置生效开始运行。

值得注意的是，Serial 串行接口因为其自身缺陷，在新一代的路由器上逐渐被光纤接口替代。

Router(config)#interface Serial 1/2	!进入 Serial 1/2 端口配置
Router(config-if)#ip address 10.1.1.1 255.255.255.0	!配置端口的 IP 地址
Router(config-if)#clock rate 64000	!配置 DCE 端时钟频率
Router(config-if)#bandwidth 512	!配置端口的带宽速率为 512KB/s
Router(config-if)#no shutdown	!开启端口

8) 保存配置

做好路由器的基本配置后，可以在特权模式下使用 write 命令保存设备配置，路由器重启后，配置依然保留，保证路由器正常运行。

Router #write　　　//保存设备配置	

9) 常用显示命令

Router #show running-config	!显示当前运行的配置
Router #show version	!显示系统版本信息
Router #show interface fastEthernet 0/0	!显示端口信息
Router #show clock	!显示系统时间
Router #show ip route	!显示路由表

4.2　路由工作原理

当一个数据包进入网络时，它首先要经过源设备(例如计算机或路由器)，这个源设备会将数据包发送到网络中的第一个路由器。这个路由器会读取数据包头部中的目标 IP 地址，并根据它在路由表中查找匹配的路由信息，然后选择最佳路径将数据包转发到下一个路由器或目标设备。下一个路由器将重复这个过程，直到数据包到达目标设备。

路由表是路由器用来管理数据包转发的重要组成部分。它记录了路由器所知道的网络拓扑结构和路径信息，以便路由器能够选择最佳的转发路径。路由器选择最佳路径的依据主要有两个因素：距离和成本。距离是指路由器到目标设备之间的物理距离，成本是指通过这条路径传输数据的成本。在选择路径时，路由器会根据这两个因素来判断最佳路径，并由此来构建路由表。

路由表的构成主要包括以下几个方面：

(1) 目标网络地址：这是指数据包要到达的目标网络的地址，它是路由表中的关键信息。在 IPv4 中，这个地址通常是 32 位的 IPv4 地址，而在 IPv6 中，则是 128 位的 IPv6 地址。

(2) 子网掩码：子网掩码指示了目标地址中网络部分和主机部分的界限。它与目标网络地址一起用于确定数据包所属的网络。

(3) 下一跳地址：下一跳地址是指将数据包发送到目标网络所需经过的下一台路由器的地址。当路由器接收到数据包时，会根据目标网络地址和子网掩码来查找路由表，并根据下一跳地址将数据包发送到下一台路由器或目标设备。

(4) 出口接口：出口接口是指路由器将数据包发送到下一台路由器或目标设备时要使用的网络接口。它与下一跳地址一起用于确定数据包的转发路径。

(5) 路由优先级：路由优先级是指路由器在决定将数据包发送到哪个目标网络时使用的度量标准。它可以基于多种因素来计算，如链路质量、带宽、跳数等。路由优先级的值越小，表示优先级越高，路由器就会优先选择这条路径。

(6) 生命周期：生命周期是指路由信息在路由表中的有效期。因为网络拓扑结构是动态变化的，路由器需要定期更新路由表以反映这些变化。路由器通过设定路由信息的生命周期来决定何时将它们从路由表中删除。

(7) 管理距离(administrative distance，AD)：一个预先定义的值，用来表示不同来源的路由信息的可信程度。当路由器收到多个不同来源的路由信息时，会使用管理距离来决定哪个路由信息更可信。通常情况下，管理员手动配置的路由信息的管理距离要比协议自动学习到的路由信息的管理距离低，因为管理员手动配置的路由信息更可靠。如果路由器同时学习到多个来源的路由信息，则会选择管理距离最低的路由信息作为最优路径。

(8) 度量值(metric)：一个用来表示路由路径质量的数值。在路由器选择最佳路径时，会考虑每个路径的度量值。不同的路由选择协议会使用不同的方式计算度量值，比如基于带宽、延迟、跳数等因素。一般来说，度量值越小，表示路径质量越好，路由器就会选择这条路径作为最优路径。

在路由器的配置命令界面，在特权模式下使用 show ip route 命令可以查看路由器的路由表信息，如图 4-6 所示。

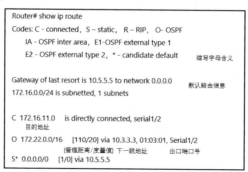

图 4-6　路由器的路由表信息

图中路由表表项含义如下：

(1) 代码(code)指路由器可以获取路由的全部协议名称。

(2) 协议表明路由表中现有路由是通过什么方式学习到。标记"C"表示直连网络，标记"S"表示静态路由，标记"R"表示动态路由协议 RIP，标记"O"表示动态路由协议 OSPF 等。

(3) 目的地址指数据包的目的地址，当前路由器可能会有多条路径到达同一目的地址，但在路由表中只存储到达目的地址的最佳路径。

(4) 下一跳地址指向路由器直连网络，或目标网络下一跳路由器。

(5) 括号内"[110/20]"，是路由的[管理距离/度量值]，其中度量值是路由优先选择权重，度量值越低，路径越短为最优。

(6) 声明中的"Gateway of last resort …"指路由器的默认路由设置信息。

路由器正是依据这些路由表信息来转发数据，如图 4-7 所示，可以比较容易地分析网络数据路由过程。

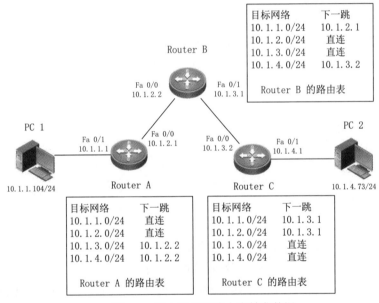

图 4-7　路由器依据路由表转发数据

如果 Router A 收到源地址为 10.1.1.104，目标地址为 10.1.4.73 的数据包，即从 PC 1 发往 PC 2 的数据包，Router A 根据自己路由表查询的结果，前往目的地址最佳路径的下一跳地址为 10.1.2.2，因此将 IP 数据包从 Router A 的 Fa0/0 端口发出，前往下一跳地址 10.1.2.2。

Router B 收到该 IP 数据包后，也查找自己的路由表，发现最佳路径是从 Router B 的 Fa 0/1 端口发出，下一跳地址为 10.1.3.2，于是将 IP 数据包送往 10.1.3.2。

当 Router C 收到该 IP 数据包后，通过路由表发现，目标地址是连接在 Router C 的 Fa 0/1 端口上的直联网络，于是将 IP 数据包从 Fa 0/1 端口送出，结束路由选择过程，数据包最终到达 PC 2。

如果 IP 数据包中的目的地址在路由表中不能匹配到任何一条路由表象，路由器会将该 IP 数据包丢弃，同时向源地址发送一个 ICMP 通知报文——"目标网络不可达"。

路由器在比对 IP 数据包中的目标地址与路由表中表项是否匹配时，只比较 IP 地址中的网络号，并不会计算主机编号部分。到达目标网络后，目标网络中的交换技术会根据主机号找到目标主机。在实际网络中，路由器和交换机的配合使用是非常常见的。交换机可以实现局域网内的数据转发，而路由器则实现跨越不同的子网的数据转发。因此，在进行网络设计时，需要合理规划路由器和交换机的数量和位置，以实现最佳的网络效果。

4.3　静态路由技术

4.3.1　路由表的来源

路由器的路由表中可能有多条路由信息，这些路由信息主要通过 3 种方式生成：设备自动发现、手动配置或通过动态路由协议生成。通常，设备自动发现的路由信息称为直连路由(direct route)；手动配置的路由信息称为静态路由(static route)；网络设备通过运行动态路由协议而得到的路由信息称为动态路由(dynamic route)。

4.3.2　路由器的直连路由

1. 直连路由的工作概念

与交换机加电就开始工作的模式不同，路由器的每个端口都必须经过配置，才能开始工作。路由器启动后，当在设备中配置了端口的 IP 地址，并开启端口，该路由器的路由表项就会出现直连网络表项。

当路由器的一个端口与一个网络直接相连时，它会自动学习到这个网络的 IP 地址和子网掩码，并将这个网络的路由信息添加到它的路由表中。如果没有别的特殊限制，路由器的直连网络之间，在端口 IP 地址配置生效后就可以直接通信。

直连路由是路由器路由表中最基本的一种路由信息，它的管理距离通常比其他路由信息更低，因为它是最直接、最可靠的路由路径。在路由器的路由表中，直连路由的管理距离通常为 0，度量值也可以是 0 或者一个非 0 的值，表示这个网络的路径质量。

需要注意的是，路由器的直连路由是由路由器自动学习得到的，如果直连网络的拓扑结构发生了变化，比如连接的设备数量增加或减少，那么路由器的路由表也需要相应地更新。否则，就会出现无法访问某些主机或者网络的情况。

2. 直连路由的配置

如图 4-8 所示，路由器 Router 01 的每个端口单独占用一个子网地址(见表 4-2)，为每个端口配置对应的 IP 地址后，将自动记录端口所连网段的直连路由，并实现这些不同网段之间的互联互通。

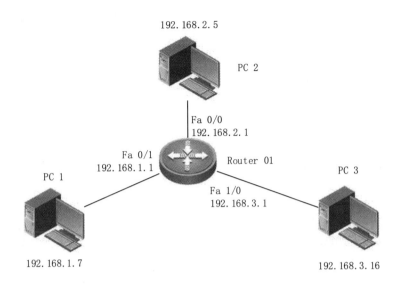

图 4-8　路由器端口的直连网络

表 4-2　路由器 Router 01 端口地址配置表

端口	IP 地址	目标网段
Fa 0/1	192.168.1.1	192.168.1.0
Fa 0/0	192.168.2.1	192.168.2.0
Fa 1/0	192.168.3.1	192.168.3.0

配置好每台终端 PC 的 IP 地址，然后使用 Console 连接路由器 Router 01，为路由器的每个端口配置上表中的 IP 地址。

```
Router>enable                                   !进入特权模式
Router#
Router#configure terminal                       !进入全局配置模式
Router(config)#interface Fa 0/1                  !进入 Fa 0/1 端口配置
Router(config-if)#ip address 192.168.1.1 255.255.255.0
Router(config-if)#no shutdown
Router(config-if)#exit
Router(config)# interface Fa 0/0                 !进入 Fa 0/0 端口配置
Router(config-if)#ip address 192.168.2.1 255.255.255.0
Router(config-if)#no shutdown
Router(config-if)#exit
Router(config)# interface Fa 1/0                 !进入 Fa 1/0 端口配置
Router(config-if)#ip address 192.168.3.1 255.255.255.0
Router(config-if)#no shutdown
Router(config-if)#exit
```

以上配置完成后，各个端口启动，将自动产生直连路由，Router 01 的路由表可以通过特权模式下的"show ip route"命令查看。

```
Router# show ip route
Codes: C – connected，S – static，R – RIP，O – OSPF
    IA - OSPF inter area，E1-OSPF external type 1
    E2 - OSPF external type 2
    * - candidate default

Gateway of last resort is no set

C 192.168.1.0/24    is directly connected, FastEthernet 0/1
C 192.168.2.0/24    is directly connected, FastEthernet 0/0
C 192.168.3.0/24    is directly connected, FastEthernet 1/0
```

在各个电脑中使用 ping 命令，可以发现此时电脑之间的网络通信是畅通的，即便不同电脑处于不同网段。

3. 单臂路由及其配置

单臂路由(router-on-a-stick)是指在路由器的一个接口上通过配置子接口(或逻辑接口，并不存在真正物理接口)的方式，实现原来相互隔离的不同 VLAN(虚拟局域网)之间的互联互通。

例如图 4-9，由交换机 S01 连接的两个不同网段的网络，通过路由器 R01 实现互访。但路由器 R01 通过单一线路连接到交换机 S01。此时，路由器需要配置逻辑上的子接口来实现不同 VLAN 间的数据转发。

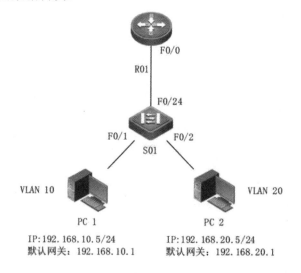

图 4-9　配置单臂路由实验拓扑图

终端 PC 和交换机的配置在前面的章节已有详细介绍，此处省略。上例中，路由器 R01 的配置过程如下：

```
Router#configure terminal
Router(config)#interface Fa 0/0
Router(config-if)#no shutdown
Router(config-if)#exit
Router(config)# interface Fa 0/0.1              !进入 Fa 0/0.1 子端口配置
Router(config-if)#encapsulation dot1q 10        !设封装协议为 802.1Q，10 指 VLAN10
Router(config-if)#ip address 192.168.10.1 255.255.255.0
Router(config-if)#no shutdown
Router(config-if)#exit
Router(config)# interface Fa 0/0.2              !进入 Fa 0/0.2 子端口配置
Router(config-if)#encapsulation dot1q 20        !设封装协议为 802.1Q，20 指 VLAN20
Router(config-if)#ip address 192.168.3.1 255.255.255.0
Router(config-if)#no shutdown
Router(config-if)#exit
```

在配置过程中，一定要在子端口里设置"encapsulation dot1q {vlan-id}"，以便让子端口转发不同 VLAN 的数据。这样，在逻辑上有了不同的端口和传输信道，路由器便可以实现不同 VLAN 数据的转发。

4.3.3 静态路由技术

1. 静态路由技术原理

静态路由是指由网络管理员手动配置的路由信息，不会自动学习其他路由器的路由信息。静态路由技术可以用来实现网络的基本互联，确保网络中的各个子网可以相互通信。

静态路由的配置过程比较简单，管理员只需要手动将路由信息添加到路由器的路由表中即可。在添加路由信息时，需要指定目的网络的 IP 地址、子网掩码和下一跳路由器的 IP 地址。下一跳路由器是指负责将数据包从本地路由器传输到目的网络的下一个路由器。如果下一跳路由器与本地路由器相连的网络是直连网络，则下一跳路由器的 IP 地址可以设置为直连网络的 IP 地址，否则需要设置为与下一跳路由器相连的网络的 IP 地址。

静态路由技术具有以下特点：

(1) 管理员手动控制：静态路由是由管理员手动配置的，可以精确地控制路由信息的传输路径，保证网络的可靠性和安全性。

(2) 简单可靠：静态路由技术的配置过程比较简单，不需要复杂的路由协议，可以快速实现网络的互联。

(3) 可扩展性差：静态路由技术在网络规模较小、拓扑结构相对简单的情况下适用，但是在大型复杂的网络中，静态路由技术的配置和维护工作将会变得非常繁琐，可扩展性较差。

(4) 不适用于网络动态变化：静态路由技术无法自动适应网络拓扑结构的变化，需要管理员手动更新路由表，因此不适用于网络拓扑结构变化频繁的场景。

总的来说，静态路由技术适用于小型、简单的网络环境，它可以提供基本的网络互联和数据转发功能。在大型复杂的网络中，需要使用更加智能和自适应的路由协议来实现路由信息的学习和动态调整。

2. 静态路由配置命令

静态路由配置的命令格式为：

| ip route 目标网络 子网掩码 本地接口/下一跳地址 |

在配置静态路由时，ip route 后面输入目标网络地址和直接连接的下一跳路由器的接口地址(或本路由器的出口端口编号)，也可以在该命令前用 no 选项来删除静态路由信息。

如图 4-10 所示，某公司有位于不同地理位置的两个办公区，每个办公区的内部网络均使用路由器作为网络出口设备，使用专线技术接入 Internet(高速同步串口)。两个办公区还通过 Internet 网络互联，现在需要使用静态路由配置，实现两个办公区网络之间通信。各接口的 IP 地址信息如图所示，RouterA 的 S1/0 端口为 DCE 端。

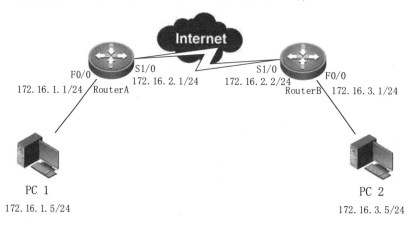

图 4-10　配置路由器静态路由拓扑图

上图中，RouterA 的配置过程如下：

```
Router#configure terminal                          !进入全局配置模式
Router(config)#hostname RouterA
RouterA(config)#interface Fa0/0                     !进入 Fa 0/0 端口配置
RouterA(config-if)#ip address 172.16.1.1 255.255.255.0
RouterA(config-if)#no shutdown
RouterA(config-if)#exit
RouterA(config)# interface S1/0                     !进入 S1/0 端口配置
RouterA(config-if)#ip address 172.16.2.1 255.255.255.0
RouterA(config-if)#clock rate 64000                 !设置时钟频率
RouterA(config-if)#no shutdown
RouterA(config-if)#exit
RouterA(config)# ip route 172.16.3.0 255.255.255.0 172.16.2.2
RouterA(config)#exit

RouterA#show ip route                              !查看路由表
```

RouterB 的配置过程如下：

```
Router#configure terminal                    !进入全局配置模式
Router(config)#hostname RouterB
RouterB(config)#interface Fa0/0              !进入 Fa0/0 端口配置
RouterB(config-if)#ip address 172.16.3.1 255.255.255.0
RouterB(config-if)#no shutdown
RouterB(config-if)#exit
RouterB(config)# interface S1/0              !进入 S1/0 端口配置
RouterB(config-if)#ip address 172.16.2.2 255.255.255.0
RouterB(config-if)#no shutdown
RouterB(config-if)#exit
RouterB(config)# ip route 172.16.1.0 255.255.255.0 172.16.2.1
RouterB(config)#exit

RouterB#show ip route                        !查看路由表
```

上面的配置中，静态路由设置还可以使用端口，例如 RouterB 中的静态路由配置命令也可以换成下面的方式编制：

```
RouterB(config)# ip route 172.16.1.0 255.255.255.0 S1/0
```

4.3.4 默认路由

网络中有些数据包在路由表中匹配不到目标地址的路由，这种情况下，给路由表手动配置默认路由就显得非常重要。

默认路由是指当路由表中没有匹配到目的地址时，路由器将数据包转发到指定的下一跳路由器。默认路由通常用于连接内部网络和外部网络之间的路由器。

默认路由是通过在路由器的路由表中配置一条特殊的路由信息来实现的。这条路由信息指定了一个默认的下一跳路由器的 IP 地址，即当路由表中没有匹配到目的地址时，路由器将数据包转发给该下一跳路由器。

默认路由的配置可以极大地简化网络拓扑结构，使得内部网络可以通过一条默认路由连接到外部网络。在企业网络中，通常会将默认路由配置到连接互联网的边界路由器上，以便内部网络可以与外部网络进行通信。

路由器在路由表中匹配路由时，通常会按照以下顺序：

(1) 当路由器收到一个数据包时，会检查数据包的目的地址是否在路由表中。如果目的地址在路由表中，则路由器会根据路由表中的匹配项转发数据包；如果目的地址不在路由表中，则路由器会查找默认路由。

(2) 如果路由器找到了默认路由，则将数据包转发到默认路由指定的下一跳路由器。

(3) 如果路由器没有找到默认路由，则会将数据包丢弃。

在路由器中，配置默认路由的命令格式为：

```
ip  route  0.0.0.0  0.0.0.0  本地接口/下一跳地址
```

这里的"0.0.0.0 0.0.0.0"表示"去往任意网络"的含义。

如图 4-11 所示，校园网中路由器 A 是实验网络的出口路由器，路由器 B 是校园网连接互联网公网的出口网络，因此，实验网络中所有需要访问互联网公网的数据包都应该默认交给路由器 B 处理，所以，需要在路由器 A 上配置默认路由。

图 4-11 中各个设备的基本配置此处不再赘述，路由器 RouterA 中配置默认路由的命令如下：

RouterA(config)# ip route 0.0.0.0 0.0.0.0 S1/0

或者：

RouterA(config)# ip route 0.0.0.0 0.0.0.0 172.16.2.2

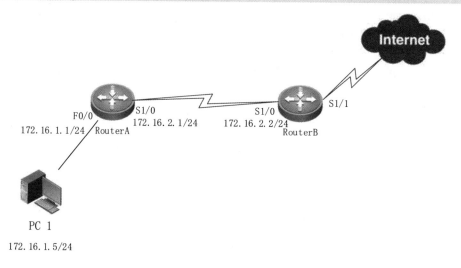

图 4-11　配置默认路由拓扑图

4.4 动态路由技术

网络设备可以通过静态路由添加非直连网络的路由信息。但是，当非直连网络的数量众多时，配置与维护这些网络路由信息就显得非常低效了，而且随着网络规模的动态变化，网络结构的变化也逐渐频繁，网络故障现象可能逐渐增多，手动修改静态路由信息在现实中是不可取的。

网络设备还可以通过运行动态路由协议(routing protocol)来获取路由信息。动态路由协议是用于路由器之间交换路由信息的协议，它允许路由器与其他路由器通信学习，更新和维护路由表信息，因此可以动态寻找网络最佳路径。设备运行了动态路由协议，其路由表中的动态路由信息便可以实时地反映网络的变化。

4.4.1 动态路由技术工作原理

动态路由协议是路由器之间自动交换路由信息的协议，它可以自动学习网络拓扑结构和路由信息，并根据一定的算法计算出最优路径，从而实现路由选择。动态路由协议的工作原理如下：

(1) 路由器之间交换路由信息。路由器之间通过某种协议(如 RIP、OSPF、BGP 等)交换路由信息。当一个路由器启动时，它会向相邻的路由器发送路由信息，告诉它们自己可以到达哪些网络以及到达这些网络的距离。相邻的路由器也会向它发送路由信息，告诉它可以到达哪些网络以及到达这些网络的距离。

(2) 构建路由表。每个路由器都会根据接收到的路由信息构建自己的路由表。路由表中包含了到达每个网络的最优路径和下一跳路由器的信息。路由器可以根据不同的算法(如距离向量算法、链路状态算法等)来计算最优路径，具体计算方法和参数根据不同的协议而有所不同。

(3) 更新路由表。当网络拓扑结构或路由信息发生变化时，路由器之间会重新交换路由信息，并重新计算最优路径。当最优路径发生变化时，路由器会更新自己的路由表，并通知相邻的路由器。路由器也会定期发送路由更新信息，以便其他路由器能够及时得知自己的路由信息。

(4) 选择路由。当路由器需要转发数据包时，它会根据自己的路由表选择最优路径，并将数据包发送到下一跳路由器。如果没有找到最优路径，路由器就会选择默认路由。

动态路由协议具有自我适应、自我修复和自我保护的特性，能够自动适应网络拓扑结构的变化，并选择最优路径来转发数据包。但是，动态路由协议需要消耗一定的带宽和处理资源，同时也需要对协议的参数进行配置，以保证其正确性和可靠性。

由此可见，动态路由协议的作用就是维护路由信息，建立路由表，决定最佳路径。所有的动态路由协议都必须解决路由器之间如何学习到路由信息？如何更新路由表？当一条链路失效后如何通过其他路由器转发数据？如何在多条路径中选择最佳路径？这些问题反映了解决方案的复杂性，不同的动态路由协议采用独特的算法来实现功能，不过这些不同算法都必须围绕以下几个问题来构建。

1. 路由决策

路由决策是指路由器在转发数据包时，根据路由表中的信息，决定选择哪条路径将数据包转发到目标网络的过程。在网络中，前往目标地址通常有多条不同的路径，路由器会根据一定的算法，计算出到达目标网络的最优路径，并选择这条路径进行数据包的转发。

路由决策的过程涉及多个因素，包括路由表的信息、路由器的性能和负载情况、网络拓扑结构的变化等。在路由决策过程中，路由器需要根据这些因素进行综合考虑，并做出最优的选择。不同的动态路由协议会按照某种原则来进行决策、选择。常见路由决策原则主要包括以下几点：

(1) 距离优先原则：选择到目标网络距离最短的路径。在距离向量路由算法中，路由器通过比较到达目标网络的距离来选择最优路径。在链路状态路由算法中，路由器通过计算每个节点到目标网络的最短路径来选择最优路径。

(2) 带宽优先原则：选择带宽最大的路径。在网络中，不同路径的带宽可能会有所不同。为了实现最快的数据传输速度，路由器会优先选择带宽更大的路径。

(3) 延迟优先原则：选择延迟最小的路径。在某些应用场景中，数据传输的延迟非常重要，比如在线游戏、实时视频等。为了减少延迟，路由器会选择延迟最小的路径。

(4) 成本优先原则：选择成本最小的路径。在一些网络中，路径的成本可能与距离、带宽和延迟等因素有关。为了降低网络成本，路由器会选择成本最小的路径。

(5) 安全优先原则：选择安全性更高的路径。在一些安全性要求较高的网络中，路由器会优先选择安全性更高的路径，比如经过加密隧道的路径。

这些原则并不是固定不变的，具体的路由决策策略需要根据实际情况进行合理的调整和配置。

2. 度量

路由器在选择最佳路径时，需要使用某种机制来对比不同路径的优劣。在路由协议中，度量是指一种用来衡量路径优劣的指标。可以根据不同的网络需求和路由协议进行设置。以下是一些常见的度量类型：

(1) 距离度量：根据物理距离、跳数、网络拓扑结构等因素来衡量路径的优劣。比较常用的是跳数(hop count)。

(2) 带宽度量：以路径上的带宽(band width)为指标来衡量路径的优劣，通常采用比特率(b/s)或字节率(B/s)作为单位。

(3) 延迟(delay)度量：以数据包在路径上的传输延迟时间为指标来衡量路径的优劣，通常采用毫秒(ms)或微秒(μs)作为单位。

(4) 负载度量：以路径上的负载(load)情况为指标来衡量路径的优劣，通常采用百分比或带宽利用率作为单位。

(5) 可靠性度量：以路径上的可靠性和稳定性为指标来衡量路径的优劣，通常采用百分比或信噪比等指标作为单位。

需要注意的是，在不同的路由协议中，可能采用不同的度量类型和计算方式。因此，在选择和配置路由协议时，需要根据实际情况选择合适的度量类型，以便优化网络性能和稳定性。

3. 收敛

在动态路由中，当网络拓扑发生变化时，路由器需要及时更新自己的路由表，以保证网络数据能够正常传输。路由器通过向邻居路由器发送路由信息，了解到网络中其他路由器的存在和连接状态，进而更新自己的路由表。当网络拓扑变化比较小，路由器之间的信息交换较快时，这个过程可能比较快速和平稳。

但是，在某些情况下，当网络拓扑变化比较大或路由器之间的信息交换存在延迟时，路由器的路由表可能会出现不一致或错误的情况。此时，如果路由器之间不能及时更新路由表，就会导致网络数据传输的异常甚至丢失。因此，当网络拓扑发生变化时，路由器需要尽快更新路由表，使得路由器之间达成一致的路由表信息。这个过程被称为"收敛"。

收敛是指网络中各个路由器通过交换路由信息，逐步建立一致的路由表信息，以使网络能够正常传输数据的过程。收敛时间的长短取决于路由协议和网络拓扑的复杂度等因素,一般情况下收敛时间越短越好,可以有效减少网络故障对业务造成的影响。所以,在任何一种路由选择协议中,收敛时间都是一个重要的衡量因素。

4.4.2 动态路由协议分类

常见的动态路由协议的分类方式是根据该协议在一个自治系统内使用还是跨越多个自治系统的范围使用来分类。这里的自治系统(autonomous system,AS)或自治域是指由一个单一组织或管理实体负责管理和控制的一组网络。这个组织可以是一个企业、一个大学、一个互联网服务提供商(ISP)或其他类型的机构。自治系统通常是在一个物理地理区域内部署的,这样它们可以在一定程度上独立于其他自治系统进行管理和运营。

根据这种分类方式,动态路由协议可以分为两类:

内部网关协议(interior gateway protocol,IGP):内部网关协议运行在一个自治系统内部,用于管理自治系统内部的路由信息,以确保数据能够在自治系统内部正确地转发。常见的内部网关协议有 RIP(routing information protocol)、OSPF(open shortest path first)和 IS-IS(intermediate system to intermediate system)等。

外部网关协议(exterior gateway protocol,EGP):外部网关协议用于跨越多个自治系统的范围内管理路由信息,例如在不同的 ISP 之间传输数据。常见的外部网关协议有BGP(border gateway protocol)等。

根据协议工作方式和算法的不同,动态路由协议也可以分为以下几类:

(1) 距离向量路由协议(distance vector routing protocol,DVRP):DVRP 是最早的动态路由协议之一,其基本思想是每个节点向邻居节点发送路由信息,通过节点之间的信息交换,逐步构建网络的路由表。DVRP 协议的特点是简单易实现,但由于缺乏全局网络拓扑信息,容易出现环路和路由不一致等问题。

(2) 链路状态路由协议(link state routing protocol,LSRP):LSRP 是一种基于全局网络拓扑信息的动态路由协议,其基本思想是通过向周围节点广播链路状态信息,逐步构建网络拓扑,从而建立起整个网络的最短路径树。LSRP 协议的优点是能够避免环路和路由不一致问题,但其复杂度较高,需要消耗大量的带宽和计算资源。

(3) 混合型路由协议(hybrid routing protocol):混合型路由协议综合了 DVRP 和 LSRP 的优点,既可以快速收敛,又可以保证路由的准确性。混合型路由协议通常将网络分为不同的区域,每个区域使用不同的路由协议,从而提高整个网络的性能和可靠性。

(4) 路径矢量路由协议(path vector routing protocol):路径矢量路由协议是一种新型的动态路由协议,其特点是能够支持 BGP(border gateway protocol)协议,用于在互联网中实现 AS(autonomous system)级别的路由。路径矢量路由协议通过将路由路径转换为矢量表示,从而避免了 DVRP 协议中的环路问题。

4.4.3 距离向量路由协议

距离向量路由协议(distance vector routing protocol)是一种基于向量的路由协议,它使用跳数(即路由器数量)来度量到达目的网络的距离，并通过向相邻路由器广播其路由表来交换路由信息。距离向量协议采用分布式计算机网络中的迭代算法，通过不断更新本地路由表信息和邻居路由表信息来计算最优路由。

距离向量路由协议最早出现在早期的 ARPANET 网络中，其中最为典型的协议是 RIP(routing information protocol)，还有 IGRP、EIGRP 等距离向量路由协议。

距离向量路由协议的工作过程如下：

(1) 路由表初始化：当路由器启动时，会将与其直接相连的网络加入到路由表中，并为每个网络分配一个初始的距离值。

(2) 邻居交换信息：路由器与其相邻的路由器交换路由信息，包括它所知道的到达其他网络的距离值。这些信息被称为路由更新。

(3) 计算最短路径：路由器使用收到的路由更新来更新它的路由表。路由器计算到达其他网络的距离值，通常使用距离向量算法(如 Bellman-Ford 算法)计算最短路径。

(4) 路由更新：路由器将新的路由信息广播给它的邻居，告诉它们路由表的更新。

(5) 收敛：当网络拓扑结构发生变化时，路由器的路由表会相应地更新。路由器会不断地交换路由信息，直到网络中的每个路由器都拥有最新的路由表。当所有路由器的路由表都收敛时，网络就达到了一个稳定状态。

距离向量路由协议的工作过程是分布式的，每个路由器只知道与它相邻的路由器的路由信息，并且只能计算到达其他网络的距离值。路由器之间交换信息的频率较低，因此距离向量路由协议的收敛速度较慢，容易发生路由环路等问题。

4.4.4　链路状态路由协议

链路状态路由协议(link-state routing protocol)是一种基于网络拓扑的路由协议。它使用的是 Dijkstra 算法来计算最短路径，并把网络中的所有路由器节点看作是一个图，通过对图进行拓扑分析，得出整个网络的最短路径。与距离向量路由协议不同，链路状态路由协议每个路由器维护的并不是整个网络的路由表，而是整个网络的拓扑图，因此每个路由器都有完整的网络拓扑信息。

链路状态路由协议的工作过程如下：

(1) 了解直连网络：每个路由器通过检测处于工作状态的端口来获取直连网络信息。

(2) 邻居发现：每个路由器与其直接相邻的路由器交换信息，以便彼此了解彼此的存在和状态。这个过程可以使用邻居发现协议(neighbor discovery protocol)来实现。其主要过程为：首先，发送 Hello 消息。当一个路由器启动时，它会在其直接连接的网络上广播一个 Hello 消息，宣布自己的存在。然后，响应 Hello 消息：其他路由器收到 Hello 消息后，会向发送者发送一个 Hello 响应消息，以表明它们也存在于该网络中。再然后确定邻居：当一个路由器接收到 Hello 响应消息时，它就知道了哪些路由器存在于该网络中，这些路由器就成为了它的邻居。最后确认邻居状态：通过不断交换 Hello 消息和其他类型的消息，路由器可以监视邻居的状态并了解它们的可达性。如果一个邻居没有响应多个 Hello 消息，则该邻居可能已经离线，因此需要将它从拓扑图中删除。

(3) 链路状态通告：每个路由器通过链路状态通告协议(link-state advertisement protocol)将自己的状态信息(如链路状态、带宽等)广播给整个网络。这个过程大致分为三步，第一步每个路由器会生成一个链路状态数据包，包含与该路由器直连的每条链路的状态，记录每个邻居的相关信息，包括邻居 ID、链路类型和带宽等。第二步将链路状态数据包发送给所有邻居，邻居路由器将收到的链路状态数据保存在自己的链路数据库中。第三步，各个邻居将链路状态数据包发给它们的邻居路由器，直到所有路由器均收到所有的链路状态数据信息。此过程在整个路由区域内所有路由器上形成并发送链路状态数据包的过程也称为泛洪效应。

(4) 链路状态数据库：每个路由器将接收到的链路状态信息存储在本地的链路状态数据库(link-state database)中，并根据这些信息计算出整个网络的拓扑图。

(5) 最短路径计算：每个路由器通过应用 Dijkstra 算法计算出最短路径，并将计算结果存储在本地的路由表中。

(6) 路由更新：当网络发生变化时，每个路由器会重新计算最短路径，并更新本地的路由表。这个过程被称为路由更新。

链路状态路由协议的优点是收敛速度快、路由计算准确，并且不会出现路由环路的问题。但是它也有一些缺点，比如网络拓扑信息较多，协议复杂度高，以及资源消耗大等问题。常见的链路状态路由协议有 OSPF 路由协议、IS-IS 路由协议。

4.4.5　有类路由协议与无类路由协议

动态路由协议还可以区分为有类路由协议和无类路由协议，这是根据其支持的路由汇总(或聚合)方式来分类的。

所谓的路由汇总，是将多个网络地址合并成一个更小的路由表项，从而减小路由表的大小，提高路由器的转发性能。举个例子，假设一个企业内部有多个不同的子网，每个子网都使用独立的 IP 地址段。如果每个子网的路由都在企业连接外网的路由表中单独列出，那么路由表的大小将非常庞大。但是如果在连接外网时，对这些子网进行路由汇总，将它们合并为一个路由表项，就可以大大缩小路由表的大小，提高路由器的性能。

有类路由协议在路由汇总时只考虑路由的网络部分，因此在发送路由信息时，不携带路由条目的子网掩码，这导致有类路由协议无法准确地描述子网内部的路由。所有运行有类路由协议的路由器接口地址子网掩码必须一致，否则网络就会出错。

无类路由协议(classless routing protocol)是指不考虑网络类别的路由协议，它同时考虑路由信息的网络部分和子网掩码部分，无类路由协议支持 VLSM(variable length subnet mask)，可以更加灵活地对网络进行分割，提高地址利用率。无类路由协议使用了更加灵活的路由匹配方法，即使用最长前缀匹配(longest prefix match)算法。当数据包到达路由器，路由器会匹配其目的 IP 地址，找到最长的匹配路由表项，并将数据包转发到相应的出端口。这个匹配过程也称为前缀匹配(prefix match)。

无类路由协议和有类路由协议一样，在 AS 的边界路由器上自动汇总，有类路由协议的自动汇总功能不能关闭，不支持不连续子网。而无分类路由协议可以关闭自动汇总功能，改用手动汇总，支持不连续子网。

无类路由协议相比于有类路由协议更加灵活，但是路由表项会比较多，需要更多的内存和处理能力。同时，由于路由表项更加复杂，也更容易出现路由环路等问题。

需要注意的是，随着技术的发展，现代的路由协议已经不再严格区分有类和无类，而是采用了更加灵活的路由汇总方式，比如可变长度子网掩码(VLSM)和无分类域间路由选择(CIDR)。这些技术使得路由汇总更加精确和灵活，同时也提高了网络的可扩展性和灵活性。

4.5 RIP

RIP(routing information protocol)是一种距离向量路由协议，常用于小型网络中。在这种协议中，路由器通过相互交换路由信息来学习网络拓扑，并根据收到的距离信息更新路由表。

4.5.1 RIP 动态路由协议的基本原理

RIP 协议采用 Bellman-Ford 算法计算最短路径，每个路由器通过周期性地广播其路由表来更新网络拓扑。每个路由器都维护一个路由表，其中包含了到达网络中各个子网的距离信息。距离信息是指从当前路由器到目的网络的距离，通常用跳数(即经过的路由器数)来表示。RIP 协议中，跳数的最大值为 15，因此 RIP 协议只适用于小型网络。

RIP 协议支持两种类型的路由：主动路由和被动路由。主动路由是指当前路由器向其他路由器发送的路由信息，被动路由则是指当前路由器从其他路由器收到的路由信息。RIP 协议中，主动路由的更新周期为 30 秒，被动路由的更新周期为 180 秒。当一个路由器从其他路由器收到的某个被动路由在 60 秒内没有再次收到更新信息时，该被动路由将被认为已经失效。

当一个路由器向其他路由器发送路由信息时，该信息包含当前路由器的所有路由信息以及该信息的版本号。当一个路由器收到另一个路由器的路由信息时，会首先检查版本号，如果版本号不同，则会发送一个请求消息，请求发送方更新路由信息。如果版本号相同，则会比较距离信息，将距离更短的路由添加到路由表中。

RIP 协议中，距离信息的度量值为跳数，路由器将自身到达某个网络的距离信息作为该网络的距离信息发送给其他路由器。当路由器收到其他路由器发送的路由信息时，会将自身到达该网络的距离与收到的路由信息中的距离之和作为新的距离，如果新的距离比原有距离更短，则更新该路由的距离信息。RIP 协议使用了水平分割、毒性反转和持久性定时器等机制来避免路由环路问题。

水平分割(split horizon)是指当一个路由器学习到一个网络的路由信息后，它将不会把该路由信息返回到与该网络相连的接口。如图 4-12 所示，路由器 B 不把从路由器 C 学习到的路由信息通告给路由器 C，也从不把从路由器 A 学习到的路由通告给路由器 A，这个机制的主要目的是防止路由环路和路由信息污染。

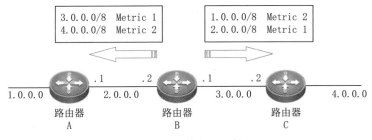

图 4-12　简单水平分割

需要注意的是，RIP 水平分割只适用于 RIPv1，因为 RIPv2 中已经默认开启了拓扑无环检测(topology poison reverse)，可以防止路由环路和路由信息污染。

毒性反转(poison reverse)是一种防止路由环路的技术，也是 RIP 协议特有的一种技术。其实现原理是将某个路由的距离设为无穷大(通常做法是设置跳数为 16)，通知其邻居不要将该路由作为路径选择。当某个邻居收到这个路由通知时，它会更新自己的路由表，并将它到该路由的距离设置为无穷大(设置跳数为 16)，同时将这条路由信息发送给它的邻居。这样，当网络中有路由环路出现时，毒性反转技术可以让所有的路由器都知道这个路由是无法到达的，从而避免了路由环路的产生。毒性反转技术可以有效地避免路由选择器选择错误的路径，从而降低网络的开销和提高网络的可靠性。

需要注意的是，毒性反转技术并不能完全解决路由环路的问题，因为它只能在某些特定情况下发挥作用，例如在使用距离向量协议的网络中。在更复杂的网络中，需要使用其他技术来防止路由环路的产生，如使用链路状态协议、路由汇总等。

RIP 协议还引入了持久性定时器(persistence timer)，它是 RIP 协议中一个重要的机制。当一个路由器接收到另一个路由器发送的路由表信息时，如果该路由器在本地路由表中没有该路由表项，则会将该路由表项插入到路由表中，并设置持久性定时器。持久性定时器的作用是在路由表项被插入到路由表中一定的时间内，如果没有接收到该路由表项的更新信息，就将该路由表项标记为失效，并从路由表中删除。

通过持久性定时器的设置，RIP 协议可以保证路由表的正确性，即使网络中出现了某个路由器的故障，也可以在一定的时间内更新路由表信息，避免了信息的失效和错误。

4.5.2　RIPv1 与 RIPv2

在 TCP/IP 发展的历史上，RIPv1 是第一个在网络中使用的动态路由协议。RIPv1 使用跳数(hop count)作为路径选择的度量值，并且最多支持 15 个跳数。它的路由更新使用广播方式进行，路由器将其路由表中的所有路由信息每隔 30 秒广播一次。当一个路由器收到来自另一个路由器的更新信息时，它会更新自己的路由表，并将更新信息广播给其他邻居路由器。每个路由器都会根据自己的路由表和接收到的更新信息计算最短路径，并选择最优的路径作为下一跳。

RIPv1 是有类路由协议，具有以下一些特点：

(1) 最大跳数为 15 个跳数，不能适应大型网络环境。

(2) 不支持可变长度子网掩码(VLSM)和无类别域间路由(CIDR)，只能使用固定长度子网掩码。

(3) 每 30 秒发送一次路由更新信息，可能会导致网络中的延迟和带宽浪费。

(4) 不支持身份验证和加密功能，易受到网络攻击。

(5) 不支持多播路由，不能实现多播数据的传输。

尽管 RIPv1 存在这些限制和缺陷，但它仍然广泛应用于一些小型网络中，因为它易于配置和实现，并且对网络规模和复杂度的要求较低。

RIPv2 是 RIPv1 的改进版本，它支持 VLSM 和 CIDR，可以发送子网掩码信息和更多的路由信息，支持无类路由。RIPv2 使用组播地址 224.0.0.9(代表所有 RIPv2 的路由器)来传输路由更新，支持认证和多播更新，可以发送掩码不同的路由，使得网络更加灵活。

RIPv2 使用的距离矢量路由算法与 RIPv1 相同，路由器会将路由信息广播到所有相邻路由器，最大跳数默认为 15。每隔 30 秒，路由器会向邻居路由器发送完整的路由表，如果路由器在 180 秒内没有收到邻居的路由更新，它就会认为邻居已经宕机，并将其路由表中邻居的路由设置为不可达。

RIPv2 允许配置路由器的子网掩码和 IP 地址不匹配。它使用子网掩码信息来匹配 IP 地址，从而找到正确的网络地址。RIPv2 还支持 CIDR，可以使用更加紧凑的路由信息来表示更多的目的地。

RIPv2 还支持授权和加密，使用路由器密码认证协议(router password authentication protocol，RPAP)可以进行认证，使用 IPSec 加密可以保护路由器之间的通信。同时，RIPv2 还支持多播更新，可以减少网络中路由更新的流量，提高网络的性能。

RIPv1 与 RIPv2 两者之间主要有以下区别：

(1) 版本号：RIPv1 和 RIPv2 是两个不同的版本。RIPv1 是最早的版本，是在 20 世纪 80 年代初期开发的，而 RIPv2 是在 20 世纪 90 年代中期开发的。

(2) RIPv1 是有类路由协议，不支持 VLSM 和 CIDR；RIPv2 是无类路由协议，支持 VLSM 和 CIDR。

(3) 度量值：RIPv1 使用跳数作为度量值，即通过一个路由器到达目的地需要经过的中间路由器数量，最大跳数为 15。而 RIPv2 除了跳数以外，还可以使用其他度量值，例如带宽、延迟等。

(4) 路由汇总：RIPv1 没有手工汇总的功能，RIPv2 在关闭自动汇总的前提下，可以手工汇总。

(5) 路由更新：RIPv1 使用广播(255.255.255.255)方式发送路由更新消息，这意味着路由表中的每一项都会被广播出去；而 RIPv2 可以选择性地向特定的路由器发送更新消息，是组播(224.0.0.9)更新，从而减少了网络中的广播流量。

(6) 认证：RIPv1 不支持任何形式的认证，因此容易受到欺骗和攻击。而 RIPv2 支持基于口令的认证，可以提高网络的安全性。

4.5.3 RIP 的配置方法

1. 配置 RIP 命令

在路由器中，RIP 的配置比较简单。路由器要运行 RIP，首先需要在路由器操作系统中创建 RIP 路由进程，在 RIP 路由进程中配置相关功能。具体过程如下：

(1) 开启 RIP 路由进程：

```
Router(config)# router rip
```

(2) 配置路由器的 RIP 版本：

```
Router(config-router)# version {1 | 2}
```

(3) 通告直连网络，这个命令中只有一个有类网络号，没有子网掩码，即 A、B、C 等 3 类网络。

```
Router(config-router)# network   <network-address>
```

(4) 开启或关闭自动汇总功能，该功能只针对 RIPv2，RIPv1 不支持该功能。

```
Router(config-router)# auto-summary      !开启自动汇总
Router(config-router)#no   auto-summary     !关闭自动汇总
```

(5) 指定跳数限制。

```
Router(config-router)# maximum-path   <number>
```

(6) 指定路由器 ID。

```
Router(config-router)# router-id   <id>
```

除此以外，还可以对 RIP 进行认证配置、时钟调整、打开或关闭水平分割功能等操作。

2. RIP 配置实例

如图 4-13 所示，由 3 台路由器连接的网络，使用 RIPv2 动态路由，其中所有终端设备的 IP 地址配置等步骤，此处省略。

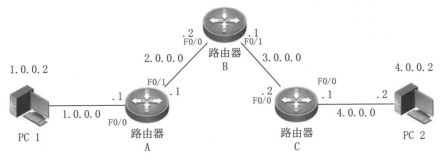

图 4-13 RIPv2 基本配置实例拓扑结构图

(1) 对各个路由器配置端口 IP，相关配置命令和步骤如下。

路由器 A：

```
Router>enable
Router#configure terminal
Router(config)#hostname    RouterA
RouterA(config)#interface Fa 0/0
```

```
RouterA(config if)#ip addrcss 1.0.0.1 255.0.0.0
RouterA(config-if)#no shutdown
RouterA(config-if)#exit
RouterA(config)# interface Fa 0/1
RouterA(config-if)#ip address 2.0.0.1 255.0.0.0
RouterA(config-if)#no shutdown
RouterA(config-if)#exit
```

路由器 B：

```
Router>enable
Router#configure terminal
Router(config)#hostname    RouterB
RouterB(config)#interface Fa 0/0
RouterB(config-if)#ip address 2.0.0.2 255.0.0.0
RouterB(config-if)#no shutdown
RouterB(config-if)#exit
RouterB(config)#interface Fa 0/1
RouterB(config-if)#ip address 3.0.0.1 255.0.0.0
RouterB(config-if)#no shutdown
RouterB(config-if)#exit
```

路由器 C：

```
Router>enable
Router#configure terminal
Router(config)#hostname    RouterC
RouterC(config)#interface Fa 0/0
RouterC(config-if)#ip address 3.0.0.2 255.0.0.0
RouterC(config-if)#no shutdown
RouterC(config-if)#exit
RouterC(config)#interface Fa 0/1
RouterC(config-if)#ip address 4.0.0.1 255.0.0.0
RouterC(config-if)#no shutdown
RouterC(config-if)#exit
```

(2) 在各个路由器上配置 RIP。

路由器 A：

```
RouterA(config)#router rip                    !开启 rip 进程
RouterA(config-router)#network 1.0.0.0        !通告直连网络
RouterA(config-router)#network 2.0.0.0        !通告直连网络
RouterA(config-router)#no auto-summary        !关闭自动汇总，按需设置
RouterA(config-router)#end

RouterA#show ip route
```

路由器 B：

```
RouterB(config)#router rip                    !开启 rip 进程
RouterB(config-router)#network 2.0.0.0        !通告直连网络
```

```
RouterB(config-router)#network 3.0.0.0          !通告直连网络
RouterB(config-router)#no auto-summary          !关闭自动汇总，按需设置
RouterB(config-router)#end

RouterB#show ip route
```

路由器 C

```
RouterC(config)#router rip                      !开启 rip 进程
RouterC(config-router)#network 3.0.0.0          !通告直连网络
RouterC(config-router)#network 4.0.0.0          !通告直连网络
RouterC(config-router)#no auto-summary          !关闭自动汇总，按需设置
RouterC(config-router)#end

RouterC#show ip route
```

(3) 在终端 PC1 上测试网络。

PC1 使用 ping 命令测试与 PC2 的网络是否通畅的界面如图 4-14 所示。

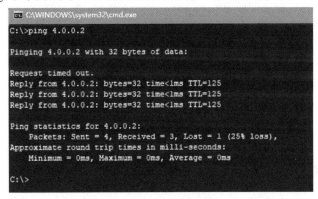

图 4-14　PC 1 使用 ping 命令测试与 PC 2 的网络是否通畅

(4) 使用 show 命令检验 RIP 的配置。

在路由器上使用一些命令进行 RIP 的检验与排错，其中重要的命令就是 show ip route。在 RouterB 上使用 show ip route 查看路由信息。

```
RouterB#show ip route
Codes: L - local, C - connected, S - static, R - RIP, M - mobile, B - BGP
D - EIGRP, EX - EIGRP external, O - OSPF, IA - OSPF inter area
N1 - OSPF NSSA external type 1, N2 - OSPF NSSA external type 2
E1 - OSPF external type 1, E2 - OSPF external type 2, E - EGP
i - IS-IS, L1 - IS-IS level-1, L2 - IS-IS level-2, ia - IS-IS inter area
* - candidate default, U - per-user static route, o - ODR
P - periodic downloaded static route

Gateway of last resort is not set

R   1.0.0.0/8 [120/1] via 2.0.0.1, 00:00:25, FastEthernet0/0
 2.0.0.0/8 is variably subnetted, 2 subnets, 2 masks
```

```
C   2.0.0.0/8 is directly connected, FastEthernet0/0
L   2.0.0.2/32 is directly connected, FastEthernet0/0
    3.0.0.0/8 is variably subnetted, 2 subnets, 2 masks
C 3.0.0.0/8 is directly connected, FastEthernet0/1
L   3.0.0.1/32 is directly connected, FastEthernet0/1
R 4.0.0.0/8 [120/1] via 3.0.0.2, 00:00:10, FastEthernet0/1

RouterB#
```

另外，还可以使用 show ip rip database 查看路由器中的 RIP 路由信息。

```
RouterB#show ip rip database
 1.0.0.0/8 auto-summary
 1.0.0.0/8  [1] via 2.0.0.1, 00:00:05, FastEthernet0/0
 2.0.0.0/8 auto-summary
 2.0.0.0/8 directly connected, FastEthernet0/0
 3.0.0.0/8 auto-summary
 3.0.0.0/8 directly connected, FastEthernet0/1
 4.0.0.0/8 auto-summary
 4.0.0.0/8  [1] via 3.0.0.2, 00:00:24, FastEthernet0/1
RouterB#
```

4.6　OSPF

动态路由 RIP 协议只适用小型网络，收敛的时间也略长一些。对于小规模的、缺乏专业人员维护的网络来说，RIP 是首选路由协议。但是随着网络规模的扩大，RIP 路由协议就不再适合，这时就需要 OSPF 这样的动态路由协议来解决。

4.6.1　OSPF 概述

OSPF(open shortest path first，开放最短路径优先)是一种开放式最短路径优先协议，是一种基于链路状态的路由协议。它是由 IETF(Internet Engineering Task Force，国际互联网工程任务组)定义的，并被广泛用于大型企业网络和互联网服务提供商中。OSPF 协议旨在提高路由器之间的通信效率，减少网络拓扑变化时出现的问题。

OSPF 路由协议也是内部网关协议(IGP)，主要维护工作在同一个自治系统(autonomuous system，AS)内网络的联通。在 OSPF 中，每个路由器都维护着一个链路状态数据库(LSDB)，其中包含有关网络中所有路由器和链路的信息。通过比较 LSDB 中的信息，路由器可以计算出到达目标网络的最短路径。

OSPF 协议是一种开放式协议，这意味着它是公开的，并可由任何人使用。它使用 Dijkstra 算法来确定最短路径，并使用链路状态数据库(LSDB)来维护网络拓扑。当网络中的路由器发生拓扑变化时，OSPF 会发送通知消息，从而使每个路由器都能及时了解网络拓扑的变化。OSPF 协议还可以支持路由器之间的多种通信接口，包括点对点、广播和非广播接口等。

1. OSPF 路由协议的基本概念

OSPF 路由协议在运行过程中涉及以下名词概念。

(1) 邻居和邻接关系

OSPF 使用邻居和邻接关系来交换路由信息并计算最短路径。在 OSPF 中，一个路由器的邻居是直接相连的其他 OSPF 路由器，而邻接关系是邻居之间的一种逻辑关系，它们通过交换 Hello 消息来建立和维护。

具体来说，OSPF 使用以下过程来建立邻居和邻接关系：

① 发送 Hello 消息：当一个 OSPF 路由器启动或检测到邻居故障时，它会向直接相连的其他路由器发送 Hello 消息，以寻找新的邻居或重新建立已经失效的邻居。

② 验证 Hello 消息：当一个 OSPF 路由器收到来自其他路由器的 Hello 消息时，它会验证消息中的参数是否与自己的配置相匹配，如邻居 ID、网络类型、死亡间隔等。

③ 建立邻接关系：如果验证成功，两个 OSPF 路由器将建立邻接关系，开始交换链路状态信息(LSA)。

④ 维护邻接关系：一旦邻接关系建立，OSPF 路由器会定期交换 Hello 消息以保持邻接关系的有效性，并在需要时更新 LSA。

在 OSPF 中，邻居和邻接关系的建立和维护是协议的核心部分，它们直接影响路由信息的传递和计算。因此，正确配置和管理邻居和邻接关系是保证 OSPF 网络稳定和高效运行的关键。

(2) 路由器 ID

在 OSPF 协议中，每个路由器都需要有一个唯一的标识符，称为路由器 ID(Router ID)，它是一个 32 位的 IP 地址，用来唯一地标识一个路由器。路由器 ID 可以手动配置，也可以自动选择。当手动配置路由器 ID 时，必须确保该 ID 在整个 OSPF 域内唯一，否则可能会导致路由器 ID 冲突，引起网络问题。

路由器 ID 的选择顺序是：首先尝试手动配置的路由器 ID，如果手动配置的 ID 不存在，则选择最高回环接口的 IP 地址作为路由器 ID，如果没有回环接口，则选择最高的 IP 地址。路由器 ID 对于 OSPF 协议的正确运行至关重要，它用于唯一标识一个路由器，以及在构建拓扑数据库(topology database)时，识别不同的路由器。

(3) 链路状态信息(LSA)

LSA 是路由器发送给邻居的信息，描述了该路由器到达某个目的网络的路由路径。OSPF 链路状态信息主要有以下几种类型：

① 路由器链路状态广告(Router-LSA)：这是由每个 OSPF 路由器产生的 LSA，用于描述该路由器直接连接的所有网络。在一个 OSPF 域中，每个路由器都会产生一个 Router-LSA，同时也会包含其他路由器的 Router-LSA 信息。

② 网络链接状态广告(Network-LSA)：这种类型的 LSA 被用于描述一个多点网络(如局域网)的拓扑结构。一个多点网络上的所有路由器都必须产生一个相同的 Network-LSA，该 LSA 描述了网络上所有路由器的 ID 和连接到该网络的所有子网。

③ 摘要链接状态广告(Summary-LSA)：这种类型的 LSA 用于描述 OSPF 域中的子网

和网络。在域内部,这些 LSA 用于告知其他路由器到达某个目标网络或子网的最佳路径。

④ 外部链接状态广告(AS-External-LSA):这种类型的 LSA 用于描述连接到 OSPF 域之外的网络或子网,由 ASBR 产生并被分发到整个 OSPF 域内。每个 ASBR 可以产生多个 AS-External-LSA,每个 AS-External-LSA 描述了一个不同的网络或子网。

(4) 链路状态数据库(LSDB)

链路状态数据库(link state database,LSDB)是 OSPF 路由器存储路由信息的地方。在 OSPF 网络中,每个路由器都会存储一个 LSDB,其中包含了所有的链路状态信息(LSA)。LSDB 包含了整个 OSPF 域的拓扑结构信息,这个信息是通过链路状态协议(link state protocol,LSP)进行交换而得到的。

每个 LSA 都包含了一个完整的路由信息,如路由器的 ID、网络地址、连接的网络类型、带宽、延迟等信息。每个 LSA 都会在整个 OSPF 域内进行广播,使得每个 OSPF 路由器都能了解到整个拓扑结构。每个路由器都可以从相邻路由器处收到 LSA,存储在自己的 LSDB 中,并且使用 Dijkstra 算法计算出最短路径。

LSDB 的内容是动态更新的,路由器之间不断地交换 LSA,保持 LSDB 的同步性。如果一个路由器发现一个 LSA 有变化,会立即将这个信息广播给整个 OSPF 域内的所有路由器,以保证整个域内的 LSDB 都保持同步。这种 LSDB 同步方式保证了 OSPF 路由器之间的路由信息是实时、准确的。

(5) 区域

为了更好地管理网络和降低网络复杂度,OSPF 将整个网络划分为不同的区域(area)。区域是指一个或多个路由器组成的逻辑区域,路由器根据自身的区域来计算路由表。OSPF 的区域化设计带来了以下好处:

① 分布式计算:OSPF 是分布式计算的协议,每个区域内的路由器只需要知道与其相邻的路由器的链路状态,而不需要了解整个网络的拓扑结构。

② 更快的收敛:当网络出现故障时,只有与出现故障的路由器相邻的路由器会受到影响,其他区域的路由器不会收到任何消息。这样,网络的收敛速度更快。

③ 减少链路状态信息:区域化设计可以使路由器只需要维护本地区域的链路状态数据库(LSDB),从而减少链路状态信息的传输和处理。

④ 减轻 CPU 负担:路由器只需要处理其所属区域的链路状态信息,从而减轻 CPU 的负担。

OSPF 区域的设计也存在一些限制,例如区域之间必须通过区域 0 进行连通,区域 0 被称为骨干区域,用于连接不同的区域。此外,不同的区域需要分配不同的区域 ID,以便路由器识别其所属的区域。

(6) 路由器的角色类型

① ASBR(自治系统边界路由器):连接不同自治系统的 OSPF 路由器称为 ASBR。

② ABR(区域边界路由器):连接不同区域的 OSPF 路由器称为 ABR。

③ DR(指定路由器)与 BDR(备份指定路由器):在 OSPF 网络中,每个连接到广播和非点对点网络上的路由器都必须与其他路由器建立邻居关系,并交换 LSA 信息。如果有大量

的路由器连接到同一广播网络上，就会产生大量的 LSA 信息，并且每个路由器都要处理这些信息。这会导致路由器 CPU 的负载增加，带宽消耗增加，网络性能下降。

为了解决这个问题，OSPF 引入了 DR 和 BDR 的概念。在一个广播网络中，所有路由器首先选举一个 DR，其他路由器则选举一个 BDR。DR 和 BDR 是通过 OSPF Hello 消息来选举的，选举原则是选择具有最高优先级的路由器，如果有多个路由器具有相同的优先级，则选择路由器 ID 最大的那个作为 DR 或 BDR。选举完成后，所有的路由器都只需向 DR 和 BDR 发送 LSA 信息，DR 和 BDR 负责将 LSA 信息发送给其他路由器，这样就减少了 LSA 信息的发送和处理负担，提高了协议的效率。

(7) SPF(最短路径优先)算法

OSPF 使用 SPF 算法来计算从某个节点到达网络中所有其他节点的最短路径。SPF 算法基于 Dijkstra 算法，通过建立一个拓扑图来计算最短路径。具体过程如下：

① 每个节点将它的链路状态信息广播给它的邻居节点。

② 每个节点收集它的所有邻居的链路状态信息，组成链路状态数据库(LSDB)。

③ 通过运行 SPF 算法，每个节点计算出到达网络中所有其他节点的最短路径，并把计算结果存入路由表中。

SPF 算法的计算过程如下：

① 初始化：将节点到达所有其他节点的距离设置为无穷大(infinity)，并将自己到自己的距离设置为 0。

② 找到最短路径：从节点开始，检查它的每个邻居节点，以确定从该节点到达邻居节点的距离。选择最短距离的邻居节点，并将该节点添加到"已访问"列表中。

③ 更新距离：通过已访问列表中的邻居节点，更新到达其他节点的距离。

④ 重复以上步骤，直到到达所有节点为止。

在 OSPF 中，节点可以属于不同的区域，每个区域的 SPF 计算是独立的。因此，在计算 SPF 的过程中，节点只考虑本区域的链路状态信息，而不需要考虑其他区域的信息，这样可以减少链路状态信息的传输和计算量，提高路由器的性能。

2. OSPF 路由协议的工作过程

OSPF 路由协议的工作过程主要分为邻居发现、链路状态信息交换和最短路径计算三个阶段。

(1) 邻居发现阶段

在 OSPF 网络中，每个路由器都需要与相邻的路由器建立邻居关系。OSPF 使用 Hello 消息来实现邻居发现。当两个路由器接口上的 Hello 消息交换成功，它们就成为邻居了。在交换 Hello 消息时，路由器还要交换自己的路由器 ID、相邻接口的 IP 地址等信息。

(2) 链路状态信息交换阶段

在 OSPF 网络中，每个路由器都要维护一个链路状态数据库(LSDB)，记录了整个网络的拓扑结构信息。每个路由器会将自己所知道的链路状态信息打包成 LSA(链路状态广告)，发送给相邻的路由器。当一个路由器收到了其他路由器发送的 LSA 后，就会将其存储在自己的 LSDB 中，并通过洪泛算法向所有其他路由器广播这个 LSA。每个路由器接收到 LSA 后，会根据其中的链路状态信息更新自己的 LSDB，并重新计算最短路径。

(3) 最短路径计算阶段

OSPF 使用 Dijkstra 算法来计算最短路径。当一个路由器收到了其他路由器发送的链路状态信息后，就会根据这些信息更新自己的 LSDB，并计算出到其他所有路由器的最短路径。每个路由器维护一个路由表，其中记录了到其他路由器的最短路径以及下一跳路由器的信息。当需要转发数据包时，路由器会查找路由表，选择最短路径并将数据包发送到下一跳路由器。

需要注意的是，OSPF 协议中的路由器可以分为两类：ABR(area border router)和 ASBR(autonomous system border router)。ABR 连接不同的区域，需要维护多个 LSDB，并将不同区域的 LSDB 信息打包成 Type 3 LSA 发送给其他 ABR；ASBR 连接不同的自治系统，需要将外部路由信息打包成 Type 5 LSA 发送给其他路由器。这些 LSA 类型的详细信息在前面已经介绍过。

当 OSPF 路由协议收敛后，网络状态若比较稳定，网络中传递链路状态信息比较少，这是链路状态路由协议区别于距离矢量路由协议的一大特点。

3. OSPF 路由协议的版本

根据使用的 IP 协议版本和网络类型的不同，OSPF 可以分为 OSPFv1、OSPFv2、OSPFv3、OSPFv4 四种。

(1) OSPFv1：基于 IPv4 协议，已经不再使用。

(2) OSPFv2：同样基于 IPv4 协议，是目前使用最广泛的 OSPF 版本。

(3) OSPFv3：基于 IPv6 协议，用于在 IPv6 网络中进行路由选择。

(4) OSPFv4：基于 IPv4 和 IPv6 协议，是一种通用的 OSPF 版本，可以同时处理 IPv4 和 IPv6 路由。

除了版本的区别，不同的 OSPF 版本还有一些不同的特性和区别。例如，OSPFv3 使用不同的报文格式和链路类型来支持 IPv6 网络，而 OSPFv2 只支持 IPv4。另外，OSPFv3 还引入了新的 LSA 类型，例如 Link LSA 和 Intra-Area-Prefix LSA，用于描述 IPv6 网络中的拓扑信息。

4.6.2 单区域 OSPF 配置

1. 配置命令

(1) 启动 OSPF 路由进程

在全局模式配置模式下，执行如下命令：

```
Router(config)#router   ospf   [process_id]
```

这个命令用于配置 OSPF 进程，并为进程指定一个唯一的进程 ID。进程 ID 是一个数值，用于唯一标识一个 OSPF 路由进程。每个路由器上可以同时运行多个 OSPF 进程，每个进程都有一个独立的进程 ID。进程 ID 只在本路由器中有效，可以设置成与其他路由器的进程 ID 一样的数值。

(2) 配置 OSPF router id

```
Router(config)#router   ospf   [process_id]
Router(config-router)#router-id   X.X.X.X
```

如果未配置 router id，则路由器会选择环回接口的最高 IP 地址作为 router id。

(3) 发布 OSPF 路由网络区域

```
Router(config)#router   ospf   [process_id]
Router(config-router)#network   [network-address]   [wildcard-mask]   area   [area-id]
```

上面的命令开启 OSPF 路由进程，并定义与该 OSPF 进程关联的 IP 地址范围，以及该 IP 网络所属的 OSPF 区域，对外通告该接口的链路状态。

[network-address]为接口连接的网络，[wildcard-mask]为该网络匹配的反掩码，[area-id]为区域编号，对于单区域的 OSPF 来说，一般为骨干区域 area 0。

(4) 配置 OSPF 路由优先级

为了减少 OSPF 路由选举进程，有时可以通过设置优先级来加快速度。其配置过程如下。

```
Router(config)# router ospf [process-id]
Router(config-router)# interface [interface-id]
Router(config-if)# ip ospf priority [priority-value]
```

其中，[interface-id]是要配置的接口的名称或编号，[priority-value]是要分配的 OSPF 路由优先级。默认情况下，接口的 OSPF 路由优先级为 1，取值范围为 0 到 255，数值越大优先级越高。如果为 0，则表示该路由器不具备称为 DR 或 BDR 的资格。新设置的接口优先级仅当原有 DR 状态 Down 掉时才能生效。

(5) 修改链路开销

使用 ip ospf cost 命令，直接指定接口开销为特定值，可以免除部分计算过程，加快最佳路径的选择。

```
Router(config)#interface serial 1/0
Router(config)#ip ospf cost 1748
```

(6) 验证 OSPF 路由配置信息

可以使用以下命令查看 OSPF 的配置信息。

```
Router(config)#show ip route                    !查看路由表
Router(config)#show ip ospf                     !查看 OSPF 配置情况
Router(config)#show ip ospf neighbor detail     !查看邻居 OSPF 路由信息
Router(config)#show ip ospf database            !查看路由器维护的拓扑数据库信息
Router(config)#show ip ospf interface           !查看配置了 OSPF 的接口信息
Router(config)#debug ip ospf                    !测试 OSPF
Router(config)#clear ip route                   !清除 IP 路由表
```

2. 单区域 OSPF 路由配置实例

如图 4-15 所示，由 3 台路由器连接而成的网络中，路由器之间通过 Serial 端口(高速同步串口)互联(DCE 端和 DTE 端如图所示)，使用 OSPF 路由协议实现联通。它们都属于骨干区域 0。

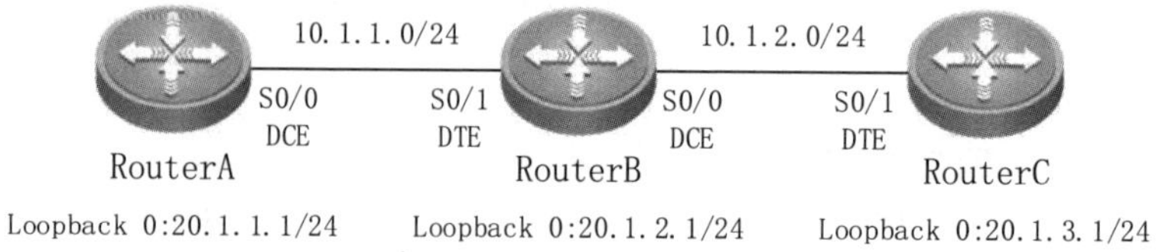

RouterA   10.1.1.0/24   S0/0 DCE   S0/1 DTE   RouterB   10.1.2.0/24   S0/0 DCE   S0/1 DTE   RouterC

RouterA   RouterB   RouterC

Loopback 0:20.1.1.1/24   Loopback 0:20.1.2.1/24   Loopback 0:20.1.3.1/24

图 4-15　单区域 OSPF 配置

(1) RouterA 的 OSPF 动态路由配置过程如下。

```
Router#configure terminal
Router(config)#hostname RouterA
RouterA(config)#interface s0/0
RouterA(config-if)#ip address 10.1.1.1 255.255.255.0
RouterA(config-if)#clock rate 64000
RouterA(config-if)#no shutdown
RouterA(config-if)#exit

RouterA(config)#interface loopback 0
RouterA(config-if)#ip address 20.1.1.1 255.255.255.0
RouterA(config-if)#no shutdown
RouterA(config-if)#exit

RouterA(config)#router ospf 10
RouterA(config-router)#network 10.1.1.0 0.0.0.255 area 0
RouterA(config-router)#network 20.1.1.0 0.0.0.255 area 0
RouterA(config-router)#exit
```

(2) RouterB 的 OSPF 动态路由配置过程如下。

```
Router#configure terminal
Router(config)#hostname RouterB
RouterB(config)#interface s0/1
RouterB(config-if)#ip address 10.1.1.2 255.255.255.0
RouterB(config-if)#no shutdown
RouterB(config-if)#exit
RouterB(config)#interface s0/0
RouterB(config-if)#ip address 10.1.2.1 255.255.255.0
RouterB(config-if)#clock rate 64000
RouterB(config-if)#no shutdown
RouterB(config-if)#exit

RouterB(config)#interface loopback 0
RouterB(config-if)#ip address 20.1.2.1 255.255.255.0
RouterB(config-if)#no shutdown
RouterB(config-if)#exit

RouterB(config)#router ospf 10
```

```
RouterB(config-router)#network 10.1.1.0 0.0.0.255 area 0
RouterB(config-router)#network 10.1.2.0 0.0.0.255 area 0
RouterB(config-router)#network 20.1.1.0 0.0.0.255 area 0
RouterB(config-router)#exit
```

(3) RouterC 的 OSPF 动态路由配置过程如下。

```
Router#configure terminal
Router(config)#hostname RouterC
RouterC(config)#interface s0/1
RouterC(config-if)#ip address 10.1.2.2 255.255.255.0
RouterC(config-if)#no shutdown
RouterC(config-if)#exit

RouterC(config)#interface loopback 0
RouterC(config-if)#ip address 20.1.3.1 255.255.255.0
RouterC(config-if)#no shutdown
RouterC(config-if)#exit

RouterC(config)#router ospf 10
RouterC(config-router)#network 10.1.2.0 0.0.0.255 area 0
RouterC(config-router)#network 20.1.3.0 0.0.0.255 area 0
RouterC(config-router)#exit
```

(4) 在各路由器的特权模式下,可以使用"show ip route""show ip ospf neighbor detail"查看路由信息和 OSPF 路由协议的相关信息。

4.6.3　多区域 OSPF 配置

1. 单区域 OSPF 路由问题

当网络规模比较大的时候,在单区域的 OSPF 路由协议运行过程中,如果每台路由器都维持每一条路由信息,那么每个路由器需要维护的路由表信息就非常庞大,使得路由器工作效率大大降低。单区域 OSPF 路由协议的常见问题有:

(1) 单一点故障:如果区域内的主干链路发生故障,整个区域都将受到影响,可能会导致网络不可达或网络拥塞。

(2) 过度泛洪:在一个大型网络中,所有路由器都必须维护 LSDB,这将导致大量的 LSA 泛洪,影响网络性能。

(3) 稳定性:当网络拓扑变化频繁时,路由器需要频繁地计算 SPF,这会增加网络的开销和稳定性。

(4) 不适用于大型网络:在大型网络中,单区域 OSPF 可能会导致链路状态数据库过大,影响路由器性能。

如果把大型 OSPF 网络分隔为多个较小、可管理的单 OSPF 区域(area),可以有效优化 OSPF 路由网络的传输效率,这便是多区域的 OSPF 网络。

2. 多区域 OSPF 路由协议工作原理

多区域 OSPF 是指在 OSPF 网络中，划分了不止一个区域(area)，每个区域通过一个或多个区域边界路由器(ABR)连接起来，形成一个 OSPF 域。在多区域 OSPF 中，每个区域有一个 32 位的标识符，称为 Area ID。区域之间通过 ABR 进行连接，ABR 具有至少两个接口，一个接口连接本地区域，另一个接口连接其他区域。ABR 将收到的外部 LSA(Type 5)转换为区域汇总 LSA(Type 3)发送到其他区域，将收到的汇总 LSA(Type 3)转换为外部 LSA(Type 5)发送到其他区域。

当 OSPF 路由器启动时，它会发送 Hello 消息，与相邻路由器建立邻居关系。在多区域 OSPF 中，邻居关系可以是在同一区域内的，也可以是跨越区域的。每个区域内的 OSPF 路由器只会存储该区域内的链路状态信息，对于其他区域的信息，只会存储汇总信息。

在多区域 OSPF 中，ABR 需要进行区域之间的路由汇总，汇总的 LSA 类型为 Type 3 LSA。这种 LSA 包含有关目的地网络的汇总信息，但不包含有关具体路由器的信息。ABR 还需要在不同的区域之间传递 Type 5 LSA，以便将外部路由信息注入到 OSPF 域中。

在配置多区域 OSPF 时，需要注意防止路由环路和路由震荡的问题。为了避免路由环路问题，应该使用默认路由和路由汇总技术。为了避免路由震荡问题，可以使用路由重分发限制、路由重分发指数和区域之间的分层设计等技术。

3. 多区域 OSPF 相对于单区域 OSPF 的优点

(1) 网络的可扩展性：多区域 OSPF 可以将大型网络分割成多个区域，减少路由器之间的链路数量，从而降低网络的复杂性和维护成本，提高网络的可扩展性。

(2) 路由的灵活性：多区域 OSPF 可以通过不同的区域之间的区域边界路由器(ABR)来控制路由的分发和过滤，可以根据需求将不同的路由信息分配到不同的区域中，从而提高路由的灵活性。

(3) 路由的可控性：多区域 OSPF 可以通过在不同的区域之间配置不同的度量值来控制路由的选择，可以优化路由路径，减少网络拥塞，提高路由的可控性。

(4) 安全性和可靠性：多区域 OSPF 可以将网络分割成多个区域，减少网络中的广播域，从而提高网络的安全性和可靠性。此外，多区域 OSPF 还支持路由汇总和路由过滤，可以进一步增强网络的安全性和可靠性。

4. 规划多区域 OSPF 网络

多区域 OSPF 路由协议在面对较大规模的网络规划设计时，有较为明显的技术优势。在链路状态路由协议中，所有路由器都保存有链路状态数据库(LSDB)，网络中的路由器越多，LSDB 就越大，这是链路状态路由协议必须掌握完整网络信息的要求。但随着网络规模的增长，LSDB 的规模也越来越大，维护和使用就愈发困难。多区域 OSPF 路由协议采用折中方案，引入区域概念。在某一个区域里的路由器，只需要保持该区域所有路由器的链路信息和其他区域的一般信息即可。

因此，区域的规划就成为多区域 OSPF 网络的核心问题。一般情况下，多区域 OSPF 网络的区域可以划分为两类：常规区域和骨干区域(或称中转区域)。

常规区域(也称为非骨干区域)主要功能就是连接用户网络和资源网络，一般情况下常规区域不允许其他常规区域的信息通过它到达另一个常规区域，只能通过骨干区域(area 0)。常规区域还可以有很多子类型，比如标准区域(standard area)、汇聚区域(stub area)、完全区域(totally stubby area)、locally scoped 区域(又称为 LSA 可控制区域)。

骨干区域(Area 0)是指所有 OSPF 区域的中心区域。在一个多区域的 OSPF 网络中，骨干区域是所有区域的交汇点，其主要作用是连接不同的区域并提供路由信息的传递。

规划多区域 OSPF 网络时，通常需要将所有常规区域连接到骨干区域，以确保网络中的所有区域都能相互通信。骨干区域通常是由一些特定的路由器来维护的，这些路由器通常被称为骨干路由器(backbone router)，它们负责将各个常规区域连接到骨干区域，并转发骨干区域的路由信息到其他区域。

在规划多区域 OSPF 网络时，需要考虑以下几点：

(1) 确定骨干区域的位置：在设计网络拓扑时，应当考虑到哪些区域需要连接到骨干区域，并确定骨干区域的位置和大小，骨干区域必须是连续的。

(2) 配置骨干路由器：在骨干区域中，需要配置至少一台骨干路由器，来确保各个区域都能连接到骨干区域。

(3) 连接各个区域：需要确保各个常规区域都能连接到骨干区域，通常可以通过多种方式来实现，例如使用点到点链路或者虚拟链路等。

(4) 配置区域间路由：在多区域 OSPF 网络中，需要配置区域间路由 ABR，以确保不同区域之间的路由信息能够互相传递。理想的设计是 ABR 尽可能之链接两个区域，3 个区域为上限。

(5) 为每个区域配置区域 ID，区域 ID 用 32 位的整数来标识，可以定义为 IP 地址格式，也可以用十进制数标识，其中，Area 0 为骨干区域，非骨干区域一定要连接在骨干区域上。非骨干区域之间不能直接交换路由信息，必须通过 Area 0。

(6) 每个区域都有自己独立的 LSDB，SPF 路由计算独立进行。LSA 洪泛和 LSDB 同步也只在区域内进行。形成 OSPF 邻居关系的接口必须在同一区域。

在实际设计中，应当根据网络规模、业务需求等因素来灵活地选择网络拓扑和配置方案，以确保网络的高可靠性和高效性。

5. 多区域 OSPF 网络配置实例

在图 4-16 的案例中，R01 所直连的网络均属于 OSPF 的骨干区域 area0，R02 与 R04 所在的区域被划分为 area1，R03 与 R05 所在的区域为 area2。该多区域的 OSPF 网络配置过程如下。

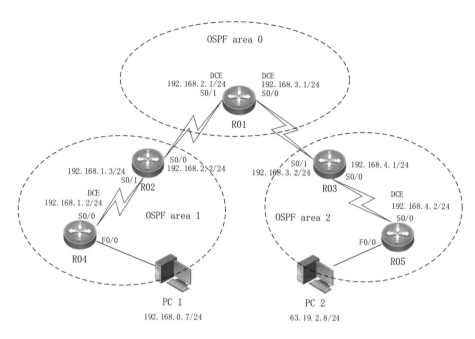

图 4-16 多区域 OSPF 网络拓扑图

R01 的 OSPF 协议进程配置：

```
Router#configure terminal
Router(config)#hostname R01
R01(config)#interface s0/1
R01(config-if)#ip address 192.168.2.1 255.255.255.0
R01(config-if)#clock rate 64000
R01(config-if)#no shutdown
R01(config-if)#exit

R01(config)#interface s0/0
R01(config-if)#ip address 192.168.3.1 255.255.255.0
R01(config-if)#clock rate 64000
R01(config-if)#no shutdown
R01(config-if)#exit

R01(config)#interface loopback 0
R01(config-if)#ip address 10.1.1.1 255.255.255.0
R01(config-if)#no shutdown
R01(config-if)#exit

R01(config)#router ospf 10
R01(config-router)#network 192.168.2.0 0.0.0.255 area 0
R01(config-router)#network 192.168.3.0 0.0.0.255 area 0
R01(config-router)#network 10.1.1.0 0.0.0.255 area 0
R01 (config-router)#exit
```

R02 的 OSPF 协议进程配置:

```
Router#configure terminal
Router(config)#hostname R02
R02(config)#interface s0/1
R02(config-if)#ip address 192.168.1.3 255.255.255.0
R02(config-if)#no shutdown
R02(config-if)#exit

R02(config)#interface s0/0
R02(config-if)#ip address 192.168.2.2 255.255.255.0
R02(config-if)#no shutdown
R02(config-if)#exit

R02(config)#interface loopback 0
R02(config-if)#ip address 10.1.2.1 255.255.255.0
R02(config-if)#no shutdown
R02(config-if)#exit

R02(config)#router ospf 10
R02(config-router)#network 192.168.2.0 0.0.0.255 area 0
R02(config-router)#network 192.168.1.0 0.0.0.255 area 1
R02(config-router)#network 10.1.2.0 0.0.255 area 1
R02(config-router)#exit
```

R04 的 OSPF 协议进程配置:

```
Router#configure terminal
Router(config)#hostname R04
R04(config)#interface s0/0
R04(config-if)#ip address 192.168.1.2 255.255.255.0
R04(config-if)#clock rate 64000
R04(config-if)#no shutdown
R04(config-if)#exit

R04(config)#interface f0/0
R04(config-if)#ip address 192.168.0.1 255.255.255.0
R04(config-if)#no shutdown
R04(config-if)#exit

R04(config)#interface loopback 0
R04(config-if)#ip address 10.1.3.1 255.255.255.0
R04(config-if)#no shutdown
R04(config-if)#exit

R04(config)#router ospf 10
R04(config-router)#network 192.168.1.0 0.0.0.255 area 1
```

```
R04(config-router)#network 192.168.0.0 0.0.0.255 area 1
R04(config-router)#network 10.1.3.0 0.0.0.255 area 1
R04(config-router)#exit
```

路由器 R03 与路由器 R05 的 OSPF 路由协议配置与路由器 R02 和 R04 类似，此处不再重复。

4.7 ACL

访问控制列表(access control list，ACL)是一种网络安全技术，也称为数据包过滤技术或者包过滤防火墙技术。通常配置在三层设备上，通过在路由器、三层交换机或防火墙等设备上设置规则，以允许或阻止流量从特定源或目标进入或离开网络。

ACL 通常由多个规则组成，每个规则指定了一组条件，这些条件可以是源 IP 地址、目标 IP 地址、协议类型、端口号等，以及要执行的操作，如允许或拒绝。

在网络设备上定义好 ACL 规则后，将该规则应用到指定端口上。该端口一旦激活，就会按照 ACL 规则对进出的每一个数据包进行匹配检查，决定该数据包是被允许还是拒绝通过。通常，这些 ACL 规则不止一条，指令需要自上而下对比匹配规则，一旦有一条规则匹配成功，将不再检查后面的规则。

4.7.1 ACL 的分类

1. 按照过滤方式分类

按照过滤方式分类：ACL 可以分为标准 ACL 和扩展 ACL。

(1) 标准 ACL

标准 ACL 是一种基于源 IP 地址的访问控制列表，它可以过滤掉网络中的数据流，控制哪些数据流能够通过路由器，哪些不能通过。

标准 ACL 的匹配规则只针对 IP 数据包中的源 IP 地址进行匹配，不能过滤目标 IP 地址或其他的 IP 头部字段。标准 ACL 通常被用于控制对特定主机或网络的访问。

标准 ACL 的应用场景有：

① 控制特定主机或网络的访问：可以通过配置标准 ACL，只允许特定的 IP 地址访问网络或主机，而其他 IP 地址则被禁止访问。

② 控制网络中的流量：可以通过配置标准 ACL，限制某些主机的流量，以确保网络中的带宽得到合理的分配，从而避免网络拥塞。

③ 提高网络安全性：可以通过配置标准 ACL，限制一些不必要的数据流，保护网络的安全性。

(2) 扩展 ACL

扩展 ACL 是一种可以根据协议类型、源 IP 地址、目的 IP 地址、源端口号、目的端口号等多个因素进行过滤的 ACL。相对于标准 ACL 只能根据源 IP 地址进行过滤，扩展 ACL

可以更加精细地控制网络流量。在路由器上配置扩展 ACL 可以让管理员针对不同的网络流量进行不同的策略限制，从而提高网络安全性和性能。

扩展 ACL 的工作原理如下：

路由器接收到一个数据包后，会检查该数据包是否需要进行 ACL 过滤。

如果需要进行 ACL 过滤，则会先检查数据包的协议类型，判断该数据包是 TCP、UDP还是其他类型。

接着，路由器会检查数据包的源 IP 地址和目的 IP 地址是否符合 ACL 中规定的地址范围。如果不符合，则该数据包会被路由器丢弃。

如果数据包的源 IP 地址和目的 IP 地址符合 ACL 中规定的地址范围，那么路由器会继续检查数据包的源端口号和目的端口号是否符合 ACL 中规定的端口范围。如果不符合，则该数据包会被路由器丢弃。

如果数据包的源 IP 地址、目的 IP 地址、源端口号和目的端口号都符合 ACL 中的规定，那么该数据包就会按照 ACL 中的配置进行处理，可以允许通过、拒绝或者重定向到其他接口。

需要注意的是，扩展 ACL 是有方向性的，既可以对进入路由器的数据包进行过滤，也可以对从路由器出去的数据包进行过滤。在配置扩展 ACL 时，需要明确规定过滤方向。

2. 按照标识分类

按照启用标识来区分，ACL 可以分为基于编号的 ACL、基于名称的 ACL 和基于时间的 ACL。

(1) 基于编号的 ACL

基于编号的 ACL 是一种最常见的 ACL 类型之一，它使用数字序列来标识网络流量的源和目的地址，并根据指定的访问规则来允许或拒绝该流量。

基于编号的 ACL 可以使用数字 0~99 或者 100~199 之间的数字，分别对应于标准 IPv4 ACL 和扩展 IPv4 ACL。这些数字可以根据网络管理员的需要进行更改。

(2) 基于名称的 ACL

基于名称的 ACL(named ACL)是一种将访问控制列表命名的方法，与基于编号的 ACL(numbered ACL)相反。使用 Named ACL 可以更容易地理解 ACL 的目的，并且更容易进行管理。

named ACL 通常由管理员在路由器或交换机上创建，并用描述性名称标识。与 numbered ACL 不同，named ACL 不需要按照特定的数字顺序进行配置，因此更易于维护。另外，named ACL 可以通过复制和粘贴来方便地复用和修改。

(3) 基于时间的 ACL

基于时间的 ACL 是一种特殊类型的 ACL，它可以允许或拒绝特定时间范围内的数据流。它是一种动态 ACL，允许管理员在特定时间段内设置允许或拒绝特定类型的数据流。

基于时间的 ACL 可以帮助网络管理员在指定的时间段内实施更严格的安全策略,例如在业务非常繁忙时拒绝对某个应用程序的访问。此外,它还可以帮助限制带宽消耗,使得在网络闲置时,允许数据流通过更大的带宽进行传输,而在网络繁忙时则限制数据流传输的速度。

基于时间的 ACL 通常使用扩展 ACL 来实现,其中在 ACL 中定义时间范围,然后将 ACL 应用于特定的接口或接口组。这样,可以限制特定类型的数据流在指定的时间段内进入或离开网络。

4.7.2 基于编号的 ACL 配置方法

基于编号的 ACL 是指使用数字编号来表示 ACL 条目。在配置时,每个 ACL 条目都有一个唯一的数字编号,可以根据需要插入、删除或修改条目。ACL 条目的编号是按顺序分配的,第一个条目的编号为 1,第二个为 2,以此类推。当数据包进入或离开路由器接口时,路由器会逐一比对 ACL 条目的编号,并按照规则进行过滤或允许通过。

基于编号的 ACL 可以分为两种类型:标准 ACL 和扩展 ACL。其中标准 ACL 的编号范围是 1~99 和 1300~1999;扩展 ACL 的编号范围是 100~199 和 2000~2699。

1. 基于编号的标准 ACL 配置方法

标准 ACL 仅能根据源 IP 地址进行过滤,其配置过程和方法如下:

(1) 编制规则

基于编号的标准 ACL 配置语法如下:

```
access-list access-list-number {deny|permit} {source [source-wildcard]|any}
```

其中,access-list-number 为 ACL 编号,范围是 1~99 和 1300~1999。deny 或 permit 指定 ACL 执行的动作。source 指定要过滤的源地址,source-wildcard 指定源地址的通配符掩码,any 表示匹配任何源地址。

下面是一个基于编号的标准 ACL 的例子:

```
Router(config)#access-list 10 deny 192.168.1.0 0.0.0.255
Router(config)#access-list 10 permit any
```

以上配置表示拒绝源地址为 192.168.1.0/24 的流量,并允许所有其他流量。ACL 编号为 10,表明这是一个标准 ACL,拒绝规则在前,允许规则在后。

(2) 应用规则

配置好规则以后,还需要把规则应用到对应的接口上,只有当这个接口被激活后,规则才能起作用。例如

```
Router(config)# interface GigabitEthernet0/0
Router(config-if)# ip access-group 10 in
```

上面命令中的参数 in 表示数据经接口进入设备,也称入栈;当数据经接口流出设备时,称为出栈,使用参数 out。应用 ACL 规则时,一定要注意控制接口数据的方向。

如果需要删除某个 ACL,可以使用 no 命令,格式如下:

```
Router(config)# no access-list {编号}
```

2. 基于编号的标准 ACL 配置实例

如图 4-17 所示的案例为一个公司的内部网络，PC 1 代表经理部的电脑，PC 2 代表销售部电脑，Server 代表公司的财务数据服务器。路由器 RA 和路由器 RB 使用 DCE 串口线互联，使用静态路由实现全网互通。为了安全起见，公司领导要求销售部不能访问财务服务器，但经理部可以。各设备 IP 和接口信息见图 4-17。

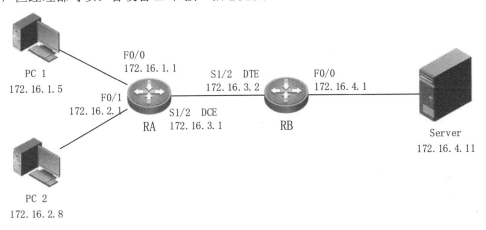

图 4-17　标准 ACL 配置实例拓扑图

配置过程如下：

(1) RA 基本配置

```
Router#configure terminal
Router(config)#hostname RA
RA(config)#interface s1/2
RA(config-if)#ip address 172.16.3.1 255.255.255.0
RA(config-if)#clock rate 64000
RA(config-if)#no shutdown
RA(config-if)#exit

RA(config)#interface f0/0
RA(config-if)#ip address 172.16.1.1 255.255.255.0
RA(config-if)#no shutdown
RA(config-if)#exit
RA(config)#interface f0/1
RA(config-if)#ip address 172.16.2.1 255.255.255.0
RA(config-if)#no shutdown
RA(config-if)#exit
```

(2) RB 配置过程

```
Router#configure terminal
Router(config)#hostname RB
RB(config)#interface s1/2
RB(config-if)#ip address 172.16.3.2 255.255.255.0
```

```
RB(config-if)#no shutdown
RB(config-if)#exit

RB(config)#interface f0/0
RB(config-if)#ip address 172.16.4.1 255.255.255.0
RB(config-if)#no shutdown
RB(config-if)#exit
```

(3) 配置静态路由实现全网互通

```
RA(config)#ip route 172.16.4.0 255.255.255.0 serial 1/2

RB(config)#ip route 172.16.1.0 255.255.255.0 serial 1/2
RB(config)#ip route 172.16.2.0 255.255.255.0 serial 1/2
```

(4) 编制基于编号的标准 ACL 规则

```
RB(config)#access-list 1 deny 172.16.2.0 0.0.0.255
       !拒绝来自于 172.16.2.0 网段的数据包通过
RB(config)#access-list 1 permit 172.16.1.0 0.0.0.255
       !允许来自于 172.16.1.0 网段的数据包通过
```

(5) 应用 ACL 到接口上

```
RB(config)#interface f0/0
RB(config)#ip access-group 1 out
```

从拓扑图可知，可以有多个接口能实现阻止 172.16.2.0 网段的数据包通过，一般来说，标准访问控制列表应用在尽量靠近目的地址的接口。

在配置完成后，可以使用"show access-lists 1"查看 ACL 规则信息；还可以使用"show ip interface f0/0"查看 f0/0 端口信息，里面包含有 ACL 的应用状态。

分别从 PC 1 和 PC 2 测试是否能访问 Server，以此验证 ACL 的配置效果。

3. 基于编号的扩展 ACL 配置方法

基于编号的扩展 ACL 是一种基于 IP 地址、协议类型和端口号的过滤方法，可以实现更细粒度的流量控制。它允许管理员通过定义过滤条件控制流量，从而限制某些类型的数据流量进入或离开网络。这种 ACL 可以基于源 IP 地址、目标 IP 地址、传输层协议类型(如 TCP、UDP)和端口号来过滤流量。

(1) 编制规则

基于编号的扩展 ACL 命令格式如下：

```
Router(config)# access-list {编号} {permit|deny} {协议} {源地址} {源掩码} {目标地址} {目标掩码}
[eq|gt|lt] {端口号}
```

其中，{编号}为 100 到 199 或 2000 到 2699 的数字，{permit|deny}表示允许或禁止匹配的数据包，{协议}表示要匹配的 IP 协议类型(如 TCP、UDP 等)，{源地址}和{源掩码}表示源 IP 地址和通配符掩码，{目标地址}和{目标掩码}表示目标 IP 地址和通配符掩码，[eq|gt|lt]{端口号}表示端口号限制条件，eq 为"等于"，gt 表示"大于"，lt 表示"小于"，端口号限制条件可以省略，省略后表示包含所有端口。

(2) 应用规则

在接口应用扩展 ACL 规则的方式，与基于编号的标准 ACL 一致。在扩展 ACL 中，对于数据的检查可以做得比较精确，所以 ACL 规则可以应用在靠近源端的位置。

语法格式为：

```
Router(config)#interface interface-type interface-number
Router(config-if)#ip access-group {编号} {in | out}
```

(3) 在编制和应用扩展 ACL 时，要遵循以下原则：

① 最小特权原则：只给受控对象完成任务所必需的最小权限。也就是说，被控制的总规则是各个规则的交集，只满足部分条件的是不允许通过的规则。

② 最靠近受控对象原则：也就是说，在检查规则时，采用自上而下的方式在 ACL 中一条条检测，只要符合条件就立刻转发，而不继续检测下面的 ACL 语句。

③ 默认丢弃原则：默认最后一句为 "Deny any any"，也就是丢弃所有不符合条件的数据包。

④ 自身流量无法限制：ACL 只能过滤流经路由器的流量，对路由器自身发出的数据包不起作用。

⑤ 允许通过原则：一个 ACL 中至少有一条允许语句，否则所有的语句将会全部被拒绝通行。

⑥ 指令的优先级原则：在组织 ACL 指令规则时，越具体的语句要越放在前面，越一般的语句要越放在后面。

⑦ 至少有一条 Permit 语句：编写的规则中，至少有一条 "Permit" 语句，否则会导致全部数据包被隐含规则拒绝。

4. 基于编号的扩展 ACL 配置实例

如图 4-18 所示的拓扑结构是某企业的内网场景， PC 1 代表公司行政部网络中的某台电脑，PC 2 代表公司销售部网络中的某台电脑，Server 提供 Web 服务。公司规定只允许行政部的电脑访问 Server 的 Web 服务，其他计算机都被禁止访问 Server，行政部的其他服务请求也均被禁止。

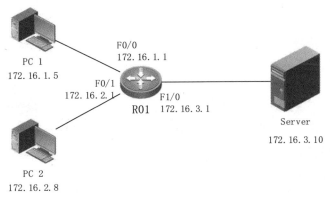

图 4-18　基于编号的扩展 ACL 配置实例拓扑图

其中 ACL 的规则编制如下：

R01(config)#access-list 101 permit tcp 172.16.1.0 0.0.0.255 172.16.3.0 0.0.0.255 eq 80
R01(config)#access-list 101 deny ip any any

因为要控制访问的目标只有一台服务器 Server，因此上面的规则还可以改为：

R01(config)#access-list 101 permit tcp 172.16.1.0 0.0.0.255 host 172.16.3.10 eq www
R01(config)#access-list 101 deny ip any any

如果行政部只有一台电脑 PC 1，按照最小特权原则，ACL 的规则还可以改为：

R01(config)#access-list 101 permit tcp host 172.16.1.5 host 172.16.3.10 eq www
R01(config)#access-list 101 deny ip any any

上面命令中的 www 表示端口 80，除此以外还可以用其他常见服务名称来代替其端口，例如 ftp 表示 FTP 的控制端口 21，用 ftp-data 表示 FTP 的数据端口 20，如表 4-3 所示。

表 4-3　常见的网络服务与端口号

端口号	关键字	描述	TCP/UDP
20	FTP-DATA	(文件传输协议)FTP(数据)	TCP
21	FTP	(文件传输协议)FTP	TCP
23	TELNET	终端连接	TCP
25	SMTP	简单邮件传输协议	TCP
80	www	万维网	TCP
53	DOMAIN	域名服务器(DNS)	TCP/UDP
42	NAMESERVER	主机名字服务器	UDP
69	TFTP	普通文件传输协议(TFTP)	UDP

选择最佳应用 ACL 的接口，应用该 ACL 规则：

R01(config)#interface f1/0
R01(config-if)#ip access-group 101 out
R01(config-if)#end

4.7.3　基于名称的 ACL 配置方法

基于编号的 ACL 不容易识别，数字编号也不容易区分，更重要的是基于编号的 ACL 修改不方便。近年来，基于名称的 ACL 更受欢迎。基于名称的 ACL 使用更有意义的名称而不是数字来标识和应用 ACL。

基于名称的 ACL 也称命名 ACL，可以更容易地管理和维护，特别是在配置多个 ACL 规则时。它使用关键词 standard 表示标准 ACL，extended 表示扩展 ACL。

1. 创建标准名称 ACL

其语法格式为：

Router(config)#ip access-list standard {名称}
Router(config-std-nacl)#permit {源地址} {源掩码}　　!掩码使用通配符掩码

Router(config-std-nacl)#deny {源地址} {源掩码}　　　　!掩码使用通配符掩码
Router(config-std-nacl)#permit any
Router(config-std-nacl)#exit

值得注意的是，上面命令格式中的{名称}可以是英文字符，也可以是数字，当用数字时应使用标准 ACL 编号，即 1~99 或 1300~1999。

例如，4.7.2 节中基于编号的标准 ACL 配置实例中的 ACL 规则，可以改写为：

RB(config)#ip access-list standard aclname
RB(config-std-nacl)#deny 172.16.2.0 0.0.0.255
　　　　!拒绝来自于 172.16.2.0 网段的数据包通过
RB(config-std-nacl)#permit 172.16.1.0 0.0.0.255
　　　　!允许来自于 172.16.1.0 网段的数据包通过
RB(config-std-nacl)#exit

2. 创建扩展名称 ACL

其语法格式为：

Router(config)#ip access-list extended {名称}
Router(config-ext-nacl)#{permit|deny} {协议} {源地址} {源掩码} {目标地址} {目标掩码} [eq|gt|lt] {端口号}

例如，4.7.2 节基于编号的扩展 ACL 配置实例中，其 ACL 规则的编制可以改为：

Router(config)#ip access-list extended acl_name
Router(config-ext-nacl)#permit tcp host 172.16.1.5 host 172.16.3.10 eq www
Router(config-ext-nacl)#deny ip any any
Router(config-ext-nacl)#exit

3. 应用扩展名称 ACL

在接口应用基于名称的 ACL 与应用基于编号的 ACL 的方法基本一致，只不过将编号替换为名称即可：

Router(config)#interface interface-type interface-number
Router(config-if)#ip access-group {名称} {in | out}

例如：

Router (config)#interface f1/0
Router (config-if)#ip access-group acl_name out
Router (config-if)#end

4.7.4　基于时间的 ACL 配置方法

基于时间的 ACL 是一种特殊类型的 ACL，它根据时间范围来控制网络上的流量。具体而言，它允许管理员在特定的时间段内允许或拒绝特定类型的流量。时间可以指定为绝对时间(例如，1 月 1 日下午 3 点)或相对时间(例如，10 分钟后)。基于时间的 ACL 通常用于实现网络访问控制和安全策略，以提高网络的安全性和可靠性。

在基于时间的 ACL 中，管理员可以指定时间范围并将其与一个 ACL 关联。当路由器接收到数据包时，它将检查数据包的源 IP 地址和目标 IP 地址是否与 ACL 的规则匹配，并检查当前时间是否在规定的时间范围内。如果匹配，则根据 ACL 规则决定数据包的处理方式。

基于时间的 ACL 可以通过以下步骤进行配置：

(1) 配置时间范围，指定时间段的开始时间和结束时间。命令格式为：

Router (config)#time-range time-range-name

Router (config-time-range)#absolute start-time end-time

其中，time-range-name 是时间范围名称，start-time 和 end-time 是时间范围的开始时间和结束时间。可以使用绝对时间或相对时间来指定时间。

例如：

Router(config)#time-range work-time

Router(config-time-range)#absolute start 08:00 1 Jan 2017 end 17:00 1 Feb 2018

Router(config-time-range)#exit

除了使用 absolute 关键词以外，还可以使用 periodic 单词来定义周期性时间段，其格式为：

Router(config-time-range)#periodic {weekend | weekdays | daily} hh:mm to hh:mm

例如：设置为工作日的 9 点至 18 点：

Router(config-time-range)#periodic weekdays 09:00 to 18:00

(2) 配置 ACL 规则，指定允许或拒绝流量的源 IP 地址、目标 IP 地址和协议类型，并将其与时间范围关联。一般基于编号的 ACL 格式编写，最后使用 time-range 附带上时间范围名称，例如：

Router(config)#access-list 122 deny tcp 192.168.10.0 0.0.0.255 any eq 80 time-range work-time

(3) 将 ACL 应用于相应的接口。

下面以某公司为例，展示基于时间的 ACL 设置过程。

某公司要求员工在 2022 年 4 月 1 日到 2022 年 6 月 1 日期间周一到周五的上班时间 9：00--17：00 不能浏览 web 站点，不能使用 QQ。

分析：web 站点用 tcp80(HTTP)或 tcp443(HTTPS)，QQ 用 8000(TCP/UDP)或 4000(UDP)。

配置命令如下：

Router(config)#time-range worktime

Router(config-time-range)#absolute start 00:00 1 April 2022 end 23:59 1 June 2022

Router(config-time-range)#periodic weekdays 09:00 to 17:00

Router(config-time-range)#exit

Router(config)#access-list 122 deny tcp 192.168.10.0 0.0.0.255 any eq 80 time-range worktime

Router(config)#access-list 122 deny tcp 192.168.10.0 0.0.0.255 any eq 443 time-range worktime

Router(config)#access-list 122 deny tcp 192.168.10.0 0.0.0.255 any eq 8000 time-range worktime

Router(config)#access-list 122 deny udp 192.168.10.0 0.0.0.255 any eq 8000 time-range worktime

Router(config)#access-list 122 permit ip any any

Router(config)#interface f0/0

Router(config-if)#ip access-group 122 out

4.8　NAT

随着网络的发展，网络地址转换(NAT，network address translation)在网络建设中正发挥着不可替代的作用。从本质上来说，NAT 的出现是为了缓解 IP 地址不足的问题，而在实际应用中，NAT 还具备一些衍生功能，诸如隐藏并保护网络内部的计算机，以避免来自网络外部的攻击、方便内部网络地址规划。

接下来介绍 NAT 技术的基本原理。

随着接入 Internet 的计算机数量的不断猛增，IP 地址资源也就显得愈加紧张。在实际应用中，一般用户几乎申请不到整段的 C 类和 B 类 IP 地址。当我们的企业向 ISP 申请 IP 地址时，所分配的地址也不过只有几个或十几个 IP 地址。显然，这样少的 IP 地址根本无法满足网络用户的需求。为了缓解供给和需求不可调和的矛盾，使用 NAT 技术便成为了企业和 ISP 的必然选择。

企业使用 NAT 时，一般认为应当使用 RFC1918 规定的三段私有地址部署企业内部网络。当企业内部设备试图以私有地址为源，向外部网络(Internet)发送数据包的时候，NAT 可以对 IP 包头进行修改，先前的源 IP 地址—私有地址被转换成合法的公有 IP 地址(前提是，该共有 IP 地址应当是企业已经从 ISP 申请到的合法公网 IP)，这样，对于一个局域网来说，无需对内部网络的私有地址分配做大的修改，就可以满足内网设备和外网通信的需求。由于设备的源 IP 地址被 NAT 替换成了公网 IP 地址，设备对于外网用户来说就显得"不透明"，达到了保证设备安全性的目的。在这种情况下，内部私有地址和外部公有地址是一一对应的。甚至，我们只需使用少量公网 IP 地址(甚至是 1 个)即可实现私有地址网络内所有计算机与 Internet 的通信需求。

在企业网络中，NAT 的实现方式有三种，即静态转换 NAT、动态转换 NAT 以及网络地址端口转换(network address port translation，NAPT)。

1. 静态转换

静态转换是指将内部网络的私有 IP 地址转换为公有 IP 地址，IP 地址对是一对一的，是一成不变的，某个私有 IP 地址只转换为某个公有 IP 地址。私有地址和公有地址的对应关系由管理员手工指定。借助于静态转换，可以实现外部网络对内部网络中某些特定设备(如服务器)的访问，并使该设备在外部用户看来变得"不透明"。

2. 动态转换

动态转换是指将内部网络的私有 IP 地址转换为公用 IP 地址时，IP 地址对并不是一一对应的，而是随机的。所有被管理员授权访问外网的私有 IP 地址可随机转换为任何指定的公有 IP 地址。也就是说，只要指定哪些内部地址可以进行转换，以及用哪些合法地址作为外部地址时，就可以进行动态转换。每个地址的租用时间都有限制。这样，当 ISP 提供的合法 IP 地址略少于网络内部的计算机数量时，可以采用动态转换的方式。

3. 网络地址端口转换

网络地址端口转换(network address port translation，NAPT)，也称端口多路复用(port address translation，PAT)，可以达到一个公网地址对应多个私有地址的一对多转换。在这种工作方式下，内部网络的所有主机均可共享一个合法外部 IP 地址实现对 Internet 的访问，来自不同内部主机的流量用不同的随机端口进行标示,从而可以最大限度地节约 IP 地址资源。同时，又可隐藏网络内部的所有主机，有效避免来自 Internet 的攻击。因此，目前网络中应用最多的就是端口多路复用方式。

4.8.1　静态 NAT

1. 静态 NAT 的工作原理

图 4-19 演示了静态 NAT 的工作原理。静态 NAT 的转换条目需要预先手工创建，即将局域网内部地址与一个内部可用的外网地址进行绑定。例如，图中可将局域网内部 Host A 的地址 192.168.1.6/24 与路由器 S0/0 端口的地址 10.1.1.3/24 进行绑定。当 Host A 需要访问互联网中的服务器 Server 时，静态 NAT 的步骤如下：

(1) Host A 与 Server 通信。Host A 发送的 IP 数据包中源 IP 地址为 192.168.1.6/24。

(2) 路由器 LAN Router 收到该数据包后，检查源 IP 地址，并对比 NAT 表。

(3) 路由器 LAN Router 根据 NAT 表，将内部源 IP 地址 192.168.1.6/24 转换成全局 IP 地址 10.1.1.3/24，然后重新封装数据包并发送。这里的全局 IP 地址通常是合法的公网 IP 地址或者外网地址。

(4) 当 Server 收到该数据包后,会使用全局 IP 地址 10.1.1.3/24 作为目的地址应答 Host A。

(5) 路由器 LAN Router 收到 Server 发回的数据包时，根据 NAT 表将该数据包的全局 IP 地址 10.1.1.3/24 换回局域网内部地址 192.168.1.6/24，并将数据包发给 Host A。

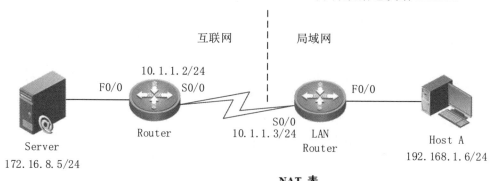

内网本地地址	全局地址
192.168.1.6	10.1.1.3
……	……

图 4-19　静态 NAT

2. 静态 NAT 的配置过程

静态地址转换 NAT 的配置过程主要分为两步：第一，指定路由器的内、外端口；第二，配置静态 NAT 的转换条目。

指定路由器内、外端口的命令格式如下：

```
Router(config)#
Router(config)#interface fastethernet_id
Router(config-if)#ip nat inside          !指定该端口为内部接口

Router(config)#interface fastethernet_id
Router(config-if)#ip nat outside          !指定该端口为外部接口
```

配置静态 NAT 的命令格式如下：

```
Router(config)#ip nat inside source static {local-ip} {global-ip | interface interface_id }
```

此命令中的 local-ip 表示本地 IP 地址，global-ip 表示全局 IP 地址，interface 表示也可以使用路由器的端口代替全局 IP 地址。若要删除该 NAT 表条目，使用该命令的 no 格式。

以图 4-19 为例，静态 NAT 的配置主要集中在 LAN Router 上，具体的配置过程如下：

```
Router(config)#
Router(config)#hostname LANRouter
LANRouter(config)#interface f0/0
LANRouter(config-if)#ip address 192.168.1.1 255.255.255.0
LANRouter(config-if)#ip nat inside
LANRouter(config-if)#no shutdown
LANRouter(config-if)#exit

LANRouter(config)#interface s0/0
LANRouter(config-if)#ip address 10.1.1.3 255.255.255.0
LANRouter(config-if)#ip nat outside
LANRouter(config-if)#no shutdown
LANRouter(config-if)#exit

LANRouter(config)#ip nat inside source static 192.168.1.6 10.1.1.3
```

静态 NAT 通常用于将内部网络的服务器发布到外网中使用，隐藏其内部地址，也可以起到一定的保护作用。比如某公司申请了公网 IP 地址 200.1.8.7，而公司内部的 Web 服务器的内网地址为 192.168.1.100，则可以在路由器上使用静态 NAT 技术，将服务器的 Web 服务映射到路由器的公网 IP 上。此时，在编制静态 NAT 命令时，可以指定协议和端口，比如：

```
Router(config)#ip nat inside source static tcp 192.168.1.100 80 200.1.8.7 80
```

这样，公网上的其他主机便可以使用 200.1.8.7 访问到该公司的 Web 服务了。

4.8.2　动态 NAT

1. 动态 NAT 的工作原理

动态 NAT 也是将内部本地地址与全局地址进行一对一的转换，与静态 NAT 不同的是，动态 NAT 是从全局地址池里动态选择一个未被使用的全局地址与内部本地地址进行转换。因此动态地址转换条目是动态创建的，无需手工创建。如图 4-20 所示，动态 NAT 的工作步骤如下。

(1) Host A 与 Server 通信。Host A 发送的 IP 数据包中源 IP 地址为 192.168.1.6/24。

(2) 路由器 LAN Router 收到该数据包后，发现需要对该报文的源地址进行转换，于是从地址池中选择一个未被使用的全局地址 10.1.1.3/24 用于转换。

(3) 路由器 LAN Router 将内部源 IP 地址 192.168.1.6/24 转换成全局 IP 地址 10.1.1.3/24，然后重新封装数据包并发送，同时创建一条动态 NAT 表项。

(4) 当 Server 收到该数据包后，会使用全局 IP 地址 10.1.1.3/24 作为目的地址应答 Host A。

(5) 路由器 LAN Router 收到 Server 发回的数据包时，根据 NAT 表将该数据包的全局 IP 地址 10.1.1.3/24 换回局域网内部地址 192.168.1.6/24，并将数据包发给 Host A。

因此，实现动态 NAT 技术，需要设置一个本地路由器可用的全局地址池，并且还需要定义 ACL 访问控制列表，明确哪些内网主机的数据包允许被进行 NAT。关于 ACL 技术见前面章节的知识，此处不再赘述。

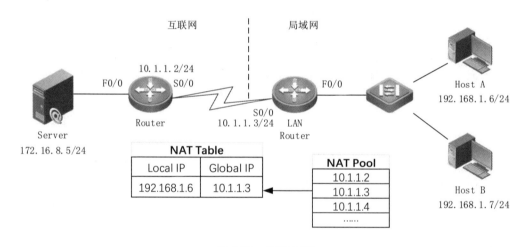

图 4-20　动态 NAT

2. 动态 NAT 的配置过程

动态 NAT 比静态 NAT 技术相对复杂一些，具体的配置过程如下。

(1) 指定路由器的内、外端口。与静态 NAT 技术相同，动态 NAT 也需要使用"ip nat"命令分别指定路由器所连接的内部接口和外部接口，从而区分内部网络和外部网络，以便进行地址转换。

(2) 定义 ACL 访问控制列表。利用 ACL 访问控制列表，明确哪些内网主机的数据包允许被进行 NAT。

(3) 定义合法的全局 IP 地址池。使用命令 ip nat pool 定义可以使用的有限的公网 IP 地址池资源，以便内网本地地址可以随机选择可供转换的公网 IP。该命令的使用格式为：

Router(config)# **ip nat pool** {地址池名称} {起始 IP 地址} {终止 IP 地址} **netmask** {子网掩码}

(4) 配置动态 NAT 的转换条目。在全局模式下，使用 ip nat inside source 命令，将符合 ACL 条件的内部本地 IP 地址转换到地址池中的全局 IP 地址。命令格式为：

Router(config)#**ip nat inside source list** {access-list-number} {**interface** interfance_id | **pool** pool_name}

其中，access-list-number 为引用的 ACL 编号；interface_id 表示路由器接口，如果使用该选项，表示路由器将使用该接口的地址进行转换；pool_name 表示引用的地址池的名称。命令中的端口号与地址池名称二选一。

例如，图 4-20 中的动态 NAT 配置应该在路由器 LAN Router 上配置，过程如下。

```
Router(config)#
Router(config)#hostname LANRouter
LANRouter(config)#interface f0/0
LANRouter(config-if)#ip address 192.168.1.1 255.255.255.0
LANRouter(config-if)#ip nat inside
LANRouter(config-if)#no shutdown
LANRouter(config-if)#exit

LANRouter(config)#interface s0/0
LANRouter(config-if)#ip address 10.1.1.3 255.255.255.0
LANRouter(config-if)#ip nat outside
LANRouter(config-if)#no shutdown
LANRouter(config-if)#exit

LANRouter(config)#access-list 10 permit 192.168.1.0 0.0.0.255
LANRouter(config)#ip nat pool ruijie 10.1.1.2 10.1.1.8 netmask 255.255.255.0
LANRouter(config)#ip nat inside source list 10 pool ruijie
LANRouter(config)#end

LANRouter#show ip nat translations          !查看动态 NAT 条目
```

4.8.3　NAPT

1. NAPT 的工作原理

静态 NAT 和动态 NAT 都是实现内网本地地址与全局地址的一对一转换。然而，大多数时候，全局地址是非常少的，而内网主机比较多，这个时候一对一转换的 NAT 技术就显得捉襟见肘了。网络地址端口转换(NAPT)可以实现一个全局地址对应多个本地地址的一对多的转换关系。参照图 4-21，NAPT 具体的工作过程如下。

(1) Host A 与 Server 通信。Host A 发送的 IP 数据包中源 IP 地址为 192.168.1.6/24，源地址的端口号为 1125，目标地址的端口号为 25。

(2) 路由器 LAN Router 收到该数据包后，发现需要将该报文的源地址进行转换，于是将 IP 数据表里的源 IP 地址转换成全局 IP 地址 10.1.1.3/24，并将源端口转换成 1880，并创建一条动态转换表项。

(3) Host B 与 Server 通信。Host A 发送的 IP 数据包中源 IP 地址为 192.168.1.7/24，源

地址的端口号为 1660，目标地址的端口号为 25。

(4) 路由器 LAN Router 收到该数据包后，发现需要将该报文的源地址进行转换，于是将 IP 数据表里的源 IP 地址转换成全局 IP 地址 10.1.1.3/24，并将源端口转换成 1339，并创建一条动态转换表项。

(5) 当 Server 收到数据包后，会使用全局 IP 地址 10.1.1.3/24 作为目的地址应答 Host A 或 Host B，并使用 1880 作为目标端口回应 HostA，使用 1339 作为目标端口回应 Host B。

(6) 路由器 LAN Router 收到 Server 发回的数据包时，根据 NAT 表将数据包的全局 IP 地址和端口号转换成局域网内部地址及其端口号，并将数据包发给主机。

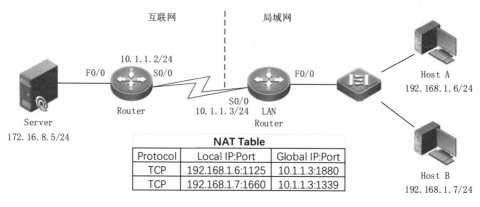

NAT Table		
Protocol	Local IP:Port	Global IP:Port
TCP	192.168.1.6:1125	10.1.1.3:1880
TCP	192.168.1.7:1660	10.1.1.3:1339

图 4-21　NAPT 工作原理

2. NAPT 的配置

NAPT 的配置步骤与配置动态 NAT 的过程基本相似，所以 NAPT 的配置步骤不再重复。主要区别在于动态 NAPT 的重载转换条目。

在全局模式下，可以使用 ip nat inside source 命令，将符合 ACL 条件的内部本地 IP 地址转换到地址池中某个全局 IP 地址，并使用 overload 重载端口。命令格式如下：

Router(config)#**ip nat inside source list** {access-list-number} {**interface** interfance_id | **pool** pool_name} overload

在配置 NAPT 时，必须使用 overload 关键字，这样路由器才会将源端口也进行转换，达到地址转换的目的。如果不指定 overload，路由器将执行动态 NAT。

例如，在图 4-21 中，LAN Router 上配置 NAPT 的过程如下：

```
Router(config)#
Router(config)#hostname LANRouter
LANRouter(config)#interface f0/0
LANRouter(config-if)#ip address 192.168.1.1 255.255.255.0
LANRouter(config-if)#ip nat inside
LANRouter(config-if)#no shutdown
LANRouter(config-if)#exit

LANRouter(config)#interface s0/0
```

```
LANRouter(config-if)#ip address 10.1.1.3 255.255.255.0
LANRouter(config-if)#ip nat outside
LANRouter(config-if)#no shutdown
LANRouter(config-if)#exit

LANRouter(config)#access-list 10 permit 192.168.1.0 0.0.0.255
LANRouter(config)#ip nat pool ruijie 10.1.1.3 10.1.1.3 netmask 255.255.255.0
LANRouter(config)#ip nat inside source list 10 pool ruijie overload
LANRouter(config)#end
```

上例通过 NAPT 技术，使用一个公网 IP 地址，把企业网络接入互联网中。

4.8.4 验证和诊断 NAT

在特权模式下常用三种命令验证、调试 NAT 地址转换。

(1) show 命令查看 NAT 运行的状态，命令格式如下：

Router(config)#**show ip nat translations** {access-list-number | icmp | tcp | udp} {verbose}

花括号中为可选项，也可以通过下面的命令查看地址转换的统计信息：

Router(config)#show ip nat statistics

(2) debug 命令可以对 NAT 的转换操作进行调试，命令格式如下：

Router(config)#**debug ip nat** {address | event | rule-match }

(3) clear 命令可以对特定的或所有的 NAT 转换条目进行清除，命令格式如下：

Router(config)#clear ip nat translation *   !*号表示清除所有转换条目
Router(config)#clear ip nat statistics   !清除 NAT 统计信息

4.9 小结

本章介绍了路由技术的原理和路由器的配置方法。路由选择是网络层的重要功能之一。路由器根据路由表实现不同网络间的数据转发，路由器的主要功能有路由和转发。路由表主要依靠静态路由或动态路由生成，静态路由通常用手工配置的方式获得，动态路由通过路由选择算法计算出最佳路径。典型的路由算法包括链路状态路由算法和距离向量路由算法。Internet 中典型的路由协议有自治系统内部路由选择协议 RIP 和 OSPF 以及自治系统间路由选择协议 BGP。RIP 是基于距离向量路由选择算法，有 RIPv1 和 RIPv2 个版本，在路由配置时，需要声明直连网络和版本信息以及是否自动汇总。OSPF 是基于链路状态路由选择算法，在配置时需要声明直连网络和网络所在的区域。基于路由器对 IP 数据包的存储转发功能，路由器还可以设置基本的网络安全配置，比如 IP ACL 访问控制列表、NAT 网络地址转换等。

通过对本章的学习，读者应该对路由技术有一定的了解，可以在常见的路由器中配置静态路由、默认路由、RIP 动态路由协议、OSPF 动态路由协议等，利用路由技术构建不同规模的局域网络，并利用 IP ACL 访问控制列表、NAT 或 NAPT 网络地址转换等技术实现网络安全。

4.10 思考与练习

1. 下列路由中，属于静态路由的是(　　)。
   A. 路由器为本地端口生成的路由
   B. 路由器通过路由协议学习而来的路由
   C. 路由器从多条路由中选出的最佳路由
   D. 路由器上手工配置的路由

2. 以下针对路由优先级和路由度量值的说法中错误的是(　　)。
   A. 路由优先级用来从多种不同路由协议之间选择最终使用的路由
   B. 路由度量值用来从同一种路由协议获得的多条路由中选择最终使用的路由
   C. 默认的路由优先级值和路由度量值都可以由管理员手动修改
   D. 路由优先级和路由度量值都是选择路由的参数，但适用于不同的场合

3. 关于 RIPv1 和 RIPv2 的描述，正确的是(　　)。
   A. RIPv1 是无类路由，RIPv2 使用 VLSM
   B. RIPv2 是默认的，RIPv1 必须配置
   C. RIPv2 可以识别子网，RIPv1 是有类路由协议
   D. RIPv1 用跳数作为度量值，RIPv2 则是使用跳数和路径开销的综合值

4. 下列(　　)路由信息不会被接收路由器添加到路由表中。
   A. R 192.168.8.0/24[120/1] via 192.168.2.2, 00:00:10, Serial0/1
   B. R 192.168.11.0/24[120/7] via 192.168.9.1,00:00:03, Serial0/1
   C. C 192.168.1.0/24 is directly connected, Ethernet0/1
   D. R 192.168.5.0/24[120/15] via 192.168.2.2,00:00:10, Serial0/1

5 (　　)的 OSPF 分组可以建立和维持邻居路由器的比邻关系。
   A. 链路状态请求   B. 链路状态确认
   C. Hello 分组   D. 数据库描述

6. 下列选项中不属于 OSPF 报文的是(　　)。
   A. Hello   B. DB
   C. LSA   D. LSAck

7. 下列命令(　　)可以把访问控制列表应用到路由器接口。
   A. permit access-list 101 out
   B. ip access-group 101 out
   C. apply access-list 101 out
   D. access-class 101 out
   E. ip access-list e0 out

8. 访问控制列表 access-list 101 permit ip 10.25.30.0 0.0.0.255 any 的结果是(　　)。
   A. 允许源地址匹配 10.25.30.0 前 24 位的所有数据包到达任何目的地址

B. 允许目的地址匹配 10.25.30.0 前 24 位的所有数据包到达任何目的地址

C. 允许所有从其他子网来的数据包到达所有的目的地址

D. 允许所有主机位在源地址的数据包到达所有的目的地址

9. 下列选项中，暗含了公有 IP 地址利用率从低到高顺序的是(　　)。

    A. NAPT，动态 NAT，静态 NAT

    B. 动态 NAT，静态 NAT，NAPT

    C. 静态 NAT，动态 NAT，NAPT

    D. 静态 NAT，NAPT，动态 NAT

10. 简述路由器路由转发的过程。

11. 简述静态路由适用的几种情况。

12. 简述 OSPF 协议的特点。

13. 简述 ACL 的匹配过程。

14. 简述配置动态 NAT 的过程。

15. 如图 4-22 所示，由三层交换机 SW1 负责管理的局域网通过出口路由器 RA 使用广域网连接与 RB 相连，可以访问 Server 的各项服务。因为安全问题，局域网内 192.168.20.0 网络段的计算机被禁止访问 Server 的 Web 服务，网络中各个端口的地址信息如图 4-22 所示。请使用 RIP 动态路由协议或 OSPF 动态路由协议完成网络中各个设备的配置。

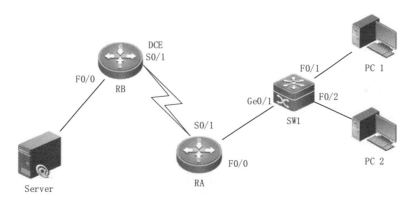

设备名称	端口	IP地址	掩码
SW1	VLAN 10	192.168.10.1	255.255.255.0
SW1	VLAN 20	192.168.20.1	255.255.255.0
SW1	VLAN 1	192.168.1.254	255.255.255.0
RA	F0/0	192.168.1.1	255.255.255.0
RA	S0/1	10.1.1.2	255.255.255.0
RB	S0/1	10.1.1.1	255.255.255.0
RB	F0/0	172.16.10.1	255.255.255.0
Server	F0	172.16.10.8	255.255.255.0
PC 1	属于vlan10，通过DHCP获取地址		
PC 2	属于vlan20，通过DHCP获取地址		

图 4-22　网络拓扑信息

第 5 章

服务器的配置

本章重点介绍以下内容：

- 服务器概述；
- 安装与配置服务器操作系统；
- 安装与配置 Web 服务器；
- 安装与配置 DHCP 服务器；
- 安装与配置 FTP 服务器；
- 安装与配置 DNS 服务器；
- 安装与配置邮件服务器。

5.1 认识服务器

服务器是一种高性能计算机，作为网络的节点，存储、处理网络上的数据和信息，也被称为网络的灵魂。

服务器有一些比较容易理解的外在表现，接下来从外观上介绍服务器的一些主要特点：

1. 机箱大

从外观结构上看，服务器的机箱一般比较大，有的虽然外观上看似与普通 PC 机差不多，实际上还是要大些，即使是入门级的 PC 服务器，比如说浪潮 NP3020M5 入门级服务器(价格 8899 元)也如此。对于一些中高档的专业服务器，机箱的差别就更大了，比如说中科曙光天演 EP850-GF。

以上所说的机箱大，是针对综合型塔式服务器而言。随着近几年服务器应用的细化，各大服务器厂商推出了专门的功能型服务器，如一些针对空间密集型环境应用推出的服务器产品，如机架式服务器、刀片式服务器等在占用空间方面做了特别的优化，大大减小了机箱所占空间。

2. 硬盘、内存容量大

服务器要面对众多的用户，接受所有用户的请求，而且还必须安装、保存许多大容量的服务器专用系统、软件，以及其他一些数据库文件，这都要求服务器的硬盘容量要足够大。目前服务器的硬盘容量通常都在 TB 级以上，还要注意的是，为了提高磁盘的存取速度，服务器硬盘通常采用 SCSI 接口，并且转速在 10 000ppm 以上的快速硬盘。在内存容量方面主要考虑服务器的用户访问速度要求，内存在很大程度上决定了系统的运行速度，服务器网络越大、越复杂、数据流量越高，内存的需求就越多。当然服务器在内存方面的要求远不止容量方面，在内存存取速度和纠错性能方面都有特殊要求。

3. 主板大

一般来说服务器主板要比 PC 机主板大许多，这主要是因为在它之中要安装比 PC 机多许多的组件，比如更多的 PCI、PCI－X、内存插槽(4 条以上)，还可能有多个 CPU 插座。

4. 有"无用"部件

在一些较高档的服务器中，可以看到一些奇怪的现象：在一台机中会有两个电源，还有两个风扇，还装有一些并没有真正连接的网卡，当然还有好像也没有用的硬盘。其实这些都不是没有用，只是当前不用而已，当正在工作的相同部件出现故障时，它们就接替工作，俗称"冗余件"。有了这些冗余件，即使正在运行的部件出现了故障，也可使整个网络保持继续正常运行。这对确保服务器的高稳定性不间断工作非常重要。电源、风扇和网卡冗余可能大家都好理解，直接替换即可。而对于硬盘冗余，则需要定期对正在工作的硬盘进行备份，才能使冗余硬盘接替后立即为当前的网络系统提供服务。

5. 支持热插拔

热插拔技术主要是方便对服务器的维护，如发现硬盘可用空间不够了，或者是发现某个硬盘坏了，我们把支持热插拔的新硬盘插上服务器预留的位置，或者把坏的硬盘从服务器直接拔下来进行维修，从而保证了服务不中断。支持热插拔技术的有 CPU、内存、硬盘、电源、风扇、网卡等，极大地方便了服务器的维护，确保服务器一直运行。

从不同角度观察服务器，可以对服务器有不同的分类方法。

(1) 根据体系结构不同，服务器可以分成两大重要的类别：RISC 架构服务器和 IA 架构服务器。

这种分类标准的主要依据是两种服务器采用的处理器体系结构不同。RISC 架构服务器采用的 CPU 是所谓的精简指令集的处理器，精简指令集 CPU 的主要特点是采用定长指令，使用流水线执行指令。IA 架构的服务器采用的是 CISC 体系结构，即复杂指令集体系结构，这种体系结构的特点是指令较长，指令的功能较强，单个指令可执行的功能较多。

(2) 根据服务器的规模不同，可以将服务器分成工作组服务器、部门服务器和企业服务器。

这是一种相对比较老的分类方法，主要是根据服务器应用环境的规模来分类，比如一个十台客户机左右的计算机网络适合使用工作组服务器，这种服务器采用 1 个处理器、较小的硬盘容量和不是很强的网络吞吐能力。

一个几十台客户机的计算机网络适用部门级服务器，部门级服务器相对能力要强，采用两块及以上处理器，较大的内存和磁盘容量。磁盘 I/O 和网络 I/O 的能力也较强，这样这台服务器才能有足够的处理能力来受理客户端提出的服务需求。

企业级的服务器往往处于百台客户机以上的网络环境，为了承担对大量服务请求的响应，这种服务器采用 4 块及以上处理器，有大容量的硬盘和内存，并且能够进一步扩展来满足更高的需求，同时要应付大量的访问，这种服务器的网络速度和磁盘速度也很高。为达到这个要求，往往要采用多个网卡和多个硬盘并行处理。

(3) 根据服务器的功能不同，可以把服务器分成很多类别。

① 文件服务器/打印服务器，这是最早的服务器种类，它可以执行文件存储和打印机资源共享的服务，至今，这种服务器还在办公环境里得到了广泛应用。

② 数据库服务器，运行一个数据库系统，用于存储和操纵数据，向连网用户提供数据查询、修改服务，这种服务器也是一种广泛应用在商业系统中的服务器。

③ Web 服务器、邮件服务器、新闻服务器、代理服务器，这些服务器都是 Internet 应用的典型，它们能完成网页的存储和传送、电子邮件服务、新闻组服务、代理服务等。

所有上面讲的这些服务器，都不仅仅是一个硬件系统，它们往往是通过硬件和软件的结合来实现特定的功能。

5.2　服务器的作用与功能

网络服务器是计算机局域网的核心部件。网络操作系统是在网络服务器上运行的系统软件，网络服务器的效率直接影响整个网络的效率。因此，一般要用高档计算机或专用服务器作为网络服务器。网络服务器主要有以下 4 个作用：

(1) 运行网络操作系统，控制和协调网络中各计算机之间的工作，最大限度地满足用户的要求，并做出响应和处理。

(2) 存储和管理网络中的共享资源，如数据库、文件、应用程序、磁盘空间、打印机、绘图仪等。

(3) 为各工作站的应用程序服务，如采用 Client/Server 结构使网络服务器不仅担当网络服务器，而且还担当应用程序服务器。

(4) 对网络活动进行监督及控制，对网络进行实际管理，分配系统资源，了解和调整系统运行状态，关闭/启动某些资源等。

服务器主要用于网站和大型数据库，其高性能主要体现在高速计算能力、长期可靠运行、强大的外部数据、吞吐量等方面，服务器的结构与微型计算机基本相似，包括处理器、硬盘、内存、系统总线等。它是专门为特定的网络应用而制定的，因此服务器和微型计算机具有处理能力、稳定性、可靠性和安全性。

5.3　安装与配置服务器操作系统

Windows 服务器是 Microsoft Windows Server System(WSS)的核心，是 Windows 的服务器操作系统。Windows Server 2016 是微软公司研发的服务器操作系统，于 2016 年 10

月 13 日发布。

Windows Server 2016 基于 Long-Term Servicing Branch 1607 内核开发，引入了新的安全层保护用户数据、控制访问权限，增强了弹性计算能力，降低存储成本并简化网络，还提供新的方式进行打包、配置、部署、运行、测试和保护应用程序。

Windows Server 2016 可以提供高经济效益与高度虚拟化的环境，包括 3 个主要版本：

(1) Datacenter Edition(数据中心版)：适用于高度虚拟化和软件定义数据中心环境。

(2) Standard Edition(标准版)：适用于低密度或非虚拟化的环境。

(3) Essential Edition(基本版)：适用于最多 25 个用户，最多 50 台设备的小型企业。

对于 Standard 和 Datacenter 版本，有三个安装选项：

(1) 具有桌面体验的服务器(Server with Desktop Experience)：该安装选项为那些需要运行需要本地 UI 的应用程序或远程桌面服务主机的用户提供了理想的用户体验。此选项具有完整的 Windows 客户端外壳和体验，并且服务器本地提供了服务器 Microsoft 管理控制台和服务器管理器工具。

(2) 服务器核心(Server Core)：该安装选项从服务器上删除了客户端 UI，从而提供了在轻型安装中运行大多数角色和功能的安装。Server Core 不包括可远程使用的 MMC 或 Server Manager，但包括有限的本地图形工具，例如 Task Manager 以及用于本地或远程管理的 PowerShell。

(3) Nano Server：该安装选项提供了理想的轻量级操作系统，以基于容器和微服务运行"云原生"应用程序。它也可以用于运行敏捷且具有成本效益的数据中心，而其 OS 占用空间却大大减小。由于它是服务器操作系统的轻松安装，因此可以通过 Core PowerShell，基于 Web 的服务器管理工具或现有的远程管理工具远程完成管理。

5.3.1 安装的基本要求

在安装 Windows Server 2016 操作系统之前应先了解其系统要求，Windows Server 2016 的系统最低配置要求如下(表 5-1)：

(1) 处理器：1.4GHz 的 64 位处理器。

(2) 内存：512MB(带桌面体验的服务器安装选项为 2 GB)。

(3) 硬盘空间：32GB。

(4) 网络适配器：至少有千兆位吞吐量的以太网适配器。

表 5-1　系统最低配置要求

硬件	最低配置	推荐
CPU 速度	1.4GHz(x64)	≥2GHz
内存容量	512MB(非桌面环境)	≥2GB(桌面环境)
磁盘空间	32GB	≥40GB

5.3.2   安装 Windows Server 2016

使用 Windows Server 2016 光盘，将系统安装到服务器上，具体涉及以下步骤。

(1) 设置 BIOS，让服务器从安装光盘引导启动。

启动计算机，进行 BIOS 设置，更改计算机的启动顺序，第一启动设备为光驱，保存并重启。重启计算机后，将 Windows Server 2016 的安装光盘放到光驱中，系统会自动加载图 5-1 所示的 Windows Server 2016 安装向导。

(2) 选择所使用的语言、时间、货币格式、键盘类型和输入方法等选项，单击"下一步"按钮，继续单击"现在安装"按钮，启动安装程序，进入图 5-2 所示的"选择要安装的操作系统"视图，在操作系统列表中选择"Windows Server 2016 Datacenter(桌面体验)"选项，单击"下一步"按钮。

图 5-1   Windows Server 2016 安装向导   图 5-2   选择要安装的操作系统

(3) 在"适用的声明和许可条款"对话框中，勾选"我接受许可条款"复选框，单击"下一步"按钮；在"你想执行哪种类型的安装"对话框中，单击"自定义：仅安装 Windows(高级)"选项，进行全新安装，如图 5-3 所示。

(4) 在图 5-4 所示的"你想将 Windows 安装在哪里"对话框中，选择"新建"命令链接可进行磁盘的分区操作。

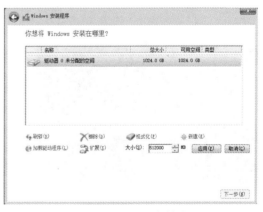

图 5-3   "你想执行哪种类型的安装"视图   图 5-4   "你想将 Windows 安装在哪里"视图

（5）在"大小"文本框中输入"512000"，即 500GB，然后单击"应用"按钮，即可完成一个 500GB 的主分区的创建，结果如图 5-5 所示。

（6）选择刚刚新建的"分区 2"，单击"下一步"按钮，安装程序将自动进行复制文件、展开文件、安装功能、安装更新、完成安装等操作。在安装过程中，系统会根据需要自动重新启动，过程如图 5-6 所示。

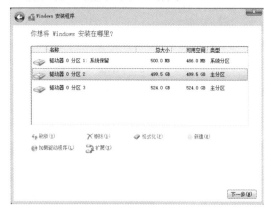

图 5-5　创建分区 2 后的"你想将 Windows
　　　　安装在哪里"视图

图 5-6　正在安装 Windows

（7）安装完成后，系统会进入图 5-7 所示的密码设置界面。在"新密码"文本框中输入密码，再次在"重新输入密码"文本框中分别输入相同密码，单击"完成"按钮，完成内置管理员账户密码的设置并进入系统。

（8）Windows Server 2016 系统安装完成后，用鼠标右击桌面左下角的"开始"按钮，在弹出的快捷菜单中单击"系统"按钮，在打开的系统窗口中"Windows 激活"栏显示 Windows 尚未激活，用户通过购买的 Windows 激活码来激活 Windows Server 2016 并正式启用，如图 5-8 所示。

图 5-7　设置密码视图

图 5-8　系统窗口

5.4 安装与配置 Web 服务器

5.4.1 基本概念

1. Web

万维网(World Wide Web，简称为 WWW)也称为 Web。万维网中信息资源主要以 Web 文档(或称 Web 页)为基本元素构成，这些文档也称为 Web 页面，是一种超文本(hypertext) 格式的信息，可以用于描述文本、图形、视频、音频等多媒体信息。

Web 上的信息是由彼此关联的文档组成的，而使其连接在一起的是超链接 (hyperlink)。这些链接可以指向内部或其他 Web 页面，彼此交织为网状结构，在 Internet 上构成了一个巨大的信息网。

2. URL

URL(uniform resource locator，统一资源定位符)也称为网页地址，用于标识 Internet 资源的地址，其格式如下：

协议类型://主机名[:端口号]/路径/文件名

URL 由协议类型、主机名、端口号、路径/文件名等信息构成，对各模块内容简要描述如下：

(1) 协议类型

协议类型用于标记资源的访问协议类型，常见的协议类型包括 HTTP、HTTPS、FTP、Mailto、Telnet、File 等。

(2) 主机名

主机名用于标记资源的名字，它可以是域名或 IP 地址。例如，http://www.zuwang.com/index.asp 的主机名为"www.zuwang.com"。

(3) 端口号

端口号用于标记目标服务器的访问端口号，端口号为可选项。如果没有端口号，表示采用了协议默认的端口号，如 HTTP 协议默认的端口号为 80，FTP 协议默认的端口号为 21。例如 http://www.zuwang.com 和 http://www.zuwang.com:80 效果是一样的，因为 80 是 HTTP 服务的默认端口。再如 http://www.zuwang.com:8080 和 http://www.zuwang.com 是不同的，因为两个服务的端口号不同。

(4) 路径/文件名

路径/文件名用于指明服务器上某资源的具体位置(其组成通常由目录/子目录/文件名构成)。

5.4.2 Web 服务的类型

目前，最常用的动态网页语言有 ASP/ASP.net、JSP 和 PHP 3 种。

ASP/ASP.net 是由微软公司开发的 WEB 服务器端开发环境，利用它可以产生和执行动态的、互动的、高性能的 Web 服务应用程序。

PHP 是一种开源的服务器端脚本语言。它大量地借用 C、Java 和 Perl 等语言的语法，并耦合 PHP 自己的特性，使 Web 开发者能够快速写出动态页面。

JSP 是 Sun 公司推出的网站开发语言，它可以在 ServerLet 和 JavaBean 的支持下，完成功能强大的 Web 站点程序。

Windows Server 2016 支持发布静态网站、ASP 网站、ASP.NET 网站的站点服务，而 PHP 和 JSP 的发布则需安装 PHP 和 JSP 的服务安装包才能支持。通常，PHP 和 JSP 网站的站点服务都在 Linux 操作系统上发布。

5.4.3 IIS 简介

Windows Server 2016 家族中的 IIS(Internet Information Services，互联网信息服务)，是一款基于 Windows 操作系统的互联网服务软件。利用 IIS 可以在互联网上发布属于自己的 Web 服务，其中包括 Web、FTP、NNTP 和 SMTP 等服务，分别用于承载网站浏览、文件传输、新闻服务和邮件发送等应用，并且还支持服务器集群和动态页面扩展如 ASP、ASP.NET 等功能。

IIS 10.0 已内置在 Windows Server 2016 操作系统当中，开发者利用 IIS 10.0 可以在本地系统上搭建测试服务器，进行网络服务器的调试与开发测试，例如部署 Web 服务和搭建文件下载服务。相比之前的版本，IIS 10.0 提供了如下一些新特性：

(1) 集中式证书，为服务器提供一个 SSL 证书存储区，并且简化对 SSL 证书绑定的管理。

(2) 动态 IP 限制，可以让管理员配置 IIS 以阻止访问超过指定请求数的 IP 地址。

(3) FTP 登录尝试限制，限制在指定时间范围内尝试登录 FTP 账户失败的次数。

(4) WebSocket 支持，支持部署调试 WebSocket 接口应用程序。

(5) NUMA 感应的可伸缩性，提供对 NUMA 硬件的支持，支持最大 128 个 CPU 核心。

(6) IIS CPU 节流，通过多用户管理部署中的一个应用程序池，限制 CPU、内存和带宽的消耗。

5.4.4 Web 服务器的安装与配置

公司门户网站是一个采用静态网页设计技术设计的网站，信息中心管理员已经收到该网站的所有数据，并在一台 Windows Server 2016 服务器上部署该站点，根据前期规划，公司门户网站的访问地址为 http://172.16.1.1 或 www.zuwang.com。在服务器上部署静态网站，可通过以下步骤完成：

(1) 安装 Web 服务器角色和功能。

(2) 通过 IIS 发布静态网站。

1. 安装 Web 服务器角色和功能

(1) 在"服务器管理器"界面上，单击"添加角色与功能"超链接，如图 5-9 所示。

(2) 在弹出的"添加角色与功能向导"对话框中，按默认选项，单击"下一步"按钮，直到进入如图 5-10 所示的"选择安装类型"窗口，选择"基于角色或基于功能的安装"，然后连续单击"下一步"按钮。

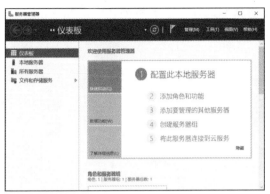

图 5-9　服务器管理器界面

图 5-10　选择安装类型窗口

(3) 在弹出的"添加角色与功能向导"对话框中，按默认选项，单击"下一步"按钮，直到进入如图 5-11 所示的"选择服务器角色"对话框，勾选"Web 服务器(IIS)"复选框，然后单击"下一步"按钮。

(4) 继续按默认设置，连续单击"下一步"按钮，直到进入如图 5-12 所示的"选择角色服务"对话框，选择"常见 HTTP 功能"复选框，然后单击"下一步"按钮。

图 5-11　选择服务器角色

图 5-12　选择角色服务窗口

(5) 在"确认"界面中，可以勾选"如果需要，自动重新启动目标服务器"复选框，单击"安装"按钮，如图 5-13 所示，安装完成后单击"关闭"按钮，就完成 Web 服务角色与功能的安装。

2. 通过 IIS 发布静态网站

(1) 将网站的所有网页文件及支撑的素材文件复制到 Web 服务器对应的文件夹，在本任务中将网站放置在"F:\公司网

图 5-13　确认安装所选内容窗口

站"目录中。网站首页的文件我们用一个新建的文件 index.htm 来代替，网站首页的内容如图 5-14 所示。

(2) 在"服务器管理器"界面下，单击"工具"选项，在下拉列表中选择"Internet Information Services (IIS)管理器"命令，打开如图 5-15 所示的"Internet Information Services (IIS)管理器"界面。

图 5-14　网站首页 index.htm 文件内容

图 5-15　Internet Information Services (IIS)管理器

(3) 在"Internet Information Services(IIS)管理器"界面中单击 Default Web Site 站点，在右侧窗格中选择"编辑网站"|"基本设置"命令，打开"编辑网站"对话框，修改"物理路径"为"F:\公司网站"，单击"确定"按钮，如图 5-16 所示。

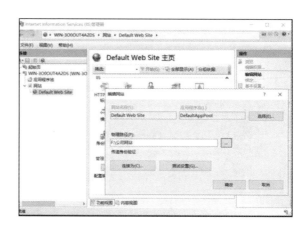

图 5-16　编辑网站

(4) 单击"编辑网站"|"绑定…"命令，在弹出的"网站绑定"对话框中再单击"编辑(E)…"按钮，在"编辑网站绑定"对话框中选择"IP 地址"为"172.16.1.1"，单击"确定"按钮，设置完成后单击"关闭"按钮，如图 5-17 所示。

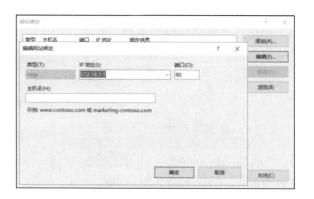

图 5-17　网站绑定

(5) 在公司的客户机上使用浏览器访问网址 http://172.16.1.1，结果显示公司网站能正常访问，结果如图 5-18 所示。

图 5-18 基于 IP 地址访问公司网站

5.5

安装与配置 DHCP 服务器

5.5.1 DHCP 的概念

假设公司有 300 台计算机需要配置 TCP/IP 参数，如果手动配置，每台需要耗费 2 分钟，一共就需要 600 分钟，如果某些 TCP/IP 参数发生变化，则重复上述工作。在部署后的一段时间，如果还有一些移动 PC 需要接入，管理员必须从未被使用的 IP 地址中分配出一部分给这些移动 PC，但问题是哪些 IP 未被使用？因此管理员还必须对 IP 地址进行管理，登记已分配 IP、未分配 IP 和到期 IP 等 IP 信息。

这种手动配置 TCP/IP 参数的工作非常烦琐而且效率低下，DHCP 协议专门用于为 TCP/IP 网络中的主机自动分配 TCP/IP 参数。DHCP 客户端在初始化网络配置信息时会主动向 DHCP 服务器请求 TCP/IP 参数，DHCP 服务器收到 DHCP 客户端的请求信息后，DHCP 服务器通过将管理员预设的 TCP/IP 参数发送给 DHCP 客户端，DHCP 客服端从而动态、自动获得网络配置信息(IP 地址、子网掩码、默认网关等)。

1. DHCP 的应用场景

在实际工作中，通常在下列情况中采用 DHCP 来自动分配 TCP/IP 参数。

(1) 网络中的主机较多，手动配置的工作很大，因此需要采用 DHCP。

(2) 网络中的主机多而 IP 地址数量不足时，采用 DHCP 能够在一定程度上缓解 IP 地址不足的问题。

例如，网络中有 200 台主机，但可用的 IP 地址只有 100 个，如果采用手动分配方式，则只有 100 台计算机可接入网络，其余 100 台将无法接入。在实际工作中，200 台主机同时接入网络的可能性不大，因为公司实行"三班倒"机制，不上班员工的计算机并不需要接入网络。在这种情况下，使用 DHCP 恰好可以调节 IP 地址的使用。

(3) 一些 PC 需要经常在不同的网络中移动，通过 DHCP，它们可以在任意网络中自动获得 IP 地址而无须任何额外的配置，从而满足了移动用户的需求。

2. 部署 DHCP 服务的优势

(1) 对于园区网管理员，用于给内部网络的众多客户端主机自动分配网络参数，提高工作效率，减少管理员的工作量。

(2) 对于网络服务供应商 ISP，用于给客户计算机自动分配网络参数。通过 DHCP，可以简化管理工作，避免 IP 冲突，达到中央管理、统一管理的目的。

(3) 在一定程度上缓解 IP 地址不足的问题，提高 IP 地址的利用率。

(4) 经常在不同网络间移动的主机联网，方便客户端的配置。

5.5.2 DHCP 租约

1. DHCP 的租约过程

DHCP 自动分配网络参数是通过租用机制来完成的，DHCP 客户端首次接入网络时，需要通过和 DHCP 服务器交互才能获取 IP 地址租约，IP 地址租用分为 4 个阶段：发现阶段(客户机请求 IP 地址)、提供阶段(服务器响应)、选择阶段(客户机选择 IP 地址)、确认阶段(服务器确定租约)，如图 5-19 所示。

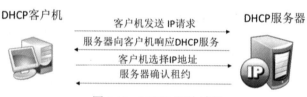

图 5-19 DHCP 租约过程

DHCP 租约的 4 个阶段所对应的 DHCP 消息如表 5-2 所示。

表 5-2 路由器体系结构的技术特点和适合的业务环境

消息名称	作用
发现阶段(DHCP discover)	DHCP 客户机搜索 DHCP 服务器，请求分配 IP 地址等信息
提供阶段(DHCP offer)	DHCP 服务器回应 DHCP 客户机请求，提供可被租用的信息
选择阶段(DHCP request)	DHCP 客户机选择租用网络中 DHCP 服务器分配的网络信息
确认阶段(DHCP ACK)	DHCP 服务器对 DHCP 客户机的租用选择进行确认

2. 更新 IP 地址租约

(1) DHCP 客户端持续在线时进行 IP 租约更新

DHCP 客户端获得 IP 租约后，DHCP 客户端必须定期更新租约，否则当租约到期时，将不能再使用此 IP 地址。每当租用时间到达租约的 50%和 87.5%，客户端必须发出 DHCP request 消息，向 DHCP 服务器请求更新租约。

在当期租约已使用 50%时，DHCP 客户端将以单播方式直接向 DHCP 服务器发送 DHCP

request 消息，如果客户端接收到该服务器回应的 DHCP ACK 消息，则客户端就根据 DHCP ACK 消息中所提供的新的租约更新 TCP/IP 参数，IP 租用更新完成。

如果在租约已使用 50%时未能成功更新 IP 租约，则客户端将在租约已使用 87.5%时以广播方式发送 DHCP request 消息，如果收到 DHCP ACK 消息，则更新租约，如仍未收到服务器回应，则客户端仍可以继续使用现有的 IP 地址。

如果知道当前租约到期仍未完成续约，则 DHCP 客户端将以广播方式发送 DHCP Discover 消息，重新开始 4 个阶段的 IP 租用过程。

(2) DHCP 客户端重新启动时进行 IP 租约更新

客户端重启后，如果租约已经到期，则客户端将重新开始 IP 的租用过程。

如果租约未到期，则通过广播方式发送 DHCP request 消息，DHCP 服务器查看该客户端 IP 是否已经租用给其他客户，如果未租用给其他客户，则发送 DHCP ACK 消息，客户端完成续约；如果已经租用给其他客户，则该客户端必须重新开始租用过程。

5.5.3　安装 DHCP 服务器

DHCP 的安装要求：

(1) 服务器具有静态 IP 地址。

(2) 在域环境下需要授权 DHCP 服务。

将在一台 Windows Server 2016 服务器上安装"DHCP 服务器"角色和功能，让该服务器成为 DHCP 服务器，并通过配置 DHCP 服务器和客户端实现信息中心 DHCP 服务的部署，具体可通过以下几个步骤完成。

(1) 服务器配置静态 IP 地址。

(2) 在服务器上安装 DHCP 服务角色和功能。

(3) 新建并启用 DHCP 作用域。

1. 服务器配置 IP 地址

DHCP 服务作为网络基础服务之一，它要求使用固定的 IP 地址，因此，需要按网络拓扑规划图为 DHCP 服务器配置静态 IP 地址。

打开服务器的"本地连接"对话框，在"本地连接"的"Ethernet0 属性"对话框中选择"Internet 协议版本 4(TCP/IPv4)"选项，并单击"属性"按钮，在弹出的配置界面中输入 IP 地址信息，如图 5-20 所示。

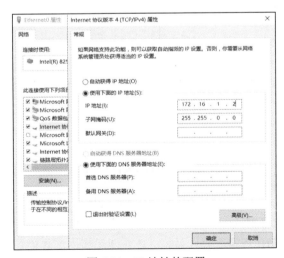

图 5-20　IP 地址的配置

2. 安装 DHCP 服务

(1) 在"服务器管理器"界面上，单击"添加角色与功能"超链接，如图 5-21 所示。

(2) 在弹出的"添加角色与功能向导"对话框中，按默认选项，连续单击"下一步"按钮，直到进入如图 5-22 所示的"选择服务器角色"对话框，选中"DHCP 服务器"复选框，在弹出的"添加 DHCP 服务器所需的功能"对话框中选择"添加功能"按钮。

图 5-21　服务器管理器界面　　　　　　图 5-22　选择服务器角色窗口

(3) 单击"下一步"按钮，进入"功能"界面，由于功能在刚刚弹出的对话框中已经自动添加，因此这里保持默认选项即可，单击"下一步"按钮，进入"确认"界面，确认无误后单击"安装"按钮，等待一段时间后即可完成 DHCP 服务器角色和功能的添加，如图 5-23 所示。

图 5-23　确认安装所选内容窗口

3. 新建并启用 DHCP 作用域

(1) 了解 DHCP 作用域。DHCP 作用域是本地逻辑子网中可使用的 IP 地址集合，例如 172.16.1.1/24～172.16.1.254/24。DHCP 服务器只能使用作用域中定义的 IP 地址来分配给 DHCP 客户端，因此，必须创建作用域才能让 DHCP 服务器分配 IP 地址给 DHCP 客户端，也就是说，必须创建并启用 DHCP 作用域，DHCP 服务才开始工作。

在局域网环境，DHCP 的作用域就是自己所在子网的 IP 地址集合，例如 IP 地址范围为 172.16.1.50~172.16.1.240。本网段的客户端将通过自动获取 IP 方式来租用该作用域中的一个 IP 并配置在本地连接上，从而 DHCP 客户获得一个合法 IP 就可以和内外网相互通信。

DHCP 作用域的相关属性如下。

① 作用域名称：在创建作用域时指定的作用域标识，在本项目中，可以使用"部门+网络地址"作为作用域名名称。

② IP 地址的范围：作用域中，可用于给客户端分配的 IP 地址范围。

③ 子网掩码：指定 IP 的网络地址。

④ 租用期：客户端租用 IP 地址的时长。

⑤ 作用域选项：是指除了 IP 地址、子网掩码及租用期以外的网络配置参数，如默认网关、DNS 服务器 IP 地址等。

⑥ 保留：指为一些主机分配固定的 IP 地址，这些 IP 将固定分配给这些主机，使得这些主机租用的 IP 地址始终不变。

(2) 配置 DHCP 作用域。信息中心可分配的 IP 地址范围为 172.16.1.50~172.16.1.240，配置 DHCP 作用域的步骤如下。

① 在"服务器管理器"界面的"工具"菜单上单击"DHCP"命令，打开"DHCP"界面。

② 展开左侧的"DHCP"服务器菜单，打开"IPv4"选项的快捷菜单，选择"新建作用域(P)"命令，如图 5-24 所示。

③ 在打开的"新建作用域向导"中单击"下一步"按钮，进入如图 5-25 所示的"作用域名称"对话框时，在"名称"中输入"zuwang"，"描述"中输入"公司网络"，然后单击"下一步"按钮。

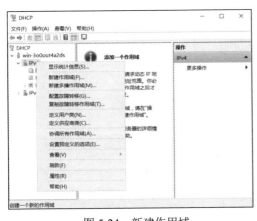

图 5-24　新建作用域

图 5-25　作用域名称

④ 在"IP 地址范围"对话框中设置可以用于分配的 IP 地址，输入如图 5-26 所示的"起始 IP 地址""结束 IP 地址""子网掩码"和"长度"，单击"下一步"按钮。

⑤ 在"添加排除和延迟"对话框中，根据项目要求，本项目仅允许分配 172.16.1.50~172.16.1.240 地址段，因此需要将 172.16.1.1~172.16.1.49 和 172.16.1.241~172.16.1.254 两个地址段排除，如图 5-27 所示。添加排除后，单击"下一步"按钮。

延迟是指服务器发送 DHCP Offer 消息传输的时间值，单位为毫秒，默认为 0。

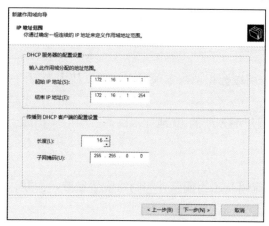 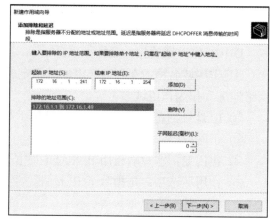

图 5-26　IP 地址范围　　　　　　　　　图 5-27　添加排除和延迟

⑥ 在"租用期限"对话框中，可以根据实际应用场景配置租用期限。

假如有 200 台计算机需要服务，设置较短的租用期限，比如 1 分钟，这样第一批员工下班后，只需要 1 分钟，第二批员工开机就可以重复使用第一批员工计算机的 IP 了。

使用近 191 个 IP 地址为 60 台计算机服务，由于 IP 地址充足，则可以设置较长的租用期限，这里将采用默认的 8 天，如图 5-28 所示，然后单击"下一步"按钮。

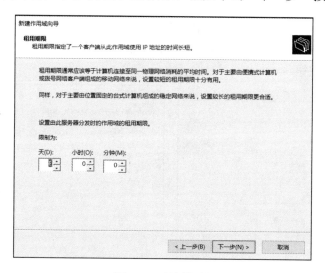

图 5-28　租用期限

(3) 配置 DHCP 选项。

① 在"配置 DHCP 选项"对话框中，选择"是，我想现在配置这些选项"单选框，如图 5-29 所示，然后按"下一步"按钮。

② 在"路由器(默认网关)"对话框中，在"IP 地址(P)"文本框输入网关地址，单击"添加"按钮，如图 5-30 所示，然后单击"下一步"按钮。

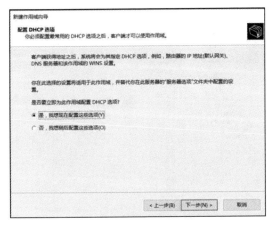
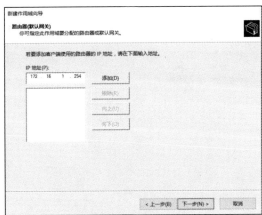

图 5-29　配置 DHCP 选项　　　　　　　　图 5-30　路由器(默认网关)

③ 在"域名称和 DNS 服务器"对话框中，在"父域(M)"文本框输入"zuwang.com"，"IP 地址(P)"文本框中输入 DNS 服务器地址 172.16.1.4，单击"添加"按钮，如图 5-31 所示，然后单击"下一步"按钮。

④ 在"WINS 服务器"对话框中，使用默认值，如图 5-32 所示，然后单击"下一步"按钮。

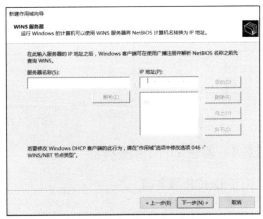

图 5-31　域名称和 DNS 服务器　　　　　　图 5-32　WINS 服务器

⑤ 在"激活作用域"对话框中，选择"否，我将稍后激活此作用域"单选框，如图 5-33 所示，然后单击"下一步"按钮，直到完成新建作用域向导。

⑥ 回到"DHCP 服务管理器"界面，可以看到刚刚创建的作用域，此时该作用域并未开始工作，它的图标中有一个向下的红色箭头，标志着该作用域处于未激活状态，如图 5-34 所示。

⑦ 右键单击"[172.16.0.0]zuwang"作用域，在弹出的菜单中单击"激活"选项，完成 DHCP 作用域的激活，此时该作用域的红色箭头消失了，标志着该作用域的 DHCP 服务开始工作，客户端可以租用该作用域下的 IP 地址了，如图 5-35 所示。

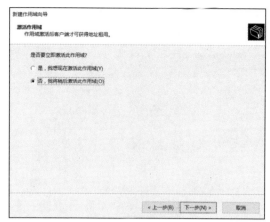

图 5-33　激活作用域

图 5-34　作用域未激活

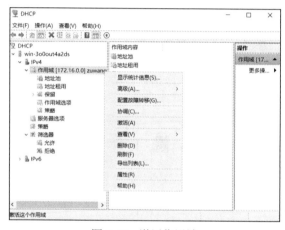

图 5-35　激活作用域

5.5.4　验证 DHCP 服务器

1. DHCP 服务器

（1）查看 DHCP 服务。DHCP 服务器成功安装后，会自动启动 DHCP 服务。在"服务器管理器"的"工具"菜单中单击"服务"命令，在打开的"服务"管理控制台中可以看到已经启动的 DHCP 服务，如图 5-36 所示。

（2）打开命令行提示窗口，然后执行"net start"命令，它将列出当前已启动的所有服务，在其中也能查看到已启动的 DHCP 服务，如图 5-37 所示。

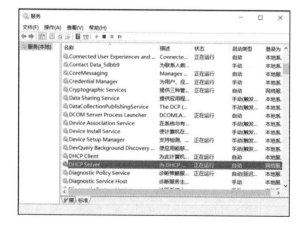

图 5-36　使用管理控制台查看 DHCP 服务

图 5-37 使用命令查看 DHCP 服务

2. DHCP 客户机

(1) 将客户机接入到 DHCP 服务器所在网络，并将客户机的 TCP/IP 配置为自动获取 IP 地址，完成 DHCP 客户机的配置，如图 5-38 所示。

(2) 在客户端的"本地连接"的右键菜单中选择"状态"命令，打开"Ethernet0 状态"界面，单击"Ethernet0 状态"的"详细信息"按钮，打开"网络连接详细信息"对话框，可以看到 DHCP 客户机获取到的 IP 地址、子网掩码、租约、DHCP 服务器等信息。结果显示该客户机成功租用到 IP 地址，如图 5-39 所示。

图 5-38 DHCP 客户机自动获取 IP 地址

图 5-39 本地连接详细信息

(3) 在客户端中使用命令验证。在客户端打开命令行窗口，执行"ipconfig/all"命令，在该命令执行结果中也可以看到 DHCP 客户端获取到的 IP 地址、子网掩码、租约、DHCP 服务器等信息，如图 5-40 所示。

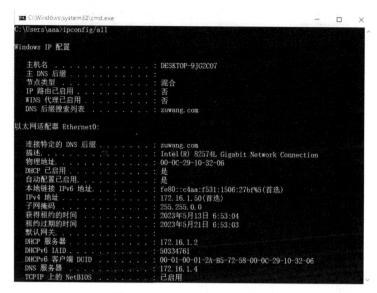

图 5-40　ipconfig 命令执行结果

(4) 通过 DHCP 服务管理器验证。展开图 5-41 所示的"DHCP 服务管理器"的"作用域 zuwang"的"地址租用"链接，可以查看已租用给客户端的 IP 地址租约。

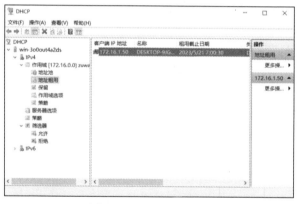

图 5-41　地址租用结果

5.6　安装与配置 FTP 服务器

FTP(File Transfer Protocol，文件传输协议)定义了一个在远程计算机系统和本地计算机系统之间传输文件的标准，工作在应用层，使用 TCP 传输控制协议在不同的主机之间提供可靠的数据传输。由于 TCP 是一种面向连接的、可靠的传输协议，因此 FTP 可提供可靠的文件传输。FTP 支持断点续传功能，它可以大幅降低 CPU 和网络带宽的开销。在 Internet 诞生初期，FTP 就已经被应用在文件传输服务上，而且一直作为主要的服务被广泛部署。在 Windows、Linux、UNIX 等几种常见的网络操作系统中都能提供 FTP 服务。

5.6.1　FTP 的基本知识

1. 常用 FTP 服务器和客户端程序

目前市面上有众多的 FTP 服务器和客户端程序，表 5-3 列出了基于 Windows 和 Linux 两种平台的常用的 FTP 服务器和客户端程序。

表 5-3　常用的 FTP 服务器和客户端程序

程　　序	基于 Windows 平台		基于 Linux 平台	
	名　　称	连接模式	名　　称	连接模式
FTP 服务器程序	IIS	主动、被动	vsftpd	主动、被动
	Serv-U	主动、被动	proftpd	主动、被动
	Xlight FTP Server	主动、被动	Wu-ftpd	主动、被动
FTP 客户端程序	命令行工具：FTP	默认为主动	命令行工具：lftp	默认为主动
	图形化工具：CuteFTP、LeapFTP	主动、被动	图形化工具：gFTP、Iglooftp	主动、被动
	Web 浏览器	主动、被动	Mozilla 浏览器	主动、被动

2. 实名 FTP 与匿名 FTP

在使用 FTP 时必须先登录到 FTP 服务器，在远程主机上获取相应的用户权限以后，才可进行文件的下载或上传。也就是说，如果要想同某台计算机进行相互间的文件传输，就必须获取该台计算机的相关使用授权。换言之，除非有登录计算机的账号和口令，否则便无法进行文件传输。

(1) 一些 FTP 服务器仅允许特定用户访问，为一个部门、组织或个人提供网络共享服务，我们称这种 FTP 服务为实名 FTP。

客户访问实名 FTP 时需要输入账户和密码，FTP 管理员需要在 FTP 服务器上注册相应的用户账号。

(2) 拥有登录计算机的账号和口令这种配置管理方法违背了 Internet 的开放性，Internet 上的 FTP 服务器主机太多了，不可能要求每个用户在每台 FTP 服务器上都拥有各自的账号。因此，匿名 FTP 就应运而生了。

匿名 FTP 是这样一种机制，用户可通过匿名账号连接到远程主机上，并从其下载文件，而无需成为 FTP 服务器的注册用户。此时，系统管理员会建立一个特殊的用户账号，名为 anonymous，Internet 上的任何人在任何地方都可使用该匿名账户下载 FTP 服务器上的资源。

3. 下载与上传

FTP 提供文件传输服务时，提供两种文件操作权限：上传和下载。

上传是指允许用户将本地文件复制到 FTP 服务器上，同时，还允许用户删除、新建、修改 FTP 服务器上的文件。而下载是指仅允许用户将 FTP 服务器上的文件复制到本地。

如果 FTP 站点建立在 NTFS 磁盘上，用户访问 FTP 站点还将受到文件对应的 NTFS 权限的约束。

4. 访问方式

FTP 的访问地址由"FTP://IP"或"FTP://域名:端口号"组成，FTP 允许用户通过 IP 或域名访问，FTP 的默认端口号为 21，如果 FTP 服务器使用的是默认端口，在输入访问地址时可以省略，如果 FTP 服务器使用了自定义端口，则端口号不能省略。

5.6.2 FTP 的工作原理

与大多数的 Internet 服务一样，FTP 协议也是一个客户端/服务器系统。用户通过一个支持 FTP 协议的客户机程序，连接到远程主机上的 FTP 服务器程序。用户通过客户端程序向服务器程序发出命令，服务器程序执行用户所发出的命令，并将执行结果返回给客户机。

大多数的 TCP 应用协议使用单个的连接，一般是客户端向服务器的一个固定端口发起连接，然后使用这个连接进行通信。但是，FTP 协议却有所不同，FTP 协议在运作时要使用两个 TCP 连接。

通常情况下，FTP 服务器监听端口号 21 来等待控制连接建立请求。一旦客户端和服务器建立连接，控制连接将始终保持连接状态，而数据连接端口 20 仅在传输数据时开启。在客户端请求获取 FTP 文件目录、上传文件和下载文件等操作时，客户端和服务器将建立一条数据连接，这里的数据连接是全双工的，允许同时进行双向的数据传输，并且客户端的端口号是随机产生的，多次建立连接的客户端端口号是不同的，一旦传输结束，就马上释放这条数据连接。FTP 客户端和服务器请求连接、建立连接、数据传输、数据传输完成、断开连接的过程如图 5-42 所示，其中客户端端口 1088 和 1089 是在客户端随机产生的。

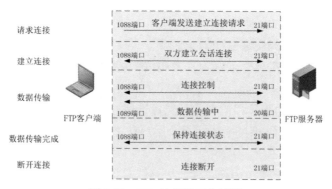

图 5-42　FTP 协议的工作过程

5.6.3 公共 FTP 站点的部署

Windows Server 2016 具备 FTP 服务的角色和功能，可以在服务器上安装 FTP 角色和功能，并通过以下步骤实现公司 FTP 公共站点的建设。

1. 创建 FTP 目录

在 FTP 服务器的 E 盘上创建一个文件夹"各部门文档",并在目录"E:\各部门文档",分别创建"技术部""销售部""财务部""行政部""人力资源部""研发部""生产部""信息中心"等子目录,实现各部门文档的分类管理,方便员工下载文档,如图 5-43 所示。

图 5-43　创建 FTP 站点目录

2. 安装 FTP 服务角色和功能

(1) 在"服务器管理器"界面上,单击"添加角色与功能"超链接,在弹出的"添加角色与功能向导"对话框中,按默认选项,继续单击"下一步"按钮,直到进入如图 5-44 所示的"选择服务器角色"对话框,选择"Web 服务器(IIS)"复选框,然后单击"下一步"按钮。

图 5-44　"选择服务器角色"对话框

(2) 在"Web 服务器(IIS)"界面中,按默认配置,直接单击"下一步"按钮。在"角色服务"界面中,选择"FTP 服务"和"FTP 扩展"两个复选框,如图 5-45 所示,然后单击"下一步"按钮。

图 5-45　选择角色服务窗口

(3) 在"确认"结果中，单击"安装"按钮，安装完后单击"关闭"按钮，即完成 FTP
角色与功能的安装，如图 5-46 所示。

图 5-46　确认安装所选内容窗口

3. 创建 FTP 站点

(1) 打开"服务器管理器"界
面，在"工具"下拉式菜单中选择
"Internet 信息服务(IIS)管理器"选
项，打开"Internet 信息服务(IIS)
管理器"界面。打开该界面左边的
"网站"链接，再单击右侧快捷操
作中的"添加 FTP 站点"链接，如
图 5-47 所示。

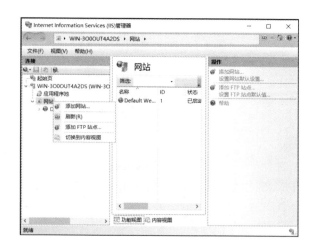

图 5-47　Internet Information Services(IIS)管理器窗口

(2) 在打开的"添加 FTP 站点"向导界面中，在"FTP 站点名称(T)"文本框中输入"各部门文档"，在"物理路径(H)"路径选择对话框中，选择"E:\各部门文档"目录，如图 5-48 所示，然后单击"下一步"按钮。

(3) 在"绑定和 SSL 设置"对话框中，"IP 地址"下拉列表选择 IP 地址为 172.16.1.3，选择"无 SSL(L)"单选框，其他使用默认配置，如图 5-49 所示，然后单击"下一步"按钮。

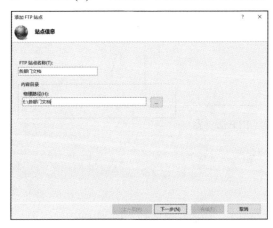

图 5-48　站点信息

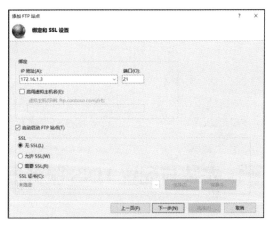

图 5-49　绑定和 SSL 设置

(4) 在"身份验证和授权信息"对话框中，在"身份验证"栏中选择"匿名(A)"和"基本(B)"复选框。在"授权栏"|"允许访问"下拉式菜单中选择"所有用户"，选择"权限"的"读取"复选框，如图 5-50 所示，然后单击"完成"按钮，完成 FTP 站点的创建。

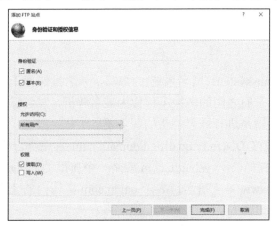

图 5-50　身份验证和授权信息

4. 客户机访问 FTP 服务器

在公司内部任何一台客户机上打开一个文件夹窗口，在地址栏中输入"ftp://192.168.1.3"，即可打开刚刚建立的 FTP 站点，并且可以看到站点内的文件夹，如图 5-51 所示。

用户登录后可以根据业务需要下载相关文档，提高工作效率。

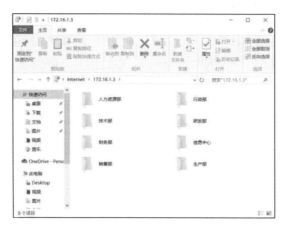

图 5-51　客户机访问 FTP 服务器

5.7　安装与配置 DNS 服务器

在 TCP/IP 网络中，计算机之间进行通信需要依靠 IP 地址。然而，由于 IP 地址是一些数字的组合，对于普通用户来说，记忆和使用都非常不方便。为解决该问题，需要为用户提供一种友好并方便记忆和使用的名称，并且需要将该名称转换为 IP 地址以便实现网络通信，DNS(域名系统)就是一个用简单易记的名称映射 IP 地址的解决方案。

5.7.1　基本概念

1. DNS

DNS 是 domain name system (域名系统)的缩写，域名虽然便于人们记忆，但计算机只能通过 IP 地址来通信，它们之间的转换工作称为域名解析，域名解析需要由专门的域名解析服务器来完成，DNS 就是进行域名解析的服务器。

DNS 名称通过采用 FQDN(fully qualified domain name，完全合格域名)的形式，由主机名和域名两部分组成。例如，www.baidu.com 就是一个典型的 FQDN，其中，baidu.com 是域名，表示一个区域；www 是主机名，表示 baidu.com 区域内的一台主机。

2. 域名空间

DNS 的域是一种分布式的层次结构。DNS 域名空间包括根域(root domain)、顶级域(top-level domain)、二级域(second-level domain)以及子域(subdomain)。如 www.pconline.com.cn，其中.代表根域，cn 为顶级域，com 为二级域，pconline 为子域，www 为主机名，如图 5-52 所示。

DNS 规定，域名中的标号都由英文字母和数字组成，每一个标号不超过 63 个字符，其中的英文字母不区分大小写。标号中除了连字符(-)，不能使用其他的标点符号。级别最低的域名写在最左边，而级别最高的域名写在最右边。由多个标号组成的完整域名总共不超过 255 个字符。

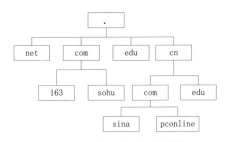

图 5-52 域名体系层次结构

顶级域有两种类型的划分方式：机构域和地理域。常用的机构域和地理域如表 5-4 所示。

表 5-4 常用的机构域和地理域

机构域		地理域	
.gov	政府机构	.cn	中国
.edu	教育组织	.us	美国
.com	商业组织	.fr	法国
.org	非商业性组织	.tw	中国台湾
.net	网络组织	.hk	中国香港
.int	国际组织	.mo	中国澳门

5.7.2 DNS 域名解析

1. DNS 服务器的类型

DNS 服务器，用于实现 DNS 名称和 IP 地址的双向解析，将域名解析为 IP 地址的称为正向解析，将 IP 地址解析为域名的称为反向解析。在网络中，主要存在以下 4 种 DNS 服务器：

(1) 主 DNS 服务器

主 DNS 服务器是特定 DNS 域内所有信息的权威性信息源。主 DNS 服务器保存着自主生成的区域文件，该文件是可读写的。当 DNS 区域中的信息发生变化时，这些变化都会保存到主 DNS 服务器的区域文件中。

(2) 辅助 DNS 服务器

辅助 DNS 服务器不能创建区域数据，它的区域数据是从主 DNS 服务器复制来的，因此，区域数据只能读不能修改，也称为副本区域数据。辅助 DNS 服务器在工作时，它会定期地更新副本区域数据，以尽可能地保证副本和正本区域数据的一致性。辅助 DNS 服务器既可以从主 DNS 服务器复制数据，又可以从其他辅助 DNS 服务器复制区域数据。

(3) 转发 DNS 服务器

转发 DNS 服务器用于将 DNS 解析请求转发给其他 DNS 服务器。当 DNS 服务器收到客户端的请求后，它首先会尝试从本地数据库中查找，找到后将返回给客户端解析结果；若未找到，则需要向其他 DNS 服务器转发解析请求，其他 DNS 服务器完成解析后会返回解析结果，转发 DNS 服务器会将该结果存在自己缓存中，同时返回给客户端解析结果。

（4）惟缓存 DNS 服务器

惟缓存 DNS 服务器可以提供名称解析，但没有任何本地数据库文件。惟缓存 DNS 服务器必须同时是转发 DNS 服务器，它将客户端的解析请求转发给其他 DNS 服务器，并将结果存储在缓存中。

2. DNS 域名的解析方式

DNS 名称查询解析可以分为两个基本步骤：本地解析和 DNS 服务器解析。

（1）本地解析

在 Windows 系统中有一个 hosts 文件，它存储了 IP 地址和主机名的映射关系。Windows 系统在请求 DNS 之前，系统会先查找本机的 hosts 文件中是否有这个地址的映射关系，如果有则调用这个 IP 地址映射，如果没有，则在 DNS 缓存中查找，如果 DNS 缓存还没有就向 DNS 服务器发出域名解析请求，也就是说 hosts 文件的请求级别比 DNS 高。

（2）DNS 服务器解析

DNS 服务器是目前广泛采用的一种名称解析方法，全世界有大量的 DNS 服务器，它们协同工作构成一个分布式的 DNS 名称解析网络。例如，zuwang.com 的 DNS 服务器只负责本域内数据的更新，而其他 DNS 服务器并不知道也无须知道 zuwang.com 域内有哪些主机，但它们知道 zuwang.com 域的位置；当需要解析 www.zuwang.com 时，它们就会向 zuwang.com 域的 DNS 服务器发出请求而完成该域名的解析。采用这种分布式 DNS 解析结构时，DNS 数据的更新只需要在一台或者几台 DNS 服务器上进行，整体的解析效率就大大提高了。

3. DNS 的查询模式

DNS 客户端向 DNS 服务器提出查询，DNS 服务器作出响应的过程称为域名解析。

当 DNS 客户端向 DNS 服务器提交域名查询 IP 地址，或 DNS 服务器向另一台 DNS 服务器（提出查询的 DNS 服务器相对而言也是 DNS 客户端）提交域名查询 IP 地址时，DNS 服务器做出响应的过程称为正向解析。反过来，如果 DNS 客户端向 DNS 服务器提交 IP 地址而查询域名，DNS 服务器做出响应的过程则称为反向解析。

根据 DNS 服务器对 DNS 客户端的不同响应方式，域名解析可分为两种类型：递归查询和迭代查询。

（1）递归查询

递归查询发生在 DNS 客户端向 DNS 服务器发出解析请求时，DNS 服务器会向 DNS 客户端返回两种结果：查询到的结果或查询失败的结果。如果当前 DNS 服务器无法解析名称，它不会告知 DNS 客户端，而是自行向其他 DNS 服务器查询并完成解析，并将解析结果反馈给 DNS 客户端。

（2）迭代查询

迭代查询通常在一台 DNS 服务器向另一台 DNS 服务器发出解析请求时使用。发起者向 DNS 服务器发出解析请求，如果当前 DNS 服务器未能在本地查询到请求的数据，则当前 DNS

服务器将告知另一台 DNS 服务器的 IP 地址给查询 DNS 服务器；然后，再由发起查询的 DNS 服务器自行向另一台 DNS 服务器发起查询；以此类推，直到查询到所需数据为止。

4. DNS 名称的解析过程

DNS 名称解析过程如图 5-53 所示。

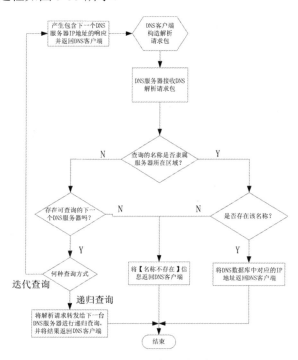

图 5-53　DNS 域名解析过程

5.7.3　DNS 服务器的部署

DNS 服务器上安装 Windows Server 2016 后，可以通过以下步骤来部署公司的 DNS 服务。
(1) 配置 DNS 服务的角色与功能。
(2) 为 zuwang.com 创建主要区域。
(3) 为服务器注册域名。
(4) 为客户机配置 DNS 地址。

1. 配置 DNS 服务的角色与功能

安装 DNS 服务器，将 IP 为 172.16.1.4 的服务器配置为 DNS 服务器，具体步骤如下。

在"服务器管理器"窗口下，单击"添加角色和功能"链接。在打开的"添加角色和功能向导"窗口中，选用默认选项，单击"下一步"按钮，直到进入如图 5-54 所示的"选择服务器角色"对话框，选择"DNS 服务器"复选框，并在弹出的"添加角色和功能向导"对话框中单击"添加功能"按钮，返回"选择服务器角色"对话框，然后单击"下一步"按钮。

图 5-54　选择服务器角色

在后续的操作中选用默认选项，完成 DNS 角色和服务的安装，如图 5-55 所示。

图 5-55　确认安装所选内容窗口

2. 创建主要区域

根据公司需要，只需要实现域名到 IP 地址的正向解析，因此在 DNS 服务器上创建正向解析区域 zuwang. com，步骤如下：

(1) 打开"服务器管理器"界面，单击"工具"|"DNS"选项，打开"DNS 管理器"。

(2) 在"DNS 管理器"界面左侧的控制台树中选择"正向查找区域"选项，在如图 5-56 所示的右键快捷菜单中单击"新建区域(Z)"选项，进入"新建区域向导"界面，然后单击"下一步"按钮。

(3) 在"新建区域向导"界面的"区域类型"对话框中，管理员可根据需要选择创建的 DNS 区域的类型，创建一个 DNS 主要区域用于管理 zuwang. com 的域名，因此这里选择"主要区域(P)"选项，然后单击"下一步"按钮，如图 5-57 所示。

(4) 在"新建区域向导"界面的"区域名称"对话框中，管理员可以输入要创建的 DNS 区域名称，公司根域为 zuwang.com，因此，在"区域名称(Z):"框中输入"zuwang.com"，如图 5-58 所示。

(5) 单击"下一步"按钮，进入"新建区域向导"界面的"区域文件"对话框，在 DNS 服务器中，每一个区域都会对应有一个文件，区域文件名我们使用缺省的文件名，即默认配置的 zuwang.com.dns，如图 5-59 所示。

图 5-56　新建正向查找区域

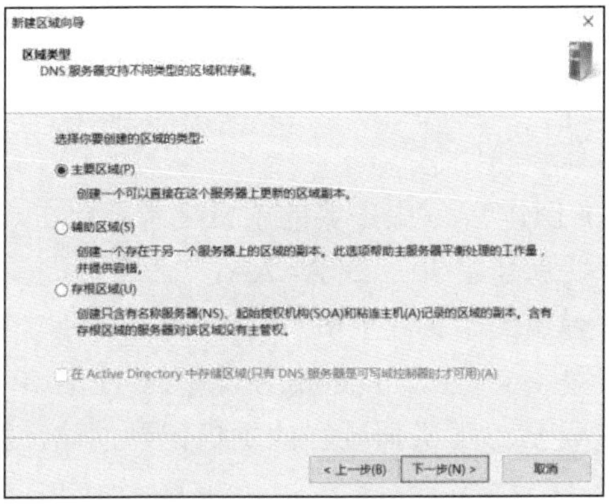

图 5-57　选择区域类型

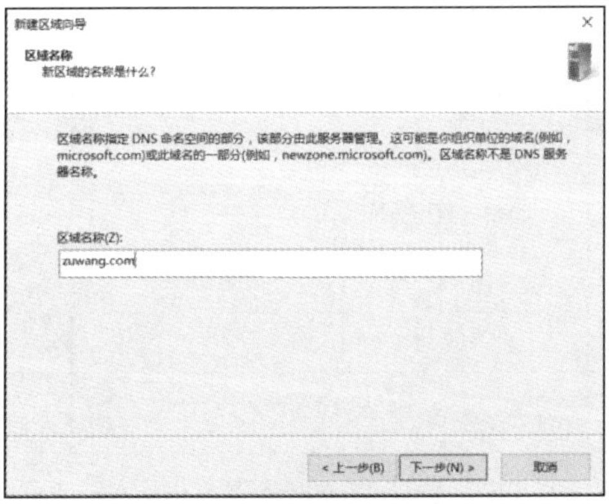

图 5-58　区域名称

图 5-59　区域文件

(6) 单击"下一步"按钮，进入"新建区域向导"界面的"动态更新"对话框，选择默认选项："不允许动态更新"，然后单击"下一步"按钮完成"zuwang.com"区域的创建，结果如图 5-60 所示。

图 5-60　新建主要区域完成

3. 新建主机记录

创建域名记录。DNS 主要区域允许管理员创建多种类型的资源记录，最常见的资源记录如下。

主机 (A) 资源记录：新建一个域名到 IP 地址的映射。

别名 (CNAME) 资源记录：新建一个域名映射到另外一个域名。

邮件交换器 (MX) 资源记录：和邮件服务器配套使用，用于指定邮件服务器的地址。

具体步骤如下。

(1) 创建 Web 服务器的主机记录。单击"zuwang.com"链接，在弹出的右键快捷菜单中选择"新建主机(A 或 AAAA)"命令，如图 5-61 所示。

在弹出的"新建主机"对话框中，输入 Web 服务器的名称"www"(则完全合格的域名，就是 www.zuwang.com.)，输入对应的 IP 地址：172.16.1.1，然后单击"添加主机"按钮，完成 Web 服务器域名的主机记录创建，如图 5-62 所示。

图 5-61　新建主机记录　　　　　图 5-62　创建 Web 服务器主机记录

(2) 创建 DNS 服务器的主机记录。在"新建主机"对话框中，输入 DNS 服务器的名称：DNS，输入对应的 IP 地址：172.16.1.4，最后单击"添加主机"按钮，完成 DNS 服务器域名的主机记录创建，如图 5-63 所示。

图 5-63　创建 DNS 服务器主机记录

4. 为客户机配置 DNS 地址

计算机要实现域名解析，需要在 TCP/IP 配置中指定 DNS 服务器的地址，任意选择一台客户机，打开客户机以太网适配器"属性"|"Internet 协议版本 4(TCP/Ipv4)"选项，在弹出的对话框中，在"首选 DNS 服务器"位置指向 DNS 服务器地址：172.16.1.4，如图 5-64 所示。

图 5-64　客户机 DNS 的配置

5. 测试 DNS 是否安装成功

(1) DNS 服务器成功安装后，会自动启动 DNS 服务。单击"服务器管理器"界面的"工具"|"服务"命令，在打开的"服务"窗口中，可以看到已经启动的 DNS 服务，如图 5-65 所示。

(2) 执行"net start"命令，该命令将列出当前系统已启动的所有服务，用户可以在结果中查看 DNS 服务是否打开，成功启动 DNS 服务后，该命令的执行结果如图 5-66 所示。

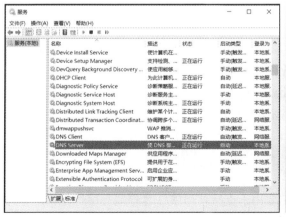

图 5-65　使用"服务"窗口查看 DNS 服务　　　　图 5-66　net start 执行结果

(3) nslookup 是一个专门用于 DNS 测试的命令，在 CMD 命令行窗口中，执行"nslookup

www.zuwang.com"命令，命令返回结果如图 5-67 所示，可以看出，DNS 服务器解析"www.zuwang.com"对应的 IP 为 172.16.1.1。

(4) 在客户机上打开 CMD 命令行工具，执行"ping www.zuwang.com"命令，测试域名是否能正常解析，命令返回结果如图 5-68 所示，发现域名 www.zuwang.com 已经正确解析为 IP：172.16.1.1。

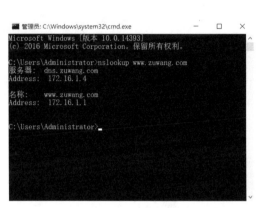

图 5-67　nslookup 测试

图 5-68　ping 测试

5.8　安装与配置邮件服务器

电子邮件系统是互联网重要的服务之一，电子邮件服务可以实现用户间的交流与沟通、身份验证、电子支付等功能，大部分 Internet 服务供应商(ISP)均提供了免费的邮件服务功能，电子邮件服务是基于 POP3 和 SMTP 协议工作的。

5.8.1　POP3 服务与 SMTP 服务

1. SMTP 服务

简单邮件传输协议(SMTP)工作在应用层，它基于 TCP 协议提供可靠的数据传输服务，把邮件消息从发件人的邮件服务器传送到收件人的邮件服务器。

电子邮件系统发邮件时根据收信人的地址后缀定位目标邮件服务器，SMTP 服务器是基于 DNS 中的邮件交换记录 MX 确定路由，然后通过邮件传输代理程序将邮件传送到目的地。

2. POP3 服务

邮局协议版本3(POP3)工作在应用层，主要用于支持使用邮件客户端程序远程管理邮件服务器上的邮件。用户调用邮件客户端程序(如 Microsoft Outlook Express)连接到邮件服务器，它会自动下载所有未阅读的电子邮件，并将邮件从邮件服务器端存储到本地计算机，以方便用户"离线"处理邮件。

3. SMTP 服务和 POP3 服务的区别与联系

SMTP 控制如何传送电子邮件，是一组用于从源地址到目的地址传输邮件的规范，它帮助计算机在发送或中转邮件时找到下一个目的地，然后通过 Internet 将其发送到目的服务器。SMTP 服务器就是遵循 SMTP 协议的发送邮件服务器。

POP3 协议允许电子邮件客户端下载服务器上的邮件，但是在客户端的操作(如移动邮件、标记已读等)不会反馈到服务器上，比如通过客户端收取了邮箱中的 3 封邮件并移动到其他文件夹，邮件服务器上的这些邮件是没有同时被移动的。

SMTP 服务实现在服务器之间发送和接收电子邮件，而 POP3 服务实现的是把电子邮件从邮件服务器存储到用户的计算机上。

5.8.2 电子邮件服务的安装与配置

根据公司规划，在服务器上安装和配置 WinWebMail 服务，实现邮件服务的部署。

WinWebMail 是一款专业的邮件服务器软件，它不仅支持 SMTP 和 POP3 功能，还支持使用浏览器收发邮件、数字加密、中继转发、邮件撤回等功能。它是一款典型的商用电子邮件系统，部署它需要以下几个步骤。

(1) 安装 WinWebMail 软件。

(2) 配置邮件服务，并创建用户。

(3) 发布邮件 Web 站点。

(4) 在DNS 服务器上创建主机记录和 MX 记录。

(5) 在邮件客户端上收发邮件。

1. 安装 WinWebMail 软件

(1) 确认 Windows Server 2016 服务器没有安装 SMTP 和 POP3 服务，按安装向导完成软件 WindWebMail 的安装，如图 5-69 所示的"选择服务器角色"对话框，选择"Web 服务器(IIS)"复选框，然后单击"下一步"按钮。

图 5-69 选择服务器角色窗口

(2) 运行 WinWebMail 软件安装包，单击任务栏系统托盘上的 WinWebMail 图标，在弹出的如图 5-70 所示的快捷菜单中单击"服务"链接。

(3) 在打开的"WinWebMail 服务"对话框中，填写首选 DNS 的 IP 地址为 172.16.1.4，然后单击"√"按钮，如图 5-71 所示。

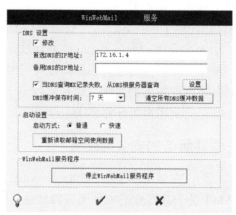

图 5-70　WinWebMail 快捷菜单　　　　图 5-71　"WinWebMail"服务对话框

(4) 再次单击任务栏系统托盘上的 WinWebMail 图标，弹出如图 5-70 所示的快捷菜单，单击"域名管理"链接，在弹出的如图 5-72 所示的"WinWebMail 域名管理"对话框中，单击"新建"图标，然后输入"zuwang.com"域名，单击"√"按钮完成域名设置。

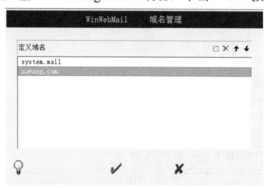

图 5-72　"WinWebMail 域名管理"对话框

2. 配置邮件服务，并创建用户

(1) 单击任务栏上的 WinWebMail 图标，在弹出的快捷菜单中选择"系统设置"链接，在"WinWebMail 系统设置"对话框的"用户管理"选项卡中，可以添加和删除用户。添加用户 zhangsan，密码为 123456；添加用户 lisi，密码为 123456；二者的域名都选择 zuwang.com，如图 5-73 所示，单击"√"按钮完成设置。

(2) 在"WinWebMail 系统设置"对话框中，单击"收发规则"选项卡，在"邮件处理"里设置"外发邮件时 HELO 命令后的内容"文本框、"缺省邮箱大小为"增值框、"最大邮件数"文本框和"最大收件人数"文本框等内容参数，如图 5-74 所示，单击"√"按钮完成设置。

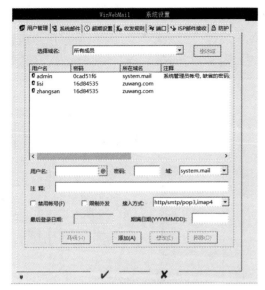

图 5-73　WinWebMail 系统设置之用户管理

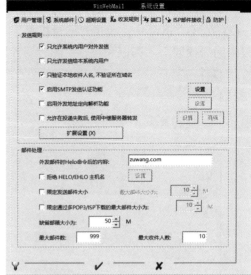

图 5-74　WinWebMail 系统设置之收发规则

(3) 在"WinWebMail 系统设置"对话框中，单击"防护"选项卡，选中"启用 SMTP 域名验证功能"复选框，如图 5-75 所示，单击"√"按钮完成 WinWebMail 基本安装和设置。

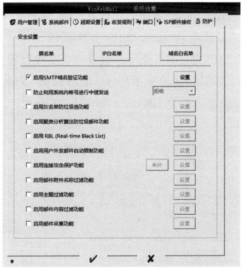

图 5-75　WinWebMail 系统设置之防护

3. 发布邮件 Web 站点

默认情况下，WinWebMail 服务器的主页安装在"C:\WinWebMail\web"目录中。WinWebMail 邮件服务采用 ASP 技术实现基于浏览器收发邮件，我们需要在 IIS 中部署一个基于 ASP 的 Web 站点。

(1) 在"Internet Information Services (IIS)管理器"中，右击"网站"选项，在弹出的快捷菜单中，单击"添加网站"选项，在弹出的"添加网站"对话框中，输入网站名称为 mail、物理路径为 C:\WinWebMail\web、IP 地址为 172.16.1.5、端口号为 80，如图 5-76 所示，单击"确定"按钮,完成网站的发布。

(2) 在网站 mail 中,单击"编辑权限"|"Web 属性"|"安全",设置 Users 用户组访问权限为"读取""读取和执行"和"写入",如图 5-77 所示。

图 5-76　添加网站对话框　　　　图 5-77　"Web 属性"对话框

(3) 在"Internet Information Services (IIS)管理器"中,单击"应用程序池"选项,在中间的"应用程序池"区域内单击名称 mail,如图 5-78 所示。

(4) 在"应用程序池"窗口的右侧"操作"里单击"高级设置…",在弹出的"高级设置"对话框中更改设置:将"启用 32 位应用程序"的默认值"False"改为"True",将"托管管道模式"的默认值 Integrated 改为 Classic,如图 5-79 所示。

图 5-78　应用程序池窗口　　　　　图 5-79　"高级设置"对话框

4. 在 DNS 服务器上创建主机记录和 MX 记录

(1) 打开 IP 地址为 172.16.1.2 的 DNS 服务器的"DNS 管理器"控制台,单击窗口下的

"zuwang.com"区域，右击选择"新建主机(A 或 AAAA)(S)…"选项，弹出"新建主机"对话框。在"名称(如果为空则使用其父域名称)(N)"文本框中输入"mail"，在"IP 地址(P)"文本框中输入"172.16.1.5"，单击"添加主机(H)"按钮，完成配置，如图 5-80 所示。

（2）需要再添加一条邮件交换记录，在"zuwang.com"区域下右键选择"新建邮件交换器(MX)(M)…"选项，弹出"新建资源记录"对话框，在该对话框的"邮件服务器的完全限定的域名(FQDN)(F)"选项中，单击"浏览"按钮，选择"mail.zuwang.com"选项，如图 5-81 所示，完成邮件交换记录的添加。

图 5-80　添加主机记录

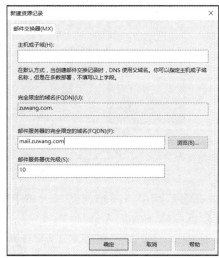

图 5-81　添加邮件交换记录 MX

5. 使用邮箱收发邮件

（1）在一台客户机的浏览器中输入网址 http://mail.zuwang.com，进入邮箱登录界面，如图 5-82 所示。

图 5-82　浏览器登录邮箱界面

(2) 使用已创建的邮箱账号 zhangsan 登录邮箱，结果如图 5-83 所示。

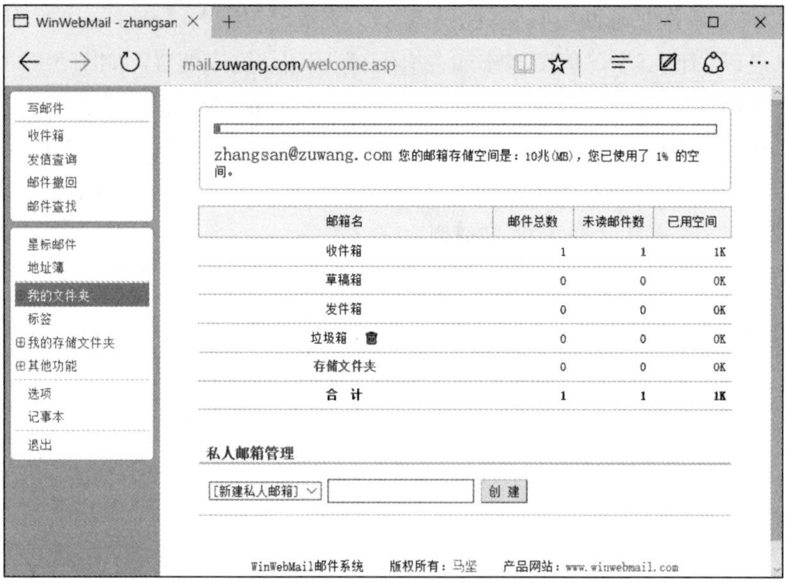

图 5-83　邮箱管理界面

(3) 在客户端单击网站左侧目录树中的"写邮件"链接，在打开的邮件编辑栏的"收件人"栏目中输入收件人地址 lisi@zuwang.com，在对应的栏目中输入主题及内容，如图 5-84 所示。完成后，单击"发送"按钮，完成 zhangsan 向 lisi 发送的一封邮件。

图 5-84　zhangsan 发送邮件给 lisi

(4) 在一台客户机以账号 lisi 登录，单击网站左侧目录树中的"收邮件"链接，在如图 5-85 所示的界面中可以看到 lisi 已收到 zhangsan 发送过来的邮件。

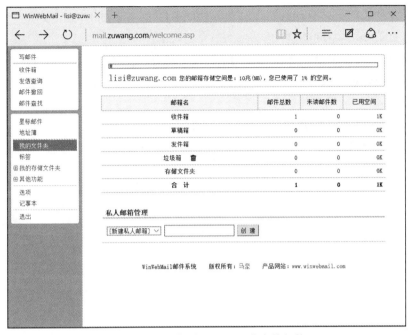

图 5-85 lisi 收到 zhangsan 发来的邮件

5.9 小结

本章讲述了服务器的特点、作用和功能，详细介绍了服务器操作系统 Windows Server 2016 的安装与配置、安装 IIS、设置与管理 Web 站点、什么是 DHCP、DHCP 服务器的作用、DHCP 租约过程、安装 DHCP 服务及新建作用域、测试 DHCP、什么是 FTP、FTP 服务器软件和客户端软件、FTP 的工作原理、FTP 的安装与配置、什么是 DNS、DNS 解析过程、安装 DNS、认识 DNS 区域、设置 DNS 服务器、测试 DNS、邮件服务的作用、邮件服务器安装与配置、邮件客户端软件的安装与配置、收发邮件测试。

5.10 思考与练习

1. 服务器有哪些作用与功能？
2. Windows Server 2016 有哪些版本？它的三种安装选项是什么？
3. 为网站配置特定的 IP 地址与"全部未分配"有什么区别？
4. 某网站 IP 地址是 172.16.1.1，端口是 8000，那么用什么 URL 访问这个网站？
5. 简述 DHCP 的租约过程。
6. 简述 DHCP"作用域选项""服务器选项"和"保留选项"之间的关系。
7. 常用的 FTP 服务端程序有哪些？常用的 FTP 客户端程序有哪些？

8. 匿名登录的用户名是什么？用浏览器访问 FTP 服务器的 URL 格式是什么？

9. 简述 DNS 域名空间的层次结构。

10. 简述常用资源记录中 A、PTR、MX、CNAME 的作用。

11. 以 www.zuwang.com 为例，使用图示来标识客户端的 DNS 解析过程，并标出递归与迭代。

12. 简述 SMTP 服务和 POP3 服务的区别与联系。

13. 简述电子邮件系统的组成。

第 6 章

网络管理与维护

本章重点介绍以下内容：
- 网络管理概述；
- 网络管理的基本功能；
- 网络管理协议 SNMP；
- 网络故障管理；
- 网络监控管理及监控软件的应用；
- 常用的网络命令。

6.1 网络管理概述

6.1.1 网络管理的基本概念

随着计算机技术和 Internet 的发展，企业和政府部门开始大规模地建立网络来推动电子商务和政务的发展，而伴随着网络业务的丰富，对计算机网络的管理与维护也就变得至关重要。

网络管理是指通过某种方式对网络进行监视、分析、控制，使得网络能够正常高效地运行，使网络中的资源能够得到更加高效的利用。

网络管理一般完成两个任务：一个是对网络的运行状态进行监测，二是对网络的运行状态进行控制。

网络管理主要用以下目的：
(1) 减少故障的发生，缩短停机时间；
(2) 提高信息传输的速度，优化响应时间；
(3) 优化设备的配置，提高设备利用率；
(4) 节约资源的投入，减少运行费用；
(5) 快速发现并解决网络通信瓶颈，提高运行效率。

6.1.2 网络管理系统

管理站、代理、被管设备和计算机网络一起构成了一个软硬件有机结合的分布式网络应用系统——网络管理系统，为网络管理员提供了自动管理网络的工具。

1. 管理站

管理站是供网络管理员进行操作的计算机系统，准确地说，是指运行在计算机操作系统之上的网络管理软件。管理站从各代理处收集管理信息然后进行处理，获取有价值的管理信息，通过用户界面与网络管理员进行交互，达到管理网络资源的目的。

管理站的层次结构如图 6-1 所示，其中各个部分为：

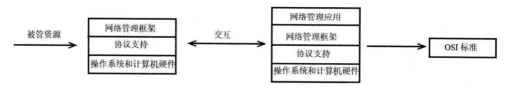

图 6-1　管理站层次结构图

(1) 操作系统和计算机硬件：管理站的本体；

(2) 协议支持：通信协议(例如 TCP/IP)和网络管理协议(例如 SNMP 协议)等，管理站接入并管理网络的基础；

(3) 网络管理框架：具有存储管理信息数据库，并提供用户接口和视图，网管可以通过用户接口进行基本的管理操作；

(4) 网络管理应用：实现某种特定的网络管理功能，达成某个管理目的，例如故障排除应用和安全应用等。

2. 代理站

代理是驻留在被管理的设备内部的软件程序。被管设备通常为路由器、交换机等网络节点设备，也可以是计算机或其他软、硬件实体。

代理把来自管理站的命令或信息请求转换为本设备特有的指令，用以完成管理站的指示，对设备进行控制或提交设备的状态信息。另外，代理也可以把自身系统中发生的事件主动通知给管理站。一般的代理都是提交它本身的信息，而另一种称为委托代理的信息，可以提供其他系统或其他设备的信息。

管理站将管理要求通过管理操作指令传送给被管理系统中的代理，代理则直接管理被管理的设备。

管理站和代理之间的信息交换可以分为两种：从管理站到代理的管理操作；从代理到管理站的事件通知。

一个管理站可以和多个代理进行信息交换，这是网络管理常见的情况。一个代理也可以接受来自多个管理站的管理操作，在这种情况下，代理需要处理来自多个管理站的多个操作之间的协调问题。

网络管理系统的组成结构如图 6-2 所示，分为 3 个部分：管理功能、管理信息模型和通信框架。

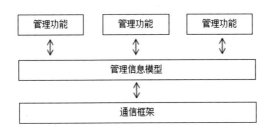

图 6-2　网络管理系统的组成结构

(1) 管理功能

管理功能是网络管理系统提供给用户的管理能力，负责对网络中的设备进行监视和控制，实现网络管理的配置管理、性能管理、故障管理、安全管理和计费管理 5 大功能。在网络管理系统中，管理功能常常是由一级应用程序实现的。

(2) 管理信息模型

管理信息模型是网络资源的抽象，包括被管理资源以及管理资源。管理信息模型不是对网络中所有资源的一切特性的抽象，而仅仅是对与管理功能相关的资源及其特性的抽象。也就是说，管理信息模型是为管理功能服务的，不同的功能应该有不同的管理信息模型。

在网络管理系统中，管理信息模型的作用就像一个"交互中心"，为管理功能提供一个网络资源的逻辑视图，内容包括被管对象和管理信息库等。管理功能并不直接与网络资源交互，而是通过管理信息模型进行操作。管理信息模型在网络管理中处于核心位置，是标准化组织工作的主要方向之一，如被管对象类的声明或定义。标准的管理信息模型应该是不依赖于任何管理系统的，以便尽可能地提供互操作性。

管理信息模型涉及两个重要的概念：管理信息库 (MIB)和管理信息结构(SMI)。

MIB 作为网络管理系统的基础，其被管理的每个资源是用管理对象来表示的，而管理信息库 MIB 是由这些对象组成的结构化对象集合。因此，被 SNMP 管理的对象只能是 MIB 中的相应对象。如在路由器中，要想保证路由器网络接口状态、入分组、出分组的流量及丢弃的分组或是有差错的报文统计信息的稳定性，就要发挥 MIB 的作用。MIB 实质上是一个数据库，存放需要管理的数据对象。管理站通过读取和设置这些数据对象，对被管理节点进行管理。MIB 在 6.1.3 小节会详细讲到。

管理作用的发挥是通过访问 MIB 中相应的被管对象实现的，而 MIB 中的对象是由 SMI 定义的。SMI 的主要目标是为了更好地追求 MIB 的简单性和可扩充性。在网络管理中，每个对象的类型都有相应的名称、语法和编码方式，通过 OID(对象标识符)来标识。

(3) 通信框架

通信框架为管理系统中的各个管理应用之间提供信息交换的机制，并规定了对管理信息的基本操作。管理协议是通信框架中的重要内容，最常见的管理协议是 SNMP。随着管理系统的复杂程度不断提高，各种技术被不断引入到通信框架中，如 CORBA 等，使得通信框架成为一个分层的复杂结构。

6.1.3 网络管理的对象

网络管理的对象包含硬件和软件，硬件包含网卡、双绞线、处理机、打印机、路由器、交换机、网桥、中继器、网关等，软件包含操作系统、应用软件、通信软件等。

细化下去主要有以下几种：

(1) 网络设备：交换机、路由器、三层交换机、VPN 和防火墙等；

(2) 计算、存储设备：计算机、服务器和存储设备等；

(3) 软件：操作系统、通信软件、Web 平台等。

我们将被管理对象的集合称为管理信息库(MIB)。网络中管理对象的各种状态参数值被存储在 MIB 中。MIB 在网络管理中起着重要的作用。通过 MIB，管理进程对控制对象的管理就简化成管理进程对管理对象的 MIB 内容的查看和设置。

6.1.4 网络管理工具

1. Wireshark

Wireshark 是一个网络封包分析软件。网络封包分析软件的功能是截取网络封包，并尽可能显示出最为详细的网络封包资料，用于分析网络流量和故障排除。Wireshark 使用 WinPCAP 作为接口，直接与网卡进行数据报文交换。网络管理员使用 Wireshark 检测网络问题，网络安全工程师使用 Wireshark 检查资讯安全相关问题，开发者使用 Wireshark 为新的通信协定除错，普通使用者可以使用 Wireshark 学习网络协定的相关知识。

2. Nagios

Nagios 是一款开源的电脑系统和网络监视工具，能有效监控 Windows、Linux 和 UNIX 的主机状态，在系统或服务状态异常时发出邮件或短信报警，第一时间通知网站运维人员，在状态恢复后发出正常的邮件或短信通知。

Nagios 是采用分布—集中的管理模式。在 Nagios 服务器上安装 Nagios 主程序和插件程序，在被监控主机上安装 Nagios 代理程序。通过 Nagios 主程序和 Nagios 代理程序之间的通信，监视对象的状态。

Nagios 的主要特点如下。

(1) 能够监控网络服务和主机资源；

(2) 允许用户开发简单的自己需要的检查服务，支持很多开发语言，可以指定自己编写的插件通过网络收集数据来监控任何情况；

(3) 可以通过配置 Nagios 远程执行插件远程执行脚本，事先定义事件处理程序，当对象出现问题时，自动调用对应的处理程序；

(4) 可并行服务检查；

(5) 可以支持并实现对主机的冗余监控；

(6) 自动日志循环；

(7) 包括 Web 界面可以查看当前网络状态、通知、问题历史、日志文件等。

3. Cacti

网络图形化监控工具，用于监控网络设备的性能和状况。

4. Zabbix

全面的网络监控工具，支持多种监控方式，包括 SNMP、JMX 等。

5. SolarWinds

一套全面的网络管理工具，包括网络监控、配置管理和性能管理等模块。

6. PRTG Network Monitor

一款易于使用的网络监控工具，支持多种监控方式，包括 SNMP、WMI 和 SSH 等。

7. NetFlow Analyzer

网络流量分析工具，用于监测和分析网络流量，支持实时流量监控和历史数据分析。

6.1.5 网络管理技术的发展趋势

1. 网络管理的层次化

随着网络应用的普及，网络涉及的方面越来越多，其规模的不断扩大以及其复杂性的不断增强使得传统的计算机网络管理机制的不足逐渐凸显出来。

传统的管理机制主要是 SNMP 管理机制，因为 SNMP 在网络管理的分布上较为广泛，因而带宽消耗较大，在某些方面就会降低管理的工作质量和效率，它的缺陷主要有以下几个方面：

(1) 它是一种平面型网架结构，缺少立体全面性，这就导致管理者随着职业的变化和发展特别容易出现发展瓶颈问题。

(2) 其筛选功能落后，在信息量不断扩大的今天筛选功能不强大是其管理机制发展的一大瓶颈。

(3) 数据认证功能缺失。

(4) 安全措施只是理论或口头说说，并无实质性的安全措施。

(5) 对原始数据的处理度不够，导致传送文件的时候需要耗费大量的宽带来传送原始数据，大大降低了网络管理的效率。

针对这些问题，计算机网络管理技术逐渐向层次化发展，即将集中式的网络管理架构改为层次化的网络管理架构。在管理者和管理代理者之间加设中层管理者，强化各个管理者之间的交流和通信，增加并强化资料形态，完善数据变动跟踪功能，及时反馈网络信息的变化，除此之外，还要强化安全性和远端配置，推动网络管理向层次化发展，提高网络管理的效率。

2. 网络管理的集成化

网络管理的集成化指的是让操作简单易于实践，普遍被大众接受的开放系统互联网络管理协议和在处理复杂网络管理方面存在绝对优势的管理协议的合理融合，这样两者进行优势互补，实现共存和网络管理协议的改革完善，有利于保护现有的网络管理技术的投资。

3. 网络管理的 web 化

传统的网络管理需要大量的专业技术人才去维护网络管理系统，进而保证网络管理界面的运行，这里的网络管理界面指的是网络管理命令所驱动的远程登录屏幕，非专业技术人士无法开启网络管理界面，这也导致了网络管理界面的友好程度随着网络规模的扩大化和复杂性的增加出现低迷趋势。为了使网络管理更加快捷简便，降低网络管理的费用，一种新型的基于 web 的网络管理模式应运而生。

基于 web 的网络管理模式分为代理方式和嵌入式两种模式。代理方式是指通过管理软件将收集到的网络信息在浏览器和网络设备之间传递，将传统的管理协议转换为 web 协议。嵌入式是指通过将 web 功能嵌入到网络设备中使得管理者可以通过浏览器直接管理相关设备，这就减少了大量复杂的网络管理命令，推动网络管理自动化的发展，使得网络管理更加便捷。

6.2 网络管理的基本功能

在 OSI 网络管理标准中定义了网络管理的 5 大功能：配置管理、性能管理、故障管理、安全管理和计费管理。但在实际应用中，网络管理应当还需要包括一些其他的功能，比如确定网络项目的目标、对网络操作人员进行管理等。不过除了基本的网络管理 5 大功能，其他的网络管理功能实现都与具体的网络实际条件有关，因此我们只需要关注 OSI 网络管理标准中的 5 大功能。

下面将针对 5 大功能进行具体的描述。

1. 配置管理

网络管理中的配置管理主要是能自动发现网络拓扑结构，构造和维护网络系统的配置。监测网络被管对象的状态，完成网络关键设备配置的检查，配置自动生成和自动配置备份系统，对于配置的一致性进行严格的检验。主要包含以下几项。

(1) 配置信息的自动获取

在一个大型网络中，需要管理的设备比较多，如果每个设备的配置信息都完全依靠管理人员的手工输入，工作量是相当大的，而且还存在出错的可能性。对于不熟悉网络结构的人员来说，这项工作甚至无法完成。因此，一个先进的网络管理系统应该具有配置信息自动获取功能。即使在管理人员不是很熟悉网络结构和配置状况的情况下，也能通过有关的技术手段来完成对网络的配置和管理。

在网络设备的配置信息中，根据获取手段大致可以分为三类：一类是网络管理协议标准的 MIB 中定义的配置信息(包括 SNMP 和 CMIP 协议)；二类是不在网络管理协议标准中有定义，但是对设备运行比较重要的配置信息；三类就是用于管理的一些辅助信息。

(2) 自动配置、自动备份及相关技术

配置信息自动获取功能相当于从网络设备中"读"信息，相应地，在网络管理应用中还有大量"写"信息的需求。同样根据设置手段对网络配置信息进行分类：一类是可以通过网络管理协议标准中定义的方法(如 SNMP 中的 set 服务)进行设置的配置信息；二类是可以通过自动登录到设备进行配置的信息；三类就是需要修改的管理性配置信息。

(3) 配置一致性检查

在一个大型网络中，由于网络设备众多，而且由于管理的原因，这些设备很可能不是由同一个管理人员进行配置的。实际上即使是同一个管理员对设备进行的配置，也会由于各种原因导致配置一致性问题。因此，对整个网络的配置情况进行一致性检查是必需的。在网络的配置中，对网络正常运行影响最大的主要是路由器端口配置和路由信息配置，因此，要进行一致性检查的也主要是这两类信息。

(4) 用户操作记录功能

配置系统的安全性是整个网络管理系统安全的核心，因此，必须对用户进行的每一配置操作进行记录。在配置管理中，需要对用户操作进行记录，并保存下来。管理人员可以随时查看特定用户在特定时间内进行的特定配置操作。

2. 故障管理

过滤、归并网络事件，有效地发现、定位网络故障，给出排错建议与排错工具，形成整套的故障发现、告警与处理机制。

(1) 故障监测

主动探测或被动接收网络上的各种事件信息，并识别出其中与网络和系统故障相关的内容，对其中的关键部分保持跟踪，生成网络故障事件记录。

(2) 故障报警

接收故障监测模块传来的报警信息，根据报警策略驱动不同的报警程序，以报警窗口/振铃(通知一线网络管理人员)或电子邮件(通知决策管理人员)发出网络严重故障警报。

(3) 故障信息管理

依靠对事件记录的分析，定义网络故障并生成故障卡片，记录排除故障的步骤和与故障相关的值班员日志，构造排错行动记录，将事件-故障-日志构成逻辑上相互关联的整体，以反映故障产生、变化、消除的整个过程的各个方面。

(4) 排错支持工具

向管理人员提供一系列的实时检测工具，对被管理设备的状况进行测试并记录下测试结果以供技术人员分析和排错；根据已有的排错经验和管理员对故障状态的描述给出对排错行动的提示。

(5) 检索/分析故障信息

浏览并且以关键字检索查询故障管理系统中所有的数据库记录，定期收集故障记录数据，在此基础上给出被管网络系统、被管线路设备的可靠性参数。

3. 性能管理

采集、分析网络对象的性能数据，监测网络对象的性能，对网络线路质量进行分析。同时，统计网络运行状态信息，对网络的使用发展作出评测、估计，为网络进一步规划与调整提供依据。

(1) 性能监控

由用户定义被管对象及其属性。被管对象类型包括线路和路由器等网络设备；被管对象属性包括流量、延迟、丢包率、CPU 利用率、温度、内存余量。对于每个被管对象，定时采集性能数据，自动生成性能报告。

(2) 阈值控制

可对每一个被管对象的每一条属性设置阈值，对于特定被管对象的特定属性，可以针对不同的时间段和性能指标进行阈值设置。可通过设置阈值检查开关控制阈值检查和告警，提供相应的阈值管理和溢出告警机制。

(3) 性能分析

对历史数据进行分析、统计和整理，计算性能指标，对性能状况作出判断，为网络规划提供参考。

(4) 可视化的性能报告

对数据进行扫描和处理，生成性能趋势曲线，以直观的图形反映性能分析的结果。

(5) 实时性能监控

提供了一系列实时数据采集；分析和可视化工具，用以对流量、负载、丢包、温度、内存、延迟等网络设备和线路的性能指标进行实时检测，可任意设置数据采集间隔。

(6) 网络对象性能查询

可通过列表或按关键字检索被管网络对象及其属性的性能记录。

4. 安全管理

结合使用用户认证、访问控制、数据传输、存储的保密与完整性机制，以保障网络管理系统本身的安全。维护系统日志，使系统的使用和网络对象的修改有据可查。控制对网络资源的访问。安全管理的功能分为两部分，首先是网络管理本身的安全，其次是被管网络对象的安全。

网络管理过程中，存储和传输的管理和控制信息对网络的运行和管理至关重要，一旦泄密、被篡改和伪造，将给网络造成灾难性的破坏。

网络管理本身的安全由以下机制来保证：

(1) 管理员身份认证，采用基于公开密钥的证书认证机制；为提高系统效率，对于信任域内(如局域网)的用户，可以使用简单口令认证。

(2) 管理信息存储和传输的加密与完整性，web 浏览器和网络管理服务器之间采用安全套接字层(SSL)传输协议，对管理信息加密传输并保证其完整性；内部存储的机密信息，如登录口令等，也是经过加密的。

(3) 网络管理用户分组管理与访问控制，网络管理系统的用户(即管理员)按任务的不同分成若干用户组，不同的用户组中有不同的权限范围，对用户的操作由访问控制检查，保证用户不能越权使用网络管理系统。

(4) 系统日志分析，记录用户所有的操作，使系统的操作和对网络对象的修改有据可查，同时也有助于故障的跟踪与恢复。

网络对象的安全管理有以下功能：

(1) 网络资源的访问控制，通过管理路由器的访问控制列表，完成防火墙的管理功能，即从网络层(IP)和传输层(TCP)控制对网络资源的访问，保护网络内部的设备和应用服务，防止外来的入侵。

(2) 告警事件分析，接收网络对象所发出的告警事件，分析与安全相关的信息(如路由器登录信息、SNMP 认证失败信息)，实时地向管理员告警，并提供历史安全事件的检索与分析机制，及时发现可疑的迹象。

(3) 主机系统的安全漏洞检测，实时监测主机系统的重要服务(如 WWW、DNS 等)的状态，提供安全监测工具，以搜索系统可能存在的安全漏洞或安全隐患，并给出弥补的措施。

总之，网络管理通过网关(即边界路由器)控制外来用户对网络资源的访问，以防止外来的攻击；通过告警事件的分析处理，以发现正在进行的可能攻击；通过安全漏洞检查发现存在的安全隐患，以防患于未然。

5. 计费管理

对网际互联设备按 IP 地址的双向流量统计，产生多种信息统计报告及流量对比，并提供网络计费工具，以便用户根据自定义的要求实施网络计费。

(1) 计费数据采集

计费数据采集是整个计费系统的基础，但计费数据采集往往受到采集设备硬件与软件的制约，而且也与进行计费的网络资源有关。

(2) 数据管理与数据维护

计费管理人工交互性很强，虽然系统自动完成很多数据维护，但仍然需要人为管理，包括交纳费用的输入、联网单位信息维护及账单样式决定等。

(3) 计费政策制定

由于计费政策经常灵活变化，因此实现用户自由制定输入计费政策尤其重要。这样需要一个制定计费政策的友好人机界面和完善的实现计费政策的数据模型。

(4) 政策比较与决策支持

计费管理应该提供多套计费政策的数据比较，为政策制定提供决策依据。

(5) 数据分析与费用计算

利用采集的网络资源使用数据，联网用户的详细信息以及计费政策计算网络用户资源的使用情况，并计算出应交纳的费用。

(6) 数据查询

提供给每个网络用户关于自身使用网络资源情况的详细信息，网络用户根据这些信息可以计算、核对自己的收费情况。

6.3 网络管理协议

作为目前 TCP/IP 网络中应用最为广泛的网络管理协议，SNMP(simple network management protocol，简单网络管理协议)最初是为了解决 Internet 上的路由器管理而提出的。SNMP 协议是 TCP/IP 簇的一部分，是一种应用层协议，并且是面向无连接的协议。在网管系统中，往往是少数几个客户程序和很多服务器程序进行交互，SNMP 协议使得各个网络设备之间能够方便地交换管理信息，管理程序运行 SNMP 客户程序，而代理程序运行 SNMP 服务器程序。在被管对象上运行的 SNMP 服务器程序不停地监听来自管理站的 SNMP 客户程序的请求。一旦发现了，就立刻返回管理站所需的信息或执行某个动作，这就能让网络管理员更好地管理网络的性能，方便其发现和解决网络问题，并能够及时进行网络的扩充。本节将对 SNMP 协议的发展情况及其工作机制进行说明。

6.3.1 SNMP 的发展

早些年，网络的迅速发展和普及使得以下两个问题日益突出：

(1) 网络规模逐渐增大，网络设备数量成级数增加，对于网络管理员来说，很难及时监控所有设备，及时发现故障并进行修复。

(2) 之前的网络管理体系一般是由厂家依据自家的网络系统进行开发的管理系统，移植性差，不能对其他厂家的设备进行网络管理。

为了解决以上两个问题，我们迫切需要一套能够覆盖服务、协议和管理信息库的标准。

针对网络管理的标准化最开始是由国际标准化组织开始进行研究的，最开始主要针对 OSI7 协议的传输环境进行设计。研究成果为 CMIS(Common Management Information Service，公共管理信息服务)和 CMIP(Common Management Information Protocol，公共管理信息协议)。CMIS 负责定义每个网络的组成部分所提供的网络管理服务，其实这些服务在本质上是很普通的，而 CMIP 则是实现 CMIS 服务的协议。OSI 网络协议旨在为所有设备在 ISO 参考模型的每一层提供一个公共网络结构，而 CMIS 和 CMIP 正是这样一个用于所有网络设备的完整网络管理协议簇。

在 CMIP 中，网管代理和管理站并未进行明确的指定，导致网络中的任何一个网络设备既可以作为网管代理，也可以作为管理站。在网络管理过程中，CMIP 协议通过事件报告进行工作，网络中的各个监视系统在发现被检测设备的状态及参数发生某些变化后，会立即向网络管理站进行事件报告。而网络管理站会先根据事件对网络服务的影响来划分事件的严重等级，并对此事件进行分类，然后向管理员报告。

CMIP 的优点在于：首先，它的每个变量不仅传递信息，而且还完成一定的网络管理任务，这是 CMIP 协议的最大特点，这样可减少管理者的负担并减少网络负载。其次，它拥有验证、访问控制和安全日志等一整套安全管理方法。所以它曾风靡一时。但是，CMIP 的缺点也同样明显，首先它是一个大而全的协议，所以使用时，其资源占用量很多。它对硬件设备的要求比当时人们所能提供的要高得多。其次，由于它在网络代理上要运行相当数量的进程，所以大大增加了网络代理的负担。最后，它的 MIB 库过分复杂，难以实现，所以目前支持它的产品较少。

后来，随着网络的发展，Internet 的数量逐渐增多，为了管理以几何级增长的 Internet，Internet 工程任务组(IETF)决定采用基于 OSI 的 CMIP 协议作为 Internet 的管理协议，并将其称为 CMOT(common management over TCP/IP)。但是由于迟迟未能出台，IRTF 最终对已有的 SGMP(simple gateway monitoring protocol，简单网关监控协议)进行修改，之后当作临时的解决方案，这个协议就是后来的 SNMP，第一代被称为 SNMPv1。SNMPv1 的特点是简单、容易实现，并且成本低，所以被广泛应用。

但是，其实 SNMP 并没有实质性的安全设施，所以用户总会面临一个两难处境：在很不完善的管理工具和遥遥无期的管理标准之间作出选择。

为了修补 SNMP 的安全缺陷，1992 年 7 月出现了一个新标准——安全 SNMP(S-SNMP)，这个协议增强了安全方面的功能。但是 S-SNMP 还是没有改进 SNMP 在功能和效率方面的其他缺点。在此情况下，又有人提出使用另外一个协议 SMP 去对 SNMP 进行扩充。在对 S-SNMP 和 SMP 扩充 SNMP 的讨论过程中，研究人员确定必须同时扩展 SNMP 的功能且增强其安全性，于是决定以 SMP 为基础开发 SNMP，此版本也被称为 SNMPv2。

SNMPV2 对 SNMPV1 的增强体现在以下方面：

1. 在 SMI 的定义上进行了扩展

SNMPv2 的 SMI 扩充了原有的对象数据类型，修改了对对象的访问权限，并且增加了许多新的数据类型，这就使得对对象的定义更加精确。此外，SNMPv2 还扩充了一些表操作。它增加了用于行生成和行删除的对象 rowsstatus，并且同时在表的定义中增加了 augments 子句，使得可以不重写表的定义直接增加表的列数。

2. 它提供了 M2M 的能力

SNMPv2 规范中增加了一个"管理者对管理者(M2M)"的 MIB。使用 M2M 可以允许一个系统中有多个管理者，进而形成分布式管理结构。在这种分布式管理结构中，一些系统可以既充当管理者又充当代理。当作为管理者时，它们的任务是收集关于下级代理的信息；而当作为代理时，它们一方面回答上级管理者提出的关于它自身信息的访问，另一方面还要完成关于它的下级代理的总结性信息的访问。

3. SNMPv2 增加了两种 PDU 类型：GetbulkRequest 和 InformRequest

GetbulkRequest PDU 可以允许管理者一次性从代理处得到大批量的管理信息，从而弥补 SNMPv1 不能高效检索大量信息的缺点。InformRequest PDU 用于实现管理者与管理者之间的通信，一个管理者可以将管理信息传送给另一个管理者进而实现 M2M 能力。

4. SNMPv2 在安全性方面也有了很大的扩展

为了保证数据的完整性和机密性并解决源认证的问题，SNMPv2 引入了一些新的对象，并且采用了 MD5 消息摘要算法和 DES 数据加密算法。具体实现如下：

首先，SNMPv2 从安全模型上增加了参加者、MIB View、上下文等对象。SNMP 参加者由参加者标识、认证协议及相关参数、加密协议及相关参数、MIB View 和该参加者的逻辑网络信息等元素构成。每个 SNMP 实体包含一个或多个参加者，SNMP 实体以参加者的身份和别的实体进行相互通信。MIB View 是用子树集合的方式定义的 MIB 库中对象的一个子集。上下文标识了 SNMP 实体可以访问的 MIB View 子集。SNMPv2 的访问控制策略由 4 个元素构成，即目标参加者、源参加者、上下文和可被允许的操作。

其次，在协议操作方面，也有很大变动。SNMPv2 修改了 SNMPvl 的消息头格式。SNMPv2 的消息格式如表 6-1 所示。

表 6-1　SNMPv2 的消息格式

PriDst	AuthInfo	DstPartv	SrcPartv	Context	PDU

当一个 SNMP 实体需要向另一个实体发送一个秘密消息时，首先会形成一个 SNMPMgmtCom 值，这个值包含了秘密消息的目的参加者(DstParty)、源参加者(SrcParty)、相关的上下文(context)和相应的 PDU；根据接收方的时间戳(DstTimestamp)、发送方的时间戳(SrcTimestamp)和消息摘要(Digest)组成 AuthInfo 部分；对 SNMPM-gmtCom 和 AuthInfo 部分加密；将目的方参加者标识符(PrivDst)附在消息头上发出。

目的方实体接收到此消息后，检查是否与消息头的 PriDst 匹配；进而解密 Authinfo 部分；检查时间戳，计算消息摘要是否匹配，判断消息的可靠性。检查消息引用的上下文是否存在，检查访问权限，如果请求被允许，成功接收该消息，进行相应操作。

尽管 SNMPv2 较之 SNMPvl，无论在功能上还是安全性上都有了很大改进，但是它还是存在一些不足和缺陷。SNMPv2 的消息结构和安全模型都过于单一，缺少灵活性，不适合在不同的环境中使用，同时，SNMPv2 的安全机制也不够完善，缺乏基于用户的安全策略。

1999 年 4 月在此基础上，发布了 SNMPv3 新标准。SNMPv3 涵盖了 SNMP、SNMPv2 的所有功能，并在此基础上增加了安全性。它没有定义新的 PDU 格式，而是描述了一种目前和将来版本的 SNMP 版本都适用的体系结构、特定的信息结构和安全特性。

从 SNMPv1 到 SNMPv2 再到 SNMPv3，网管协议越来越完善，不仅在功能上有了很大增强，在安全性方面也有了很大的改善。随着未来网络管理的智能化趋势，网络管理协议也会随之作相应变动，如能够自动根据不同的事件改变系统或用户的配置参数；能够实现用户级别的网络管理；能够进行实时流量控制，自动为关键任务优先分配带宽；能够自动适应不同的底层协议和体系结构等。

本节中将主要针对 SNMPv1 版本进行介绍。

6.3.2　SNMP 操作命令

SNMP 的基本操作指令为存和取。存指存储数据到变量，取指从变量中取数据。在 SNMP 中，所有操作都可以看成是由这两种操作派生出来的。在 SNMP 中，只定义了 5 种操作指令。

(1) Get：从代理处取指定的 MIB 变量的值。

(2) Get next：从代理表处取得下一个指定的 MIB 变量的值。

(3) Set：设置代理指定的 MIB 的变量值。

(4) Get Response：用于被管设备上的网络管理代理对网络管理系统发送的请求进行响应，包含有相应的响应标识和响应信息。

(5) Trap：当代理发生错误时，立刻向网络管理站报警，无需等待接收方响应。

前面 3 个操作是管理进程向代理进程发出的，后面两个进程则是代理进程发送给管理进程的，其中除了 Trap 操作使用 UDP 162 接口外，其他 4 个操作均使用 UDP 161 接口。通过这五种操作，管理进程和代理之间就能够进行相互通信。

SNMP 协议的基本管理操作步骤如下：

(1) 网管工作站周期性地发送 Get/Get Next 报文来轮流询问各个代理，并获取各个 MIB 中的管理信息。

(2) 代理在 SNMP 默认端口(161)上循环侦听来自网络管理工作站的 Get/Get Next 报文，根据请求的内容从本地 MIB 中提取所需信息，并以 Get Response 报文方式将结果回送给网络管理工作站。

(3) 与此同时，代理不断地检查本地的状态，适当地向网络管理工作站发送 Trap 报文，并记录在一个数据库中。

(4) 网络管理员可以通过专用的应用软件从管理站上查看每个代理提供的管理信息。

SNMP 管理站与代理之间的通信如图 6-3 所示。

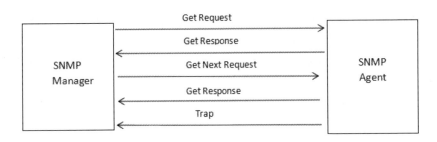

图 6-3　SNMP 管理站与代理之间通信

6.3.3　SNMP 工作原理

SNMPv1 采用了管理者/代理的结构模型。代理位于被管理的设备上，每个代理管理一个特殊的数据库，称为管理数据库(MIB)。按照规定的格式存放着可供管理的设备信息。SNMP 代理收集并维护本地信息，回答管理者对于 MIB 的查询请求或报告异常事件，并能根据管理者的指令修改本地配置或参数。管理者依据得到的信息对被管理者作出相应的管理和控制。代理和管理者之间的关系如图 6-4 所示。

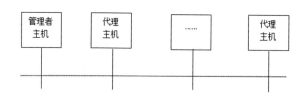

图 6-4　代理和管理者之间的关系

SNMPv1 支持 5 种操作消息类型：GetRequest、GetNextRequest、SetRequest、GetResponse 和 Trap。

(1) GetRequest：SNMP 管理站用 GetRequest 来从代理的 MIB 库中检索信息；

(2) GetResponse：SNMP 代理用来回复管理者的 Request 消息；

(3) GetNextRequest：和 GetRequest 结合起来取得 MIB 库中的一个特定的表对象；

(4) SetRequest：消息管理者可以使用 SetRequest 对代理设备的参数进行远程的配置；

(5) Trap：SNMP 陷阱是 SNMP 代理发送给工作站的非请求信息。如果出现特定事件，代理者会发送给管理者一些非请求消息。

6.3.4　SNMP 安全机制

SNMP 的安全机制包含认证服务和访问策略两个方面。SNMPv1 仅提供了简单的用于限制只有被授权的管理者才可以访问 MIB 的认证服务。

SNMPv1 的消息报文中有一个共同体名称的域，共同体名称相当于口令的作用，SNMPv1 提供基于共同体名称的简单的安全机制。

网络管理站在对管理代理的 MIB 对象进行操作的时候，在发送的消息报文中带上定义在该管理代理上的共同体的名称，消息到达管理代理以后代理会检查共同体名称是否合法，如果不合法，代理会产生一个 authentication-failure trap 并丢弃请求消息报文，起到认证的作用。

SNMP 还提供了授权的功能。一个管理代理可能定义了不同的共同体，这些共同体可能具有不同的权利。消息报文经过管理代理的认证合法以后，在读取(GetRequest 操作和 GetNextRequest 操作)或者设置(SetRequest 操作)MIB 对象值以前，还要根据共同体名称以及 MIB 对象定义中的访问权限检查操作类型是否具有合法的权限，最后生成 GetResponse 消息报文。

6.3.5　SNMP 系统结构

一套完整的 SNMP 系统主要包括管理信息库(MIB)、管理信息结构(SMI)及 SNMP 报文协议。

1. 管理信息库(MIB)

指被管理对象的集合。它定义了被管理对象的一系列属性。MIB 在之前有过介绍，这里不再说明。

2. 管理信息结构(SMI)

SMI 定义了 SNMP 框架所用信息的组织、组成和标识，它还为描述 MIB 对象和描述协议怎样交换信息奠定了基础。

SMI 定义的数据类型包括以下 3 种。

(1) 简单类型(simple)

① Integer：整型是-2 147 483 648~2 147 483 647 的有符号整数。

② octet string：字符串是 0~65 535 个字节的有序序列。

③ OBJECT IDENTIFIER：来自按照 ASN.1 规则分配的对象标识符集。

(2) 简单结构类型(simple-constructed)

① SEQUENCE 用于列表。这一数据类型与大多数程序设计语言中的"structure"类似。一个 SEQUENCE 包括 0 个或更多元素，每一个元素又是另一个 ASN.1 数据类型。

② SEQUENCE OF type 用于表格。这一数据类型与大多数程序设计语言中的 array 类似。一个表格包括 0 个或更多元素，每一个元素又是另一个 ASN.1 数据类型。

(3) 应用类型(application-wide)

① IpAddress：以网络序表示的 IP 地址。因为它是一个 32 位的值，所以定义为 4 个字节。

② counter：计数器是一个非负的整数，它递增至最大值，而后回零。在 SNMPv1 中定义的计数器是 32 位的，即最大值为 4 294 967 295。

③ Gauge：也是一个非负整数，它可以递增或递减，但达到最大值时保持在最大值，最大值为 $2^{32}-1$。

④ time ticks：是一个时间单位，表示以 0.01 秒为单位计算的时间。

3. SNMP 报文协议

如图 6-5 所示是封装成 UDP 数据报的 5 种操作的 SNMP 报文格式。可见一个 SNMP 报文共由三个部分组成，即公共 SNMP 首部、get/set 首部、trap 首部。

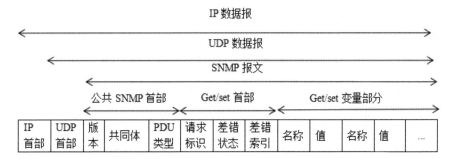

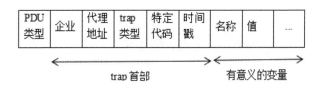

图 6-5　封装成 UDP 数据报的 5 种操作的 SNMP 报文格式

(1) 公共 SNMP 首部

共三个字段：

① 版本：写入版本字段的是版本号减 1，对于 SNMP(即 SNMPV1)则应写入 0。

② 共同体(community)：共同体就是一个字符串，作为管理进程和代理进程之间的明文口令，常用的是 6 个字符 "public"。

③ PDU 类型：根据 PDU 的类型，填入 0~4 中的一个数字，其对应关系如表 6-2 所示。

表 6-2　PDU 类型

PDU 类型	名称
0	Get-request
1	Get-next-request
2	Get-response
3	Set-request
4	trap

(2) get/set 首部

① 请求标识符(request ID)：这是由管理进程设置的一个整数值。代理进程在发送 get-response 报文时也要返回此请求标识符。管理进程可同时向许多代理发出 get 报文，这些报文都使用 UDP 传送，先发送的有可能后到达。设置了请求标识符可使管理进程能够识别返回的响应报文对应于哪一个请求报文。

② 差错状态(error status)：由代理进程回答时填入 0~5 中的一个数字，如表 6-3 所示为差错状态的描述。

表 6-3　差错状态描述

差错状态	名字	说明
0	noError	一切正常
1	tooBig	代理无法将回答装入一个 SNMP 报文之中
2	noSuchName	操作指明了一个不存在的变量
3	badValue	一个 set 操作指明了一个无效值或无效语法
4	readOnly	管理进程试图修改一个只读变量
5	genErr	某些其他的查重

③ 差错索引(error index)：当出现 noSuchName、badValue 或 readOnly 的差错时，由代理进程在回答时设置一个整数，它指明有差错的变量在变量列表中的偏移。

(3) trap 首部

trap 报文格式如图 6-6 所示。

PUD 类型	企业	代理地址	trap 类型	特定代码	时间戳	名称	值	......

图 6-6　trap 报文格式

6.3.6 网络管理平台

大型综合网络中往往有多个厂商的网络设备，这些网络设备的种类和数量很多，而对于不同厂商往往自己开发的产品都有一套自己特有的网络管理系统，这些网络管理系统需要有各自的网络管理应用程序。为了在一个大型的网络中将网络应用系统统一成一个整体，就需要有一种标准，这就引出了开放的、统一的网络管理平台。

网络管理平台可以通过对 SNMP 各代理的轮流询问以及接收代理发来的事件报文来创建和维护各种类型的数据库。网络管理平台能与被管系统的设备通信，访问 MIB，形成综合的数据库。各厂商的专用网管经过 API 接口进入平台进行横向交叉配合，并利用平台提供的数据库、图形工具和资源集成为更高层的统一管理方案。

6.4 网络监控管理及监控软件的应用

6.4.1 故障管理概述

故障是指软、硬件的缺陷；错误则是软硬件的不正确输出；失效是指所有和某故障有关的错误造成的网络的非正常运行。网络故障按生命周期可分为永久故障、暂时故障和瞬间故障三类；按故障对网络造成的空间失效范围的大小，可将失效分为四类：任务失效、基本网络部件失效、结点失效和子网失效。故障管理的主要任务是及时发现并排除网络故障。一般说来，故障管理包括以下几个内容：故障监测和捕获故障产生相关的事件和报警；定位分析故障、记录故障日志；如有可能排除故障等。

6.4.2 故障管理的类型

故障类型指的是具有某种特征的故障的分类。通常可以根据故障发生来源的不同，将它们划分为两大类，即硬故障(hard error)和软故障(soft error)。

硬故障是指网络的硬件设备在工作过程中产生的各种错误。这些错误与该设备的作用有密切关系，网络系统的复杂性也正是由于设备的多样性而体现出来的。根据网络设备的作用，我们可以将硬故障简单分为以下三类：

1. 连接设备故障

这种故障的现象主要是网络的物理连接出现问题，也可以称为通路故障。造成故障的原因可能是电缆线断开、收发器断开或不能正常工作以及其他连接设备间的接口出问题等。根据这类故障的来源不同，我们又可以将该类型的故障细分为线路故障、网络接口故障、收发器故障、路由器故障等，该类故障是故障管理的最主要对象。

2. 共享设备故障

这种故障的表现是用于资源共享的设备出现问题，不能提供或享受所需的服务。同样，该类型的故障也可以细分为服务器故障(打印机故障、文件服务器故障等)、工作站故障等。

3. 其他设备故障

包括电源故障、监控器故障、测试仪故障、分析仪故障等。

软故障是指网络系统软件运行出错。软故障的发现和处理是在管理过程中逐渐被人们认识的，因为软件属于一种无形的东西，问题的表现不如硬件直观。从这个意义上看，软故障的识别和诊断更加困难。故障管理中所处理的软故障主要针对与网络通信和服务有关的系统软件，它可以直接根据网络软件来划分，包括通信协议软件故障、网络文件系统(FNS)故障、文件传输软件故障、域名服务系统(DNS)等，其中通信协议软件故障是系统研究的重点。这种错误通常是在协议软件运行时遇到某个异常条件(如缓冲队列满)或协议软件本身未提供可靠机制而导致传输失败，报文丢失。

故障类型并不是一成不变的，随着网络在复杂性和规模上的提高，网络故障管理的要求也在不断增加。新的技术、设备的应用使故障的类型、故障原因、故障源等各方面都发生了变化，这就要求故障管理系统必须增加新的内容。

6.4.3　故障管理的功能

故障管理的根本目标在于排除网络中出现的各种故障，达到这一目标要求系统至少必须具备检测、隔离和纠正故障的能力。

1. 故障检测

故障检测是指对系统的性能和状态进行检查和测试，根据结果和一定的识别规则判断系统是否出现故障。故障检测要求管理系统监视网络的工作，考查网络的状态及其变化，一旦发现系统出现故障马上进行报警。

2. 故障隔离

故障隔离是指确定故障发生的位置，通俗地说就是指出谁发生了故障，如哪个子网、哪个设备或者设备的哪个部件，对于软故障则指明哪个系统出了问题。由于网络是一个复杂的系统，故障类型、原因、故障源多种多样，而且不同故障的表现可能完全相同，这就导致了故障隔离的复杂性。隔离系统应当尽可能地缩小故障源的范围。

3. 故障纠正

故障纠正是指纠正所发生的错误，恢复系统的正常工作。故障纠正建立在前两者的基础之上，目前所采取的手段除了进行硬件维修、系统重启、一定程度的恢复外，还包括一些非技术性的活动，如人员的使用和技术培训以及设备生产厂商的支持等。

6.4.4　影响故障管理的因素

与网络管理一样，故障管理也必须考虑三方面的因素：过程、设备和工具、人员。成功的故障管理策略是这三者的完整结合，而不仅仅是其中的某一个方面。

6.5　网络监控管理及监控软件的应用

在网络管理系统的体系结构中，包括管理者和管理代理两个部分，相应的网络管理产品也分成两大类：管理者网络管理平台和管理代理的网络管理工具。目前，比较流行的管理者网络管理平台包括 HP 公司的 Open View、CA 公司的 Unicent TNG、IBM 公司的 TME 10 NetView 和 SU 公司的 NetManager 等；管理代理的网络管理工具包括 Cisco 公司的 Works 2000、3Com 公司的 Transcend 和 BAY 公司的 Network Optivity 等。除此之外，还有一些小工具，比如 Angry IP Scanner 都能很好地帮助我们监控网络。

下面将对 Angry IP Scanner、管理者平台 HP 公司的 Open View 和管理代理网络管理工具 Works 2000 产品进行简要介绍。

6.5.1　Angry IP Scanner

如图 6-7 所示，Angry IP Scanner 是一款简单易用的 IP 地址和端口扫描器。它可以扫描在任何范围 IP 地址以及它们的端口，能扫描出主机名，从而确定 MAC 地址、端口扫描、采集数据等，且有关每台主机的收集数据量可以通过插件扩展。它还具有 NetBIOS 信息(计算机名、工作组名和当前登录的 Windows 用户)、IP 地址范围、网络服务器检测，可定制的开放等额外的功能。扫描结果可以保存到 CSV、TXT、XML 或 IP 端口列表文件中。在插件的帮助下，还可以收集任何有关扫描 IPS 的信息。

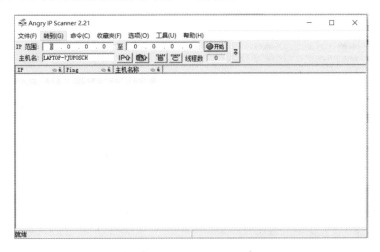

图 6-7　Angry IP Scanner 窗口

这款软件的最大用处就是可以扫描某一网段的各个主机的 IP。通过使用发现，原理就是通过快速 ping 每个 IP，如果有主机存在，就获取这个主机的用户名、IP 以及 Port。

检索 IP 地址在 117.139.254.0 到 117.139.254.110 的计算机，填入 IP 地址后单击“开始”按钮，会进行 IP 扫描，如图 6-8 所示。

扫描结束会返回扫描结果，如图 6-9 所示，扫描 IP 地址在 117.139.254.0~117.139.254.110 的有没有主机。共扫描 111 个 IP，其中活动主机有 1 个。

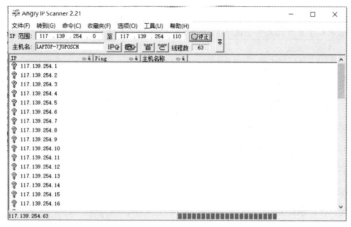

图 6-8　检索 IP 地址

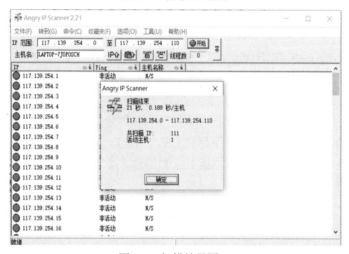

图 6-9　扫描结果图(1)

如图 6-10 所示，蓝点就是有这台计算机，红点就是没有。(需对照屏幕显示效果)

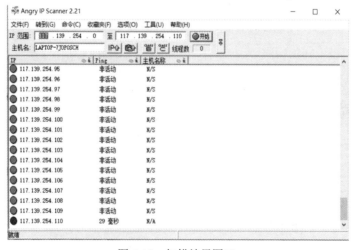

图 6-10　扫描结果图(2)

6.5.2 HP Open View

HP Open View 是由 HP 公司开发的网络管理平台，是目前公认的世界上最好的网络管理软件之一。Open View 集成了网络管理和系统管理的优点，形成了一个单一而完整的管理系统。Open View 解决方案实现了网络运作从被动无序到主动控制的过渡，能使 IT 部门及时了解整个网络当前的真实状况，从而实现主动控制。另外，Open View 解决方案的预防式管理工具——临界值设定与趋势分析报表，可以使 IT 部门采取更具有防御性的措施来保证全网的安全。在 HP Open View 产品中，网络中心负责检测与控制节点和用户路由器、处理故障、收集网络流量、路由管理和安全控制。网络管理系统将对主干网络及主干与地区相连的线路流量进行统计并实时显示流量变化曲线，提供网络当前路由信息的分析处理工具，显示当前路由信息；对网络系统操作权限设置不同的安全控制级别，提供对网络设备的访问控制机制。

在网络管理服务器上，可以通过 SNMP 管理包括路由器、访问控制器、计算机主机等所有设备。网络管理系统可以对大多数设备进行控制和修改配置，在统一的管理和监控操作下，可以对故障以不同的颜色和声音来报警，并可以进行报警功能的扩展。

总的来说，HP Open View 有以下一些基本特点。

(1) 自动发现网络拓扑机构。该项功能具有较强的智能性，当 Open View 启动时，默认的网段就能被自动检测，网段中的路由器和网关、子网以图标的形式显示在图形上，其中的连接关系也自动显示。

(2) 性能与吞吐量分析。Open View 中的一个应用系统 HP LAN Probe II 可用来进行性能分析。通过查询 SNMPMIBI、I 可以监控网络接口故障，并在图中表示出来。

(3) 故障警告。可以通过图形用户界面来进行警告配置。网络中任何一个支持 SNMP-Trap 协议的设备都能收到警告。

(4) 历史数据分析。任何指标的数据报告都可以实时地以图标的形式显示。使用 RMONHPLAN Probe II 产品可以增强其分析功能。

(5) 多厂商支持。任何厂商的 MIB 定义都能在运行状态被集成到 Open View 中。

6.5.3 Cisco Works 2000

Cisco 利用重点开发基于 Internet 的体系结构的优势，可以向用户提供更高的可访问性，而且可以简化网络管理的任务和进程。Cisco 的网络管理策略——Assured Network Service(保证网络服务)也正在引导着网络管理从传统应用程序转向具备下列特征的基于 Web 的模型。

Cisco 的系列网络管理产品包括了针对各种网络设备性能的管理、集成化的网络管理、远程网络控制和管理等功能。目前，Cisco 的网络管理产品包括新的基于 Web 的产品和基于控制台的应用程序。新产品系列包括增强的工具以及基于标准的第三方集成工具，功能上包括管理库存可用性、系统变化、配置、系统日志、连接和软件部署以及用于创建内部管理网的工具。另外网络管理工具还包括一些其他独立应用程序。总的来说，Cisco 网络管理系统有如下几个方面的特点。

(1) 充分利用现有的 Cisco 技术和功能

Cisco Works 2000 产品建立在现有的内置式设备技能的广泛基础上，包括 Cisco ISO、SNMP、HTTP 及 NETFLOW，便于管理。该方案确保新的技术应用程序可使用现有网络中已安装的数据资源，从而有效保护了对原有 Cisco 产品的投资。此外由于这些大量的程序资源基于已有的业界标准，Cisco Works 2000 可与第三方集成或定制管理应用程序。

(2) 独立、并排平台的集成

Cisco Works 2000 产品的设计方向为既可作为独立的管理应用程序运行，也可用于增加企业网平台产品和业务。例如，HP Open View、Solaris SunNet Manager TME 10 Net View 和 Unicenter 所提供的在 Cisco Works 2000 自己的服务器上进行安装的可选性、灵活性，而无需网络管理平台服务器。

(3) 满足未来的管理环境与现在的应用

Cisco 的内部网络管理战略使用户能建立可适合不断变化的管理要求及不断发展的管理环境的系统，使当前及未来的投资均可得到全面保护。

6.6 常用网络命令

常用的网络命令有：ping 命令、ipconfig 命令、netstat 命令、arp 命令、net 命令、at 命令、tracert 命令、rote 命令、nbtstat 命令等。

6.6.1 ping 命令

ping 用来检查互联网上的网络设备的物理连通性，是 DOS 命令，是测试服务器或主机是否可达的一个常用命令。它只能运行在 TCP/IP 协议的网络中。

ping 命令的使用格式如下：

ping 目的地址[参数 1][参数 2]...

目的地址是指被测试的计算机的 IP 地址或域名，后面可带的参数如下：

(1) a：解析主机地址。

(2) n：发出的测试包的个数，默认值为 4。

(3) l：所发出缓冲区的大小。

(4) t：继续执行 ping 命令，直到用户按 Ctrl+C 组合键终止。ping 命令可在"开始"→"运行"中执行，也可在 MS-DOS 环境下执行(运行 CMD)。

下面依次对上述各个参数的不同结果进行说明。

1. ping 127.0.0.1

运行效果如图 6-11 所示，如果 ping 对方计算机时，出现 Reply from(来自……的回复)信息，则表示连接正常；如果出现 Request timed out 信息，则可以判断目标主机有防火墙且禁止接受 ICMP 数据包，或者是目标主机关机，或者是网络不通畅等。

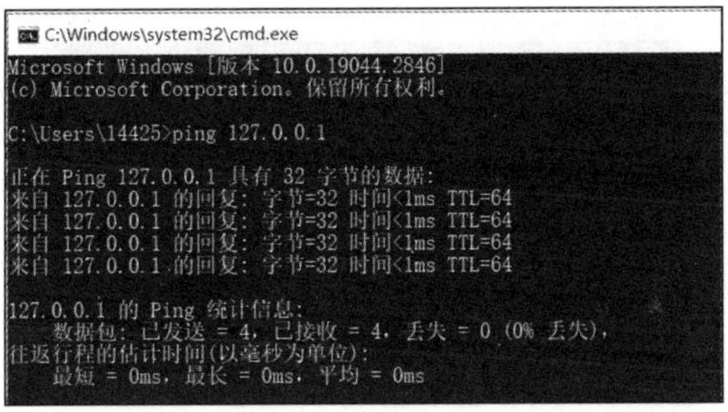

图 6-11　ping 命令运行图

2. ping ip -t

运行效果如图 6-12 所示，注意 ping 与 IP 地址之间存在一个空格。这时连续对 IP 地址执行 ping 命令，直到用户以 Ctrl+C 键强制中断，否则会一直出现数据。

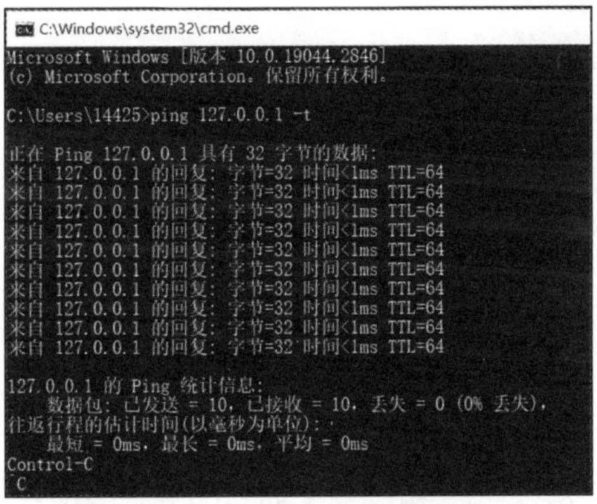

图 6-12　ping ip -t 运行效果图

3. ping ip -l 3000

指定 ping 命令的数据长度为 3000 字节，而不是 32 字节。运行效果如图 6-13 所示。

图 6-13　ping ip -l 3000 运行效果图

4. ping ip -n count

执行特定次数的 ping 命令，注意操作时需要将 count 换成具体的数字，运行效果如图 6-14 所示。

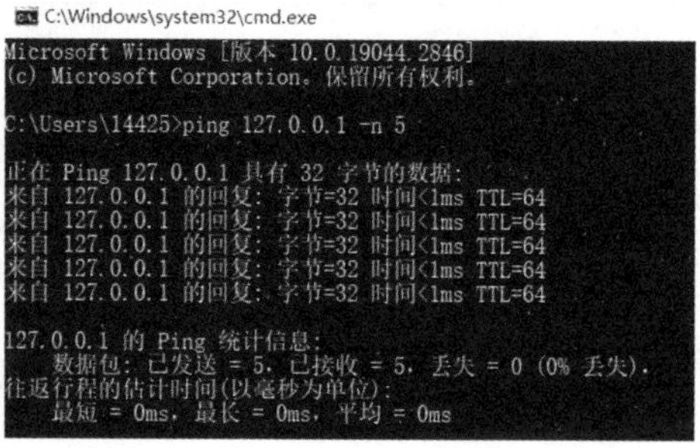

图 6-14　ping ip -n count 运行效果图

6.6.2　ipconfig 命令

利用 ipconfig 可以查看和修改网络中的 TCP/IP 协议的有关配置，如 IP 地址、子网掩码、网卡等。

ipconfig 的命令格式为：

ipconfig[参数 1][参数 2]……

其中较为常用的参数如下：

(1)　ALL：显示 TCP/IP 协议的细节，如主机名、节点类型、网卡的物理地址、默认的网关等。

(2)　BATCH[文本文件名]：将测试的结果存入指定的文本文件。

下面依次对上述各个参数的不同结果进行说明。

1. ipconfig

当使用该命令不带任何参数时，它为每个已经配置了的接口显示 IP 地址、子网掩码和默认网关值，运行效果如图 6-15 所示。

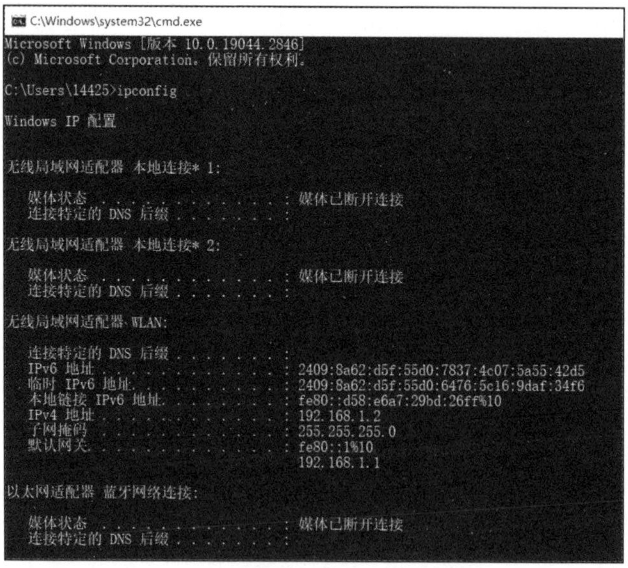

图 6-15　ipconfig 命令运行效果图

2. ipconfig /all

当使用 all 参数时，ipconfig 能为 DNS 和 WINS 服务器显示它已经配置和所要使用的附加信息，并且显示内置于本地网卡中的物理地址(MAC)。ipconfig 将显示 DHCP 服务器的 IP 地址和租用地址预计失效的时间，运行效果如图 6-16 所示。

图 6-16　ipconfig /all 命令运行效果图

6.6.3　网络协议统计工具 netstat

netstat 和以上两个命令一样，是运行在 Windows 操作系统中的 DOS 提示符下的工具，可显示有关的统计信息和当前的 TCP/IP 网络连接情况，统计结果非常详细。

netstat 的命令格式为：

netstat [-a][-e][-n][-s]

(1) a：显示所有与该主机建立连接的端口信息。

(2) e：显示以太网的统计信息。

(3) n：用数字格式显示地址和端口信息。

(4) s：显示每个协议的统计情况。这些协议主要指 TCP、UDP、ICMP 和 IP，它们在进行性能测试时非常有用。

下面依次对上述各个参数的不同结果进行说明。

1. netstat -a

显示一个所有有效连接信息列表，包括已建立的连接和监听链接请求，运行效果如图 6-17 所示。

图 6-17　netstat -a 命令运行效果图

2. netstat -n

显示所有已建立的有效连接，运行效果如图 6-18 所示。

图 6-18　netstat -n 运行效果图

3. netstat -r

显示关于路由表的信息，类似于 route print 命令所显示的信息，除了显示当前有效的路由外，还显示当前有效的连接，运行效果如图 6-19 所示。

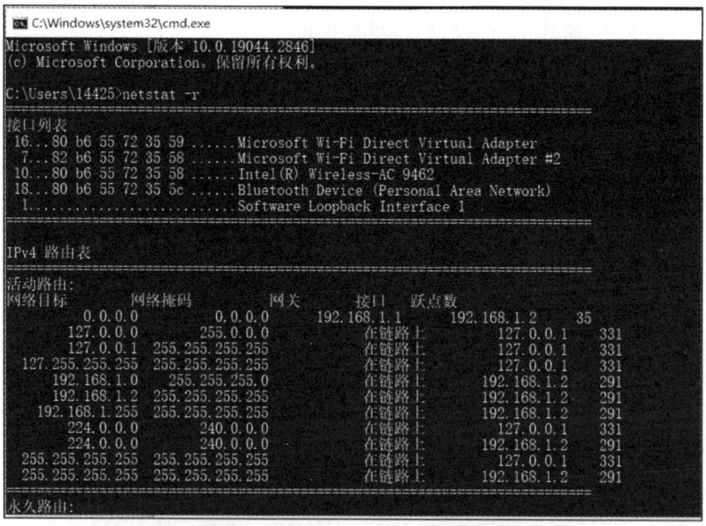

图 6-19　netstat -r 运行效果图

6.6.4 arp 命令

arp 是地址转换协议的意思，arp 命令用于确定对应 IP 地址的网卡物理地址。该命令能够查看本地计算机或另一台计算机的 arp 高速缓存中当前的内容，也可以使用该命令用人工方式输入静态的网卡物理/IP 地址对，通常会使用这种方式为默认网关和本地服务器等常用主机进行设置，有助于减少网络上的信息量，最常用的是 arp -a 或者 arp -g 这种形式，用于查看高速缓存中的所有项目，这两种形式的执行结果是一样的。arp 命令运行效果图如图 6-20 所示。

图 6-20 arp 命令运行效果图

6.6.5 net 命令

net 命令用于核查计算机之间的 NetBIOS 连接，可以查看管理网络环境、服务、用户、登录等信息内容。

(1) net share：它的作用是创建、删除或显示共享资源，运行效果如图 6-21 所示。

(2) net start：它的作用是启动服务或显示已经启动服务的列表，运行效果如图 6-22 所示。

图 6-21 net share 命令运行效果图

图 6-22 net start 命令运行效果图

6.6.6 at 命令

at 是 Windows 系列操作系统中的内置命令。at 命令可任意指定时间和日期、在指定计算机上运行命令和程序。

6.7　小结

本章主要介绍了网络管理相关知识。在 OSI 网络管理标准中定义了网络管理的 5 大功能：配置管理、性能管理、故障管理、安全管理和计费管理。目前 TCP/IP 网络中应用最为广泛的网络管理协议(SNMP)是一种应用层协议，并且是面向无连接的协议。在 SNMP 中，只定义了 5 种操作指令：Get、Get next、Set、Get Response 和 Trap。SNMP 的安全机制包含认证服务和访问策略两个方面。一套完整的 SNMP 系统主要包括管理信息库(MIB)、管理信息结构(SMI)及 SNMP 报文协议。故障管理的主要任务是及时发现并排除网络故障。一般说来，故障管理包括以下几个内容：故障监测和捕获故障产生相关的事件和报警；定位分析故障、记录故障日志；如有可能排除故障等。根据网络设备的作用，可以将故障简单分为三类：连接设备故障、共享设备故障、其他设备故障。故障管理的根本目的在于排除网络中出现的各种故障，达到这一目标要求系统必须至少具备检测、隔离和纠正故障的能力。常见的网络命令有 ping 命令、ipconfig 命令、netstat 命令、arp 命令、net 命令、at 命令、tracert 命令、rote 命令、nbtstat 命令等。

6.8　思考与练习

1. 什么是网络管理？
2. 网络管理的主要目的是什么？
3. 简述简单网络管理协议的工作方式和特点。
4. 故障管理的主要内容和目标是什么？可行的技术手段有哪些？
5. 安全管理的含义是什么？可以采用哪些技术实现？

第 7 章

综合项目实训

本章重点介绍以下内容：

- 企业网络建设项目；
- 多区域的 OSPF 网络建设项目；
- 多种路由协议的校园网建设项目。

7.1 实训一 企业网络建设项目

某公司新建办公楼，为满足日常办公需要，公司决定建设内部有线网络。公司已申请了一条互联网专线并配有一个公网 IP 地址，还聘请了网络管理员参与网络规划与建设，负责后期公司的网络管理工作。

经公司前期的规划和初步审核，公司网络拓扑如图 7-1 所示。

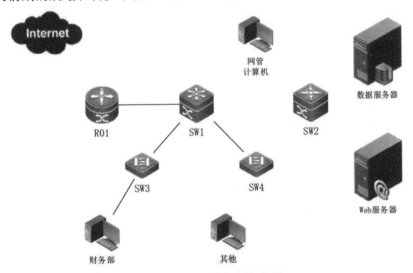

图 7-1 企业网络规划拓扑图

7.1.1 项目设计说明

本项目为新建网络项目，根据实际办公需要，公司内部网络通过路由器 R01 连接到 Internet。公司内部办公电脑主要分为财务部电脑、各高层领导电脑、行政部电脑和其他各个部门电脑四个分类，其中财务部电脑为了数据安全单独划分为一个 VLAN；高层领导的电脑与行政部员工电脑划分在一个 VLAN 中，其他部门的电脑划分在一个 VLAN 中。所有的办公电脑通过核心交换机 SW1 汇聚在一起，通过 R01 可以访问 Internet；图中 SW2、SW3 为不同办公区域的交换机，SW1、SW2、SW3 之间采用 RSTP 提高网络的可靠性。办公区内所有的电脑通过核心交换机 SW1 提供的 DHCP 服务自动获得 IP 地址。

公司内部设有专门中心机房，内有的数据服务器和 Web 服务器，通过交换机 SW2 连接交换机 SW1，同时为了网络管理方便，数据机房还设有网管计算机，专门负责管理和维护网络中的各个网络设备。为了提高可靠性和数据带宽，SW1 与 SW2 之间使用链路聚合。路由器 R01、核心交换机 SW1、SW2 之间使用 OSPF 动态路由实现网络互联互通。

路由器 R01 拥有公网 IP 地址 61.138.16.28/24，并采用 NAPT 技术隐藏内网地址。

7.1.2 规划表

根据项目需求及拓扑图，本项目对 VLAN、设备端口、IP 地址以及管理方式进行了详细规划，具体规划以表格形式呈现，如表 7-1 所示。

表 7-1　VLAN 规划表

VLAN ID	VLAN 名称	IP 网段	用途
VLAN 10	CW	172.16.10.0/24	财务部
VLAN 20	XZ	172.16.20.0/24	高层领导与行政部
VLAN 30	BS	172.16.30.0/24	其他部门
VLAN 100	DC	192.168.100.0/24	服务器群
VLAN 200	MG	192.168.200.0/24	交换机管理
VLAN 201	TR	10.1.1.0/29	SW1 与 R01 互连，路由器管理

网络中需要的各设备的基本信息如表 7-2 所示。其中，在 Internet 中选用了一个路由器 R02 来代表 Internet，方便验证公司网络内部电脑能否正常接入 Internet。

表 7-2　设备管理规划表

设备类型	设备名称	远程登录密码	特权密码	说明
路由器	R01	Ruijie123	Bs0023	出口路由器
路由器	R02	--	--	代表 Internet
三层交换机	SW1	Ruijie123	Bs0023	汇聚层交换机
三层交换机	SW2	Ruijie123	Bs0023	汇聚层交换机
二层交换机	SW3	Ruijie123	Bs0023	接入层交换机
二层交换机	SW4	Ruijie123	Bs0023	接入层交换机

各个网络设备的端口用途，以及对端设备及端口的规划如表 7-3 所示。

表 7-3　端口互连规划表

设备名称	端口	配置	对端设备	对端端口
R02(Internet)	Se0/0/0	IP 地址：61.138.16.31/24	R01	Se0/0/0
R01	Se0/0/0	IP 地址：61.138.16.28/24	R02(Internet)	Se0/0/0
R01	GE0/1/1	10.1.1.2/29	SW1	GE0/16
SW1	GE0/16	10.1.1.1/29(VLAN201)	R01	GE0/1/1
SW1	GE0/1	Trunk	SW2	GE0/1
SW1	GE0/2	Trunk	SW2	GE0/2
SW1	GE0/3	Trunk	SW3	GE0/1
SW1	GE0/4	Trunk	SW4	GE0/1
SW2	GE0/1	Trunk	SW1	GE0/1
SW2	GE0/2	Trunk	SW1	GE0/2
SW2	GE0/10~20	VLAN 100	服务器群	
SW2	GE0/5~9	VLAN 200	网管计算机	
SW3	GE0/1	Trunk	SW1	GE0/3
SW3	GE0/2	Trunk	SW4	GE0/2
SW3	Fa0/1~10	VLAN 10	财务部	
SW3	Fa0/11~20	VLAN 20	高层领导与行政部	
SW4	GE0/1	Trunk	SW1	GE0/4
SW4	GE0/2	Trunk	SW3	GE0/2
SW4	Fa0/1~10	VLAN 30	其他部门	
SW4	Fa0/11~20	VLAN 20	高层领导与行政部	

各设备端口的 IP 地址规划如表 7-4 所示。

表 7-4　IP 地址规划表

设备名称	端口	IP 地址	用途
R01	Se0/0/0	61.138.16.28/24	连接 R02(Internet)
R01	GE0/1/1	10.1.1.2/29	连接 SW1
SW1	VLAN 10	172.16.10.1/24	财务部网关
SW1	VLAN 20	172.16.20.1/24	行政部网关
SW1	VLAN 30	172.16.30.1/24	其他部门网关
SW1	VLAN 201	10.1.1.1/29	与 R01 互连
SW1	VLAN 200	192.168.200.1/24	设备管理地址
SW2	VLAN 100	192.168.100.1/24	服务器群网关

(续表)

设备名称	端口	IP 地址	用途
SW2	VLAN 200	192.168.200.2/24	设备管理地址
SW3	VLAN 200	192.168.200.3/24	设备管理地址
SW4	VLAN 200	192.168.200.4/24	设备管理地址
数据服务器	网卡接口	192.168.100.100/24	数据服务器地址
Web 服务器	网卡接口	192.168.100.200/24	Web 服务器地址
网管计算机	网卡接口	192.168.200.200/24	网管计算机地址

7.1.3 项目实施

在本项目中，涉及的主要设备配置任务有：

任务 1　设备端口配置、设备管理配置及交换机 VLAN 配置。

任务 2　RSTP 及链路聚合配置。

任务 3　DHCP 服务配置。

任务 4　OSPF 路由协议配置。

任务 5　NAPT 地址转换配置。

任务 1　设备端口配置、设备管理配置及交换机 VLAN 配置

1. 配置设备名称

其语法格式为：

Switch(config)#hostname hostname

或

Router(config)#hostname hostname

路由器 R01 和 R02、交换机 SW1、SW2、SW3 和 SW4 的名称配置如下：

R01：

Router(config)#hostname R01

R01 (config)#

R02：

Router(config)#hostname R02

R02 (config)#

SW1：

Switch(config)#hostname SW1

SW1(config)#

SW2：

Switch(config)#hostname SW2

SW2(config)#

SW3：

```
Switch(config)#hostname SW3
SW3(config)#
```

SW4：

```
Switch(config)#hostname SW4
SW4(config)#
```

2. 交换机 VLAN 创建及端口配置

创建并命名 VLAN，其语法格式为：

```
Switch(config)#vlan vlan-id
Switch(config-vlan)#name vlan-name
```

为每一个 VLAN 分配端口，其语法格式为：

```
Switch(config)#interface type mod/num
Switch(config-if-range)#switchport mode access
SwitchSwitch(config-if)#switchport access vlan vlan-id
```

或

```
Switch(config)#interface range type mod/num
Switch(config-if-range)#switchport mode access
Switch(config-if-range)#switchport access vlan vlan-id
```

为交换机端口开启 trunk，其语法格式为：

```
Switch(config)#interface type mod/num
Switch(config-if-range)#switchport mode trunk
```

或

```
Switch(config)#interface range type mod/num
Switch(config-if-range)#switchport mode trunk
```

交换机 SW1、SW2、SW3 和 SW4 上的 VLAN 配置如下：

SW1：

```
SW1(config)#vlan 10
SW1(config-vlan)#name CW
SW1(config-vlan)#vlan 20
SW1(config-vlan)#name XZ
SW1(config-vlan)#vlan 30
SW1(config-vlan)#name BS
SW1(config-vlan)#vlan 200
SW1(config-vlan)#name MG
SW1(config-vlan)#vlan 201
SW1(config-vlan)#name TR
SW1(config-vlan)#exit
SW1(config)#interface GE0/16
SW1(config-if)#switchport mode access
SW1(config-if)#switchport access vlan 201
SW1(config)#interface range GE0/1-4
SW1(config-if-range)#switchport mode trunk
```

SW2：

```
SW2(config)#vlan 100
SW2(config-vlan)#name DC
SW2(config-vlan)#vlan 200
SW2(config-vlan)#name MG
SW2(config-vlan)#exit
SW2(config)#interface range GE0/5-9
SW2(config-if-range)#switchport mode access
SW2(config-if-range)#switchport access vlan 200
SW2(config)#interface range GE0/10-20
SW2(config-if-range)#switchport mode access
SW2(config-if-range)#switchport access vlan 100
SW2(config)#interface range GE0/1-2
SW2(config-if-range)#switchport mode trunk
```

SW3：

```
SW3(config)#vlan 10
SW3(config-vlan)#name CW
SW3(config-vlan)#vlan 20
SW3(config-vlan)#name XZ
SW3(config-vlan)#vlan 200
SW3(config-vlan)#name MG
SW3(config-vlan)#exit
SW3(config)#interface range Fa0/1-10
SW3(config-if-range)#switchport mode access
SW3(config-if-range)#switchport access vlan 10
SW3(config)#interface range Fa0/11-20
SW3(config-if-range)#switchport mode access
SW3(config-if-range)#switchport access vlan 20
SW3(config)#interface range GE0/1-2
SW3(config-if-range)#switchport mode trunk
```

SW4：

```
SW4(config)#vlan 20
SW4(config-vlan)#name XZ
SW4(config-vlan)#vlan 30
SW4(config-vlan)#name BS
SW4(config-vlan)#vlan 200
SW4(config-vlan)#name MG
SW4(config-vlan)#exit
SW4(config)#interface range Fa0/1-10
SW4(config-if-range)#switchport mode access
SW4(config-if-range)#switchport access vlan 30
SW4(config)#interface range Fa0/11-20
SW4(config-if-range)#switchport mode access
SW4(config-if-range)#switchport access vlan 20
```

```
SW4(config)#interface range GE0/1-2
SW4(config-if-range)#switchport mode trunk
```

3. 配置设备管理 IP 地址

其语法格式为:

```
Switch(config)# interface vlan vlan-id
Switch (config-if-vlan vlan-id) # ip address address mask
Switch (config-if-vlan vlan-id) # no shutdown
```

或

```
Router(config)# interface type mod/num
Router (config-if) # ip address address mask
Router (config-if) # no shutdown
```

路由器 R01、交换机 SW1、SW2、SW3 和 SW4 的管理 IP 配置如下:

R01:

```
R01 (config)# interface GE0/1/1
R01(config-if) # ip address 10.1.1.2   255.255.255.248
R01(config-if) # no shutdown
```

SW1:

```
SW1(config)#interface vlan 200
SW1(config-if-vlan 200) # ip address 192.168.200.1 255.255.255.0
SW1(config-if-vlan 200) #no shutdown
```

SW2:

```
SW2(config)#interface vlan 200
SW2(config-if-vlan 200) # ip address 192.168.200.2 255.255.255.0
SW2(config-if-vlan 200) #no shutdown
```

SW3:

```
SW3(config)#interface vlan 200
SW3(config-if-vlan 200) # ip address 192.168.200.3 255.255.255.0
SW3(config-if-vlan 200) #no shutdown
```

SW4:

```
SW4(config)#interface vlan 200
SW4(config-if-vlan 200) # ip address 192.168.200.4 255.255.255.0
SW4(config-if-vlan 200) #no shutdown
```

4. 配置设备的密码

(1) 配置进入特权模式密码

其语法格式为:

```
Switch (config) #enable secret password
```

或

```
Router (config) #enable secret password
```

路由器 R01、交换机 SW1、SW2、SW3 和 SW4 的管理 IP 配置如下:

R01：

R01 (config)#enable secret Bs0023

SW1：

SW1(config)#enable secret Bs0023

SW2：

SW2(config)#enable secret Bs0023

SW3：

SW3(config)#enable secret Bs0023

SW4：

SW4(config)#enable secret Bs0023

(2) 配置进入远程登录密码

其语法格式为：

Router(config)#line vty 0 4

Router(config-if)#password password

Router(config-if)#login

路由器 R01、交换机 SW1、SW2、SW3 和 SW4 的管理 IP 配置如下：

R01：

R01 (config)#line vty 0 4

R01(config-if)#password Ruijie123

R01(config-if)login

SW1：

SW1(config)#line vty 0 4

SW1(config-if)#password Ruijie123

SW1(config-if)login

SW2：

SW2(config)#line vty 0 4

SW2(config-if)#password Ruijie123

SW2(config-if)login

SW3：

SW3(config)#line vty 0 4

SW3(config-if)#password Ruijie123

SW3(config-if)login

SW4：

SW4(config)#line vty 0 4

SW4(config-if)#password Ruijie123

SW4(config-if)login

任务 2　RSTP 及链路聚合配置

1. RSTP 配置

其语法格式为：

Switch(config)#Spanning-tree

Switch(config)#spanning-tree priority <0-61440>　！(0 或 4096 的倍数，共 16 个，缺省 32 768)

Switch(config)#Spanning-tree mode RSTP

交换机 SW1、SW3 和 SW4 的 RSTP 配置如下：

SW1：

SW1(config)#Spanning-tree

SW1(config)#spanning-tree priority 0

SW1(config)#Spanning-tree mode RSTP

SW3：

SW3(config)#Spanning-tree

SW3(config)#Spanning-tree mode RSTP

SW4：

SW4(config)#Spanning-tree

SW4(config)#Spanning-tree mode RSTP

2. 链路聚合配置

其语法格式为：

Switch(config) # interface range type mod/num

Switch(config-if-range)#port-group port-group-number

交换机 SW1 和 SW2 的配置如下：

SW1：

SW1(config)#interface range GE0/1-2

SW1(config-if-range)#port-group 1

SW2：

SW2(config)#interface range GE0/1-2

SW2(config-if-range)#port-group 1

任务 3　DHCP 服务配置

1. 配置各部门的网关

其语法格式为：

Switch(config)# interface vlan vlan-id

Switch (config-if-vlan vlan-id) # ip address address mask

Switch (config-if-vlan vlan-id) # no shutdown

交换机 SW1 和 SW2 的配置如下：

SW1：

SW1(config)#interface vlan 10

SW1(config-if-vlan 10) # ip address 172.16.10.1 255.255.255.0

SW1(config-if-vlan 10) #no shutdown

SW1(config)#interface vlan 20

SW1(config-if-vlan 20) # ip address 172.16.20.1 255.255.255.0

SW1(config-if-vlan 20) #no shutdown

```
SW1(config)#interface vlan 30
SW1(config-if-vlan 30) # ip address 172.16.30.1 255.255.255.0
SW1(config-if-vlan 30) #no shutdown
SW1(config)#interface vlan 201
SW1(config-if-vlan 201) # ip address 10.1.1.1 255.255.255.248
SW1(config-if-vlan 201) #no shutdown
```

SW2：

```
SW2(config)#interface vlan 100
SW2(config-if-vlan 100) # ip address 192.168.100.1 255.255.255.0
SW2(config-if-vlan 100) #no shutdown
```

2. 配置 DHCP 服务

其语法格式为：

```
Swtich (config)# service dhcp
Swtich (config)# ip dhcp pool pool-name
Swtich (dhcp-config)# )# network network-number [mask]
Swtich (dhcp-config)# )# default-router address [ address1…address8 ]
```

交换机 SW1 的配置如下：

```
SW1 (config)# service dhcp
SW1 (config)# ip dhcp pool vlan10
SW1 (dhcp-config)# )# network 172.16.10.0 255.255.255.0
SW1 (dhcp-config)# )# default-router 172.16.10.1
SW1 (config)# ip dhcp pool vlan20
SW1 (dhcp-config)# )# network 172.16.20.0 255.255.255.0
SW1 (dhcp-config)# )# default-router 172.16.20.1
SW1 (config)# ip dhcp pool vlan30
SW1 (dhcp-config)# )# network 172.16.30.0 255.255.255.0
SW1 (dhcp-config)# )# default-router 172.16.30.1
```

任务 4　OSPF 路由协议配置

其语法格式为：

```
Switch(config)#ip routing
Switch(config)#router ospf number
Switch(config-router)#network network-number reverse-mask area area-id
```

或

```
Router(config)#router ospf   number
Router(config-router)#network network-number reverse-mask area area-id
```

路由器 R01、交换机 SW1 和 SW2 的配置如下：

R01：

```
R01(config)#router ospf 1
R01(config-router)# network 10.1.1.0 0.0.0.7 area 0
```

SW1：

```
SW1(config)#ip routing
SW1 (config)#router ospf 1
SW1 (config-router)#network 172.16.10.0 0.0.0.255 area 0
SW1 (config-router)#network 172.16.20.0 0.0.0.255 area 0
SW1 (config-router)#network 172.16.30.0 0.0.0.255 area 0
SW1 (config-router)#network 192.168.200.0 0.0.0.255 area 0
SW1 (config-router)#network 10.1.1.0 0.0.0.7 area 0
```

SW2：

```
SW2(config)#ip routing
SW2 (config)#router ospf 1
SW2 (config-router)#network 192.168.100.0 0.0.0.255 area 0
SW2 (config-router)#network 192.168.200.0 0.0.0.255 area 0
```

任务 5　NAPT 地址转换配置

1. NAPT 地址转换配置

其语法格式为：

```
Router(config)interface type mod/num
Router(config-if)#ip nat outside              !定义外网接口
Router(config)interface type mod/num
Router(config-if)#ip nat inside               !定义内网接口
Router(config)#access-list acl-num permit network-number reverse-mask      ! 定义内部本地地址范围
Router(config)#ip nat pool pool-name low-address high-address netmask mask !定义内部全局地址池
Router(config)#ip nat inside source list acl-num pool pool-name overload      !建立映射关系
```

路由器 R01 的配置如下：

```
R01(config)# interface Se0/0/0
R01(config-if)#ip address 61.138.16.28 255.255.255.0
R01(config-if)#no shutdown
R01(config-if)# ip nat outside
R01(config)# interface Ge0/1/1
R01(config-if)# ip nat inside
R01(config)# access-list 1 permit 172.16.10.0 0.0.0.255
R01(config)# access-list 1 permit 172.16.20.0 0.0.0.255
R01(config)# access-list 1 permit 172.16.30.0 0.0.0.255
R01(config)# access-list 1 permit 192.168.200.0 0.0.0.255
R01(config) # ip nat pool one 61.138.16.28 61.138.16.28 netmask 255.255.255.0
R01(config)# ip nat inside source list 1 pool one overload
```

2. 路由器配置

配置静态路由和缺省路由的语法格式为：

```
router(config)#ip route [网络编号] [子网掩码] [转发路由器的 IP 地址/本地接口]
router(config)#ip route 0.0.0.0 0.0.0.0 [转发路由器 IP 地址/本地接口]
```

路由器 R01、R02 的配置如下：

R01：

R01 (config)#ip route 0.0.0.0 0.0.0.0 61.138.16.31

R02：

R02(config)#ip route 0.0.0.0 0.0.0.0 61.138.16.28

R02(config)# interface Se0/0/0

R02(config-if)#ip address 61.138.16.31 255.255.255.0

R02(config-if)#no shutdown

项目测试

配置网管计算机和服务器的 IP 地址分别为 192.168.200.200/24、192.168.100.100/24、192.168.100.200/24。

(1) 财务部电脑、各高层领导电脑、行政部电脑和其他各个部门电脑动态获取 IP 地址成功，ping 网管计算机和服务器及 R02，均连通，说明路由正确和 NPAT 成功。

ping 192.168.200.200

ping 192.168.100.100

ping 192.168.100.200

ping 61.138.16.31

(2) 使用网管计算机远程登录路由器 R01、交换机 SW1、SW2、SW3 和 SW4，均登录成功。

telnet 10.1.1.2

telnet 192.168.200.1

telnet 192.168.200.2

telnet 192.168.200.3

telnet 192.168.200.4

7.2 实训二 多区域的 OSPF 网络建设项目

某大型机械生产企业拥有多个相对独立的厂区，现因为信息化建设要求，需要对公司进行网络规划建设，经过充分调研和反复沟通，如图 7-2 所示的网络规划方案已经得到公司高层领导的一致同意。请你负责网络建设的实施，完成网络设备的配置。

7.2.1 项目设计说明

在本项目设计中，各个厂区的内部分为办公网络和厂房内的生产网络，厂房网络是相对简单的交换网络，与厂区的出口路由器直接相连(图中省略)，每个厂区办公网络相对复杂(图中省略)，最终均汇聚于各自网络中的三层交换机。三层交换机与厂区路由器之间采用 OSPF 动态路由协议。各个厂区路由器也采用 OSPF 协议与中心厂区连接，从而构成一个完整的自治系统。

为了优化网络传输效率，本项目采用多区域的 OSPF 设计方案，各厂区内部局域网需要根据不同的需求单独设计，不在本项目的任务中。

本项目的 OSPF 各区域划分如图 7-2 所示。

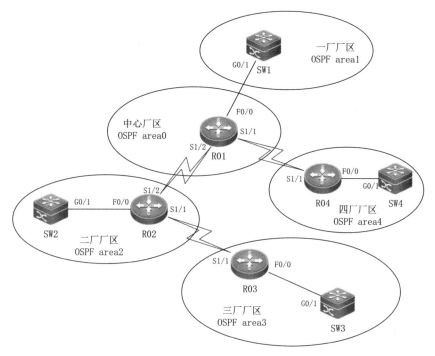

图 7-2　多区域 OSPF 网络项目拓扑图

7.2.2　规划表

各网络设备的端口规划设计如表 7-5 所示。

表 7-5　端口互连规划表

设备名称	端口	配置	对端设备	对端端口
R01	F0/0	IP 地址：192.168.1.1/24	SW1	G0/1
R01	S1/1	IP 地址：10.1.1.1/24	R04	S1/1
R01	S1/2	IP 地址：10.1.2.1/24	R02	S1/2
R02	F0/0	IP 地址：192.168.2.1/24	SW2	G0/1
R02	S1/1	IP 地址：10.1.3.1/24	R03	S1/1
R02	S1/2	IP 地址：10.1.2.2/24	R01	S1/2
R03	F0/0	IP 地址：192.168.3.1/24	SW3	G0/1
R03	S1/1	IP 地址：10.1.3.2/24	R02	S1/1
R04	F0/0	IP 地址：192.168.4.1/24	SW4	G0/1
R04	S1/1	IP 地址：10.1.1.2/24	R01	S1/1

设备名称	端口	配置	对端设备	对端端口
SW1	G0/1	IP 地址：192.168.1.2/24	R01	F0/0
SW1	VLAN 10	IP 地址：172.16.1.1/24	本机端口 G0/2~8	
SW1	VLAN 20	IP 地址：172.16.2.1/24	本机端口 G0/9~14	
SW2	G0/1	IP 地址：192.168.2.2/24	R02	F0/0
SW2	VLAN 2	IP 地址：10.138.1.1/24	本机端口 G0/2~8	
SW2	VLAN 3	IP 地址：10.138.2.1/24	本机端口 G0/9~14	
SW3	G0/1	IP 地址：192.168.3.2/24	R03	F0/0
SW3	VLAN 100	IP 地址：202.128.1.1/24	本机端口 G0/2~8	
SW3	VLAN 200	IP 地址：202.128.2.1/24	本机端口 G0/9~14	
SW4	G0/1	IP 地址：192.168.4.2/24	R04	F0/0
SW4	VLAN 30	IP 地址：61.139.1.1/24	本机端口 G0/2~8	
SW4	VLAN 40	IP 地址：61.139.2.1/24	本机端口 G0/9~14	

7.2.3　项目实施

在本项目中，涉及的主要设备配置任务有：

任务 1　交换机 VLAN 配置。

任务 2　设备端口配置。

任务 3　OSPF 多区域配置。

任务 1　交换机 VLAN 配置

1. 设置设备名称

其语法格式为：

```
Switch(config)#hostname hostname
```

或

```
Router(config)#hostname hostname
```

路由器 R01、R02、R03 和 R04、交换机 SW1、SW2、SW3 和 SW4 的名称配置如下：

R01：

```
Router(config)#hostname R01
R01(config)#
```

R02：

```
Router(config)#hostname R02
R02(config)#
```

R03：

```
Router(config)#hostname R03
```

R03(config)#

R04：

Router(config)#hostname R04

R04(config)#

SW1：

Switch(config)#hostname SW1

SW1(config)#

SW2：

Switch(config)#hostname SW2

SW2(config)#

SW3：

Switch(config)#hostname SW3

SW3(config)#

SW4：

Switch(config)#hostname SW4

SW4(config)#

2. 交换机 VLAN 创建及端口配置

创建 VLAN，其语法格式为：

Switch(config)#vlan vlan-id

为每一个 VLAN 分配端口，其语法格式为：

Switch(config)#interface type mod/num

Switch(config-if-range)#switchport mode access

SwitchSwitch(config-if)#switchport access vlan vlan-id

或

Switch(config)#interface range type mod/num

Switch(config-if-range)#switchport mode access

Switch(config-if-range)#switchport access vlan vlan-id

交换机 SW1、SW2、SW3 和 SW4 上的 VLAN 配置如下：

SW1：

SW1(config)#vlan 10

SW1(config-vlan)#vlan 20

SW1(config-vlan)#exit

SW1(config)#interface range GE0/2-8

SW1(config-if)#switchport mode access

SW1(config-if)#switchport access vlan 10

SW1(config)#interface range GE0/9-14

SW1(config-if)#switchport mode access

SW1(config-if)#switchport access vlan 20

SW2：

SW2(config)#vlan 2

```
SW2(config-vlan)#vlan 3
SW2(config-vlan)#exit
SW2(config)#interface range GE0/2-8
SW2(config-if-range)#switchport mode access
SW2(config-if-range)#switchport access vlan 2
SW2(config)#interface range GE0/9-14
SW2(config-if-range)#switchport mode access
SW2(config-if-range)#switchport access vlan 3
```

SW3：

```
SW3(config)#vlan 100
SW3(config-vlan)#vlan 200
SW3(config-vlan)#exit
SW3(config)# interface range GE0/2-8
SW3(config-if-range)#switchport mode access
SW3(config-if-range)#switchport access vlan 100
SW3(config)# interface range GE0/9-14
SW3(config-if-range)#switchport mode access
SW3(config-if-range)#switchport access vlan 200
```

SW4：

```
SW4(config)#vlan 30
SW4(config-vlan)#vlan 40
SW4(config-vlan)#exit
SW4(config)# interface range GE0/2-8
SW4(config-if-range)#switchport mode access
SW4(config-if-range)#switchport access vlan 30
SW4(config)# interface range GE0/9-14
SW4(config-if-range)#switchport mode access
SW4(config-if-range)#switchport access vlan 40
```

任务 2　设备端口配置

其语法格式为：

```
Router(config)# interface type mod/num
Router (config-if) # ip address address mask
Router (config-if) # no shutdown
```

或

```
Switch(config)# interface vlan vlan-id
Switch (config-if-vlan vlan-id) # ip address address mask
Switch (config-if-vlan vlan-id) # no shutdown
Switch(config)# interface type mod/num
Switch (config-if) # no switch
Switch (config-if) # ip address address mask
Switch (config-if) # no shutdown
```

路由器 R01、R02、R03 和 R04、交换机 SW1、SW2、SW3 和 SW4 的接口 IP 地址配置

如下：

R01：

```
R01 (config)# interface F0/0
R01(config-if) # ip address 192.168.1.1    255.255.255.0
R01(config-if) # no shutdown
R01 (config)# interface S1/1
R01(config-if) # ip address 10.1.1.1    255.255.255.0
R01(config-if) # no shutdown
R01 (config)# interface S1/2
R01(config-if) # ip address 10.1.2.1    255.255.255.0
R01(config-if) # no shutdown
```

R02：

```
R02 (config)# interface F0/0
R02(config-if) # ip address 192.168.2.1    255.255.255.0
R02(config-if) # no shutdown
R02 (config)# interface S1/1
R02(config-if) # ip address 10.1.3.1    255.255.255.0
R02(config-if) # no shutdown
R02 (config)# interface S1/2
R02(config-if) # ip address 10.1.2.2    255.255.255.0
R02(config-if) # no shutdown
```

R03：

```
R03 (config)# interface F0/0
R03(config-if) # ip address 192.168.3.1    255.255.255.0
R03(config-if) # no shutdown
R03 (config)# interface S1/1
R03(config-if) # ip address 10.1.3.2    255.255.255.0
R03(config-if) # no shutdown
```

R04：

```
R04 (config)# interface F0/0
R04(config-if) # ip address 192.168.4.1    255.255.255.0
R04(config-if) # no shutdown
R04 (config)# interface S1/1
R04(config-if) # ip address 10.1.1.2    255.255.255.0
R04(config-if) # no shutdown
```

SW1：

```
SW1(config)#interface vlan 10
SW1(config-if-vlan 10) # ip address 172.16.1.1 255.255.255.0
SW1(config-if-vlan 10) #no shutdown
SW1(config)#interface vlan 20
SW1(config-if-vlan 20) # ip address 172.16.2.1 255.255.255.0
SW1(config-if-vlan 20) #no shutdown
SW1(config)#interface G0/1
```

SW1(config-if) #no switch

SW1(config-if) # ip address 192.168.1.2 255.255.255.0

SW1(config-if) #no shutdown

SW2：

SW2(config)#interface vlan 2

SW2(config-if-vlan 2) # ip address 10.138.1.1 255.255.255.0

SW2(config-if-vlan 2) #no shutdown

SW2(config)#interface vlan 3

SW2(config-if-vlan 3) # ip address 10.138.2.1 255.255.255.0

SW2(config-if-vlan 3) #no shutdown

SW2(config)#interface G0/1

SW2(config-if) #no switch

SW2(config-if) # ip address 192.168.2.2 255.255.255.0

SW2(config-if) #no shutdown

SW3：

SW3(config)#interface vlan 100

SW3(config-if-vlan 100) # ip address 202.128.1.1 255.255.255.0

SW3(config-if-vlan 100) #no shutdown

SW3(config)#interface vlan 200

SW3(config-if-vlan 200) # ip address 202.128.2.1 255.255.255.0

SW3(config-if-vlan 200) #no shutdown

SW3(config)#interface G0/1

SW3(config-if) #no switch

SW3(config-if) # ip address 192.168.3.2 255.255.255.0

SW3(config-if) #no shutdown

SW4：

SW4(config)#interface vlan 30

SW4(config-if-vlan 30) # ip address 61.139.1.1 255.255.255.0

SW4(config-if-vlan 30) #no shutdown

SW4(config)#interface vlan 40

SW4(config-if-vlan 40) # ip address 61.139.2.1 255.255.255.0

SW4(config-if-vlan 40) #no shutdown

SW4(config)#interface G0/1

SW4(config-if) #no switch

SW4(config-if) # ip address 192.168.4.2 255.255.255.0

SW4(config-if) #no shutdown

任务 3　OSPF 多区域配置

其语法格式为：

Switch(config)#ip routing

Switch(config)#router ospf number

Switch(config-router)#network network-number reverse-mask area area-id

或

```
Router(config)#router ospf   number
Router(config-router)#network network-number reverse-mask area area-id
```

路由器 R01、R02、R03 和 R04、交换机 SW1、SW2、SW3 和 SW4 的配置如下：

R01：

```
R01(config)#router ospf 1
R01(config-router)# network 10.1.1.0 0.0.0.255 area 0
R01(config-router)# network 10.1.2.0 0.0.0.255 area 0
R01(config-router)# network 192.168.1.0 0.0.0.255 area 1
```

R02：

```
R02(config)#router ospf 1
R02(config-router)#network 10.1.2.0 0.0.0.255 area 0
R02(config-router)#network 10.1.3.0 0.0.0.255 area 3
R02(config-router)#network 192.168.2.0 0.0.0.255 area 2
```

R03：

```
R03(config)#router ospf 1
R03(config-router)# network 10.1.3.0 0.0.0.255 area 3
R03(config-router)# network 192.168.3.0 0.0.0.255 area 3
```

R04：

```
R04(config)#router ospf   1
R04(config-router)# network 10.1.1.0 0.0.0.255 area 0
R04(config-router)# network 192.168.4.0 0.0.0.255 area 4
```

SW1：

```
SW1(config)#ip routing
SW1 (config)#router ospf 1
SW1 (config-router)#network 172.16.1.0 0.0.0.255 area 1
SW1 (config-router)#network 172.16.2.0 0.0.0.255 area 1
SW1 (config-router)#network 192.168.1.0 0.0.0.255 area 1
```

SW2：

```
SW2(config)#ip routing
SW2 (config)#router ospf 1
SW2 (config-router)#network 10.138.1.0 0.0.0.255 area 2
SW2 (config-router)#network 10.138.2.0 0.0.0.255 area 2
SW2 (config-router)#network 192.168.2.0 0.0.0.255 area 2
```

SW3:

```
SW3 (config)#ip routing
SW3 (config)#router ospf 1
SW3 (config-router)#network 202.128.1.0 0.0.0.255 area 3
SW3 (config-router)#network 202.128.2.0 0.0.0.255 area 3
SW3 (config-router)#network 192.168.3.0 0.0.0.255 area 3
```

SW4：

```
SW4 (config)#ip routing
SW4 (config)#router ospf 1
```

SW4 (config-router)#network 61.139.1.0 0.0.0.255 area 4
SW4 (config-router)#network 61.139.2.0 0.0.0.255 area 4
SW4 (config-router)#network 192.168.4.0 0.0.0.255 area 4

项目测试

各个厂区之间相互访问一下，均连通，说明 OSPF 多区域配置成功。以一厂区访问其他厂区为例：

ping 192.168.2.2
ping 192.168.3.2
ping 192.168.4.2

7.3 实训三 多种路由协议的校园网建设项目

某知名高校校园被一条河流分成两个部分，河流的北边有行政楼和教学楼，南边则有图书馆和宿舍楼。由于校园两部分的面积和功能不同，在校园网网络规划建设的过程中采用了不同的动态路由协议，校园网的拓扑结构如图 7-3 所示。

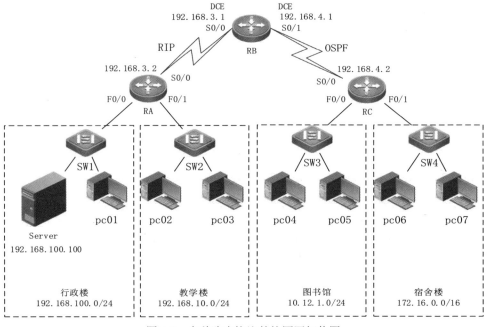

图 7-3 多种路由协议的校园网拓扑图

7.3.1 项目设计说明

本项目中，校园网有 4 栋楼：行政楼(网络号 192.168.100.0/24)、教学楼(网络号 192.168.10.0/24)、图书馆(网络号 10.12.1.0/24)、宿舍楼(网络号 172.16.0.0/16)。每栋楼里的设备接入网络均可以自动获得 IP 地址。

北边校区的路由器 RA 采用 RIP 动态路由协议，南边校区的路由器 RC 采用 OSPF 动态路由协议。连接南北两个校区的路由器 RB 要实现不同路由协议的数据转发，从而实现校园网内部的互联互通。

网络中各个区域的 DHCP 服务均由路由器 RB 统一提供。因此，路由器 RA 与 RC 需要配置 DHCP 中继服务。每个网络地址段中，主机编号 1~5 要作为保留地址不能分配给终端主机，行政楼中有办公用服务器 Server，其 IP 地址为固定不变的 192.168.100.100，也不能分配给终端电脑。

为了安全，不允许宿舍楼里的计算机访问行政楼的办公服务器 Server，其他不受限制。

7.3.2 规划表

各网络设备的端口规划设计如表 7-6 所示。

表 7-6　端口互连规划表

设备名称	端口	配置	对端设备	对端端口
RA	F0/0	IP 地址：192.168.100.1/24	SW1	G0/1
RA	F0/1	IP 地址：192.168.10.1/24	SW2	G0/1
RA	S0/0	IP 地址：192.168.3.2/24	RB	S0/0
RB	S0/0	IP 地址：192.168.3.1/24	RA	S0/0
RB	S0/1	IP 地址：192.168.4.1/24	RC	S0/0
RC	F0/0	IP 地址：10.12.1.1/24	SW3	G0/1
RC	F0/1	IP 地址：172.16.0.1/16	SW4	G0/1
RC	S0/0	IP 地址：192.168.4.2/24	RB	S0/1

7.3.3 项目实施

在本项目中，涉及的主要设备配置任务有：

任务 1　设备端口配置与设备管理配置。

任务 2　DHCP 服务配置。

任务 3　RIP 路由协议配置。

任务 4　OSPF 路由协议配置。

任务 5　ACL 配置。

任务 1　设备端口配置与设备管理配置

1. 配置设备名称

其语法格式为：

```
Router(config)#hostname hostname
```

路由器 RA、RB 和 RC 的名称配置如下：

RA：

```
Router(config)#hostname RA
RA (config)#
```

RB：

```
Router(config)#hostname RB
RB (config)#
```

RC：

```
Router(config)#hostname RC
RC (config)#
```

2. 设备端口配置

其语法格式为：

```
Router(config)# interface type mod/num
Router (config-if) # ip address address mask
Router (config-if) # no shutdown
```

路由器 RA、RB 和 RC 的接口 IP 地址配置如下：

RA：

```
RA(config)# interface F0/0
RA(config-if) # ip address 192.168.100.1    255.255.255.0
RA(config-if) # no shutdown
RA(config)# interface F0/1
RA(config-if) # ip address 192.168.10.1    255.255.255.0
RA(config-if) # no shutdown
RA(config)# interface S0/0
RA(config-if) # ip address 192.168.3.2    255.255.255.0
RA(config-if) # no shutdown
```

RB：

```
RB (config)# interface S0/0
RB(config-if) # clock rate 128000
RB(config-if) # bandwidth 128
RB(config-if) # ip address 192.168.3.1    255.255.255.0
RB(config-if) # no shutdown
RB (config)# interface S0/1
RB(config-if) # clock rate 128000
RB(config-if) # bandwidth 128
RB(config-if) # ip address 192.168.4.1    255.255.255.0
RB(config-if) # no shutdown
```

RC：

```
RC (config)# interface F0/0
RC(config-if) # ip address 10.12.1.1    255.255.255.0
RC(config-if) # no shutdown
RC (config)# interface F0/1
```

RC(config-if) # ip address 172.16.0.1　　255.255.0.0

RC(config-if) # no shutdown

RC (config)# interface S0/0

RC(config-if) # ip address 192.168.4.2　　255.255.255.0

RC(config-if) # no shutdown

任务 2　DHCP 服务配置

其语法格式为：

Router (config)# service dhcp

Router (config)# ip dhcp pool pool-name

Router (dhcp-config)# network network-number [mask]

Router (dhcp-config)#lease day hour minute

Router (dhcp-config)# default-router address [address1…address8]

Router (dhcp-config)#dns-server dns-server1 dns-server2

Router (config)#ip dhcp excluded-address low-address high-address

Ruijie(config)#ip helper-address dhcpserver-address

路由器 RA、RB 和 RC 的配置如下：

RB：

RB (config)# service dhcp

RB (config)# ip dhcp pool XZL

RB (dhcp-config)#)# network 192.168.100.0 255.255.255.0

RB (dhcp-config)#)# default-router 192.168.100.1

RB (dhcp-config)#)# dns-server 114.114.114.114

RB (dhcp-config)#)#exit

RB (config)# ip dhcp excluded-address 192.168.100.1 192.168.100.5

RB (config)# ip dhcp excluded-address 192.168.100.100

RB (config)# ip dhcp pool JXL

RB (dhcp-config)#)# network 192.168.10.0 255.255.255.0

RB (dhcp-config)#)# default-router 192.168.10.1

RB (dhcp-config)#)# dns-server 114.114.114.114

RB (dhcp-config)#)#exit

RB (config)# ip dhcp excluded-address 192.168.10.1 192.168.10.5

RB (config)# ip dhcp pool TSG

RB (dhcp-config)#)# network 10.12.1.0 255.255.255.0

RB (dhcp-config)#)# default-router 10.12.1.1

RB (dhcp-config)#)# dns-server 114.114.114.114

RB (dhcp-config)#)#exit

RB (config)# ip dhcp excluded-address 10.12.1.1 10.12.1.5

RB (config)# ip dhcp pool SSL

RB (dhcp-config)#)# network 172.16.0.0 255.255.0.0

RB (dhcp-config)#)# default-router 172.16.0.1

RB (dhcp-config)#)# dns-server 114.114.114.114

RB (dhcp-config)#)#exit

RB (config)# ip dhcp excluded-address 172.16.0.1 172.16.0.5

　　RA：

RA (config)#ip helper-address 192.168.3.1

　　RC：

RC (config)# ip helper-address 192.168.4.1

任务 3　　RIP 路由协议配置

其语法格式为：

Router(config)#router rip

Router(config-router)#version 2

Router(config-router)#no auto-summary

Router(config-router)#network network-number

Router(config-router)#redistribute ospf number metric 10 subnets

路由器 RA 和 RB 的配置如下：

　　RA：

RA (config)# router rip

RA (config-router)#version 2

RA (config-router)#network 192.168.3.0

RA (config-router)#network 192.168.10.0

RA (config-router)#network 192.168.100.0

　　RB：

RB (config)# router rip

RB (config-router)#version 2

RB (config-router)#network 192.168.3.0

RB(config-router)#redistribute ospf 1 metric 10 subnets

任务 4　　OSPF 路由协议配置

其语法格式为：

Router(config)#router ospf　　number

Router(config-router)#network network-number reverse-mask area area-id

Router(config-router)#redistribute rip metric 100 metric-type 1 subnets

路由器 RB 和 RC 的配置如下：

　　RB：

RB (config)# router ospf 1

RB (config-router)#network 192.168.4.0 0.0.0.255 area 0

RB(config-router)#redistribute rip metric 100 metric-type 1 subnets

　　RC：

RC (config)# router ospf 1

RC (config-router)#network 10.12.1.0 0.0.0.255 area 0

RC (config-router)#network 172.16.0.0 0.0.255.255 area 0

RC (config-router)#network 192.168.4.0 0.0.0.255 area 0

任务 5 ACL 配置

扩展 ACL 的语法格式为：

Router(config)# access-list <100-199> { permit /deny } 协议 源地址 反掩码 [源端口] 目的地址 反掩码 [目的端口]

Router(config)# interface type mod/num

Router(config-if)#ip access-group <100-199> |{name} { in | out }

路由器 RC 的扩展 ACL 配置如下：

RC (config)#access-list 100 deny ip 172.16.0.0 0.0.255.255 host 192.168.100.100

RC (config)#access-list 100 permit ip any any

RC (config)#interface f0/1

RC (config-if)#ip access-group 100 in

项目测试

配置服务器的 IP 地址分别为 192.168.100.100/24，每栋楼里的设备都自动获得了 IP 地址。各个楼之间试着相互访问，均连通，说明多协议配置成功。

宿舍楼的电脑 PC07 访问行政楼的电脑 PC01、教学楼的电脑 PC02/PC03、图书馆的电脑 PC04/PC05 和宿舍楼的电脑 PC06，均连通；宿舍楼的电脑再去访问服务器 192.168.100.100，不通，达到了校园网建设要求：

```
ping 192.168.100.2
ping 192.168.10.2
ping 192.168.10.3
ping 10.12.1.2
ping 10.12.1.3
ping 172.16.0.2
ping 192.168.100.100
```

7.4 小结

本章主要介绍了 VLAN 的创建及命名、将端口加入对应的 VLAN、设备的远程管理、生成树的相关配置、三层交换机的配置、DHCP 服务器的配置、静态路由和默认路由配置、动态路由 RIP 和 OSPF 单区域多区域的配置、路由重分发、ACL 配置、NAT 地址转换配置、测试等。

7.5 思考与练习

1. 要查看交换机端口加入 VLAN 的情况，可以通过(   )命令来查看。

    A. show vlan   B. show running-config

    C. show vlan.dat   D. show interface vlan

2. (　　)是路由协议根据自己的路由算法计算出来的一条路径的优先级。

　　A.管理距离　　　B. 收敛时间　　C. 度量值　　　D. 跳数

3. (　　)是一种基于开放式标准的链路状态路由协议。

　　A. RIP　　　　　B. BGP　　　　C. OSPF　　　　D. EIGRP

4. 命令(　　)将在路由器上配置默认路由。

　　A. router(config)#ip route 0.0.0.0 10.1.1.0 10.1.1.1

　　B. router(config)#ip default-route 10.1.1.0

　　C. router(config)#ip default-gateway 10.1.1.0

　　D. router(config)#ip route 0.0.0.0 0.0.0.0 10.1.1.1.

5. (　　)访问控制列表语句将拒绝与子网 10.10.1.0/24 的所有 telnet 连接。

　　A. access-list 15 deny telnet any 10.10.1.0 0.0.0.255 eq 23

　　B. access-list 15 deny udp any 10.10.1.0 eq telnet

　　C. access-list 15 deny tcp 10.10.1.0 0.0.0.255 eq 23

　　D. access-list 15 deny tcp any 10.10.1.0 0.0.0.255 eq 23

6. 以太网交换机组网中有环路出现也能正常工作，是由于运行了(　　)协议。

　　A. 801.z　　　　B. 802.3　　　　C. Trunk　　　　D. Spanning Tree

7. 在路由器发出的 ping 命令中，"!"代表(　　)。

　　A. 数据包已经丢失　　　　　　B. 遇到网络拥塞现象

　　C. 目的地不能到达　　　　　　D. 目的地能够到达

8. 下面有关 NAT 的描述，说法错误的是(　　)。

　　A. NAT 是一种把内部私有网络地址(IP 地址)翻译成合法网络 IP 地址的技术

　　B. NAT 的实现方式有三种，即静态转换 static Nat、动态转换 dynamic Nat 和端口
　　　多路复用 overLoad

　　C. NAT 可以有效缓解 IP 地址不足的问题

　　D. 虚拟机里配置 NAT 模式，需要手工为虚拟系统配置 IP 地址、子网掩码，而且
　　　还要和宿主机器处于同一网段